北方地区特色宿根花卉
···抗逆生理研究

陈丽飞　孟　缘　陈翠红　著

U0274808

中国农业出版社

北　京

图书在版编目（CIP）数据

北方地区特色宿根花卉抗逆生理研究 / 陈丽飞，孟缘，陈翠红著. —北京：中国农业出版社，2023.11
ISBN 978-7-109-30042-2

Ⅰ.①北… Ⅱ.①陈… ②孟… ③陈… Ⅲ.①宿根花卉—抗性—研究 Ⅳ.①S682.1

中国版本图书馆 CIP 数据核字（2022）第 175087 号

中国农业出版社出版
地址：北京市朝阳区麦子店街 18 号楼
邮编：100125
责任编辑：国　圆　　文字编辑：李瑞婷
版式设计：杨　婧　　责任校对：吴丽婷
印刷：北京通州皇家印刷厂
版次：2023 年 11 月第 1 版
印次：2023 年 11 月北京第 1 次印刷
发行：新华书店北京发行所
开本：880mm×1230mm　1/32
印张：8
字数：220 千字
定价：56.00 元

目录

第1章 北方地区特色宿根花卉研究进展 ······················· 1

1.1 萱草属植物研究进展 ································· 1
1.1.1 资源分布与分类研究 ······················· 1
1.1.2 育种与繁殖技术研究 ······················· 4
1.1.3 栽培技术研究 ······························· 7
1.1.4 病虫害及杂草防治 ························· 8
1.1.5 应用研究 ································· 9

1.2 侧金盏花属植物研究进展 ··························· 10
1.2.1 资源分布 ································· 10
1.2.2 生物学研究 ······························· 13
1.2.3 药用成分研究 ····························· 15

1.3 耧斗菜属植物研究进展 ····························· 16
1.3.1 资源分布 ································· 17
1.3.2 生物学特性研究 ··························· 17
1.3.3 遗传学特性研究 ··························· 21
1.3.4 栽培管理研究 ····························· 23
1.3.5 活性成分研究 ····························· 24

第2章 植物逆境胁迫研究进展 ····························· 25

2.1 植物干旱胁迫研究进展 ····························· 25

2.1.1　植物的抗旱性 ··· 25
2.1.2　干旱胁迫对植物生长发育的影响 ··············· 26
2.1.3　干旱胁迫对种子萌发的影响 ······················· 27
2.1.4　干旱胁迫对植物叶片形态结构的影响 ········· 27
2.1.5　干旱胁迫对植物光合作用的影响 ··············· 27
2.1.6　干旱胁迫对植物生理的影响 ······················· 29
2.2　植物盐分胁迫研究进展 ·································· 30
2.2.1　植物的耐盐性 ··· 31
2.2.2　盐分胁迫对植物生理生化的影响 ··············· 32
2.2.3　盐分胁迫对植物光合特性的影响 ··············· 34
2.3　植物遮阴处理的研究进展 ······························ 35
2.3.1　植物的耐阴性 ··· 35
2.3.2　植物对遮阴的生理响应 ······························· 36

第3章　北方地区特色宿根花卉对不同水分处理的
　　　　响应研究 ·· 39

3.1　干旱胁迫对大花萱草生理特性的影响 ··········· 39
3.1.1　材料与方法 ·· 39
3.1.2　结果与分析 ·· 45
3.1.3　讨论 ··· 64
3.1.4　结论 ··· 72
3.2　不同水分处理对侧金盏花生理特性的影响 ····· 73
3.2.1　材料与方法 ·· 73
3.2.2　结果与分析 ·· 77
3.2.3　讨论 ··· 93
3.2.4　结论 ··· 98
3.3　PEG处理对3种耧斗菜属植物种子萌发的影响 ··· 98
3.3.1　材料与方法 ·· 98
3.3.2　结果与分析 ·· 100
3.3.3　讨论 ··· 104

　　3.3.4　结论 ·· 106
　3.4　不同水分处理对 3 种耧斗菜属植物生理特性的影响 ····· 106
　　3.4.1　材料与方法 ···································· 107
　　3.4.2　结果与分析 ···································· 110
　　3.4.3　讨论 ·· 122
　　3.4.4　结论 ·· 129

第4章　北方地区特色宿根花卉对不同盐分处理的响应研究 ································· 130

　4.1　不同盐分处理对侧金盏花生理特性的影响 ············· 130
　　4.1.1　材料与方法 ···································· 130
　　4.1.2　结果与分析 ···································· 131
　　4.1.3　讨论 ·· 143
　　4.1.4　结论 ·· 145
　4.2　不同盐分处理对 3 种耧斗菜属植物种子萌发的影响 ································ 146
　　4.2.1　材料与方法 ···································· 146
　　4.2.2　结果与分析 ···································· 147
　　4.2.3　讨论 ·· 151
　　4.2.4　结论 ·· 152
　4.3　不同盐分处理对 3 种耧斗菜属植物生理特性的影响 ································ 153
　　4.3.1　材料与方法 ···································· 153
　　4.3.2　结果与分析 ···································· 155
　　4.3.3　讨论 ·· 168
　　4.3.4　结论 ·· 172

第5章　北方地区特色宿根花卉对不同遮阴处理的响应研究 ································· 173

　5.1　不同遮阴处理对大花萱草生理特性的影响 ··········· 173

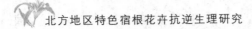

5.1.1 材料与方法 ……………………………………… 173

5.1.2 结果与分析 ……………………………………… 176

5.1.3 讨论 ……………………………………………… 199

5.1.4 结论 ……………………………………………… 208

参考文献 ……………………………………………… 209

图版 ………………………………………………………… 244

第1章 •••
北方地区特色宿根花卉研究进展

1.1 萱草属植物研究进展

萱草属（*Hemerocallis*）植物隶属于百合科（Liliaceae），为多年生宿根草本，其属名来自希腊语 hemera 及 kallos，为"天"和"美人"的意思，故被人们译为"一日美人"。根茎短，常肉质；叶丛状基生，呈条带状披针形，背面中脉突起；花茎高出叶片、上部有分枝，花大，花冠漏斗形至钟形、单瓣、重瓣，花顶生，聚伞花序，花期主要集中在 6—8 月，开花持续几十天，而每花仅盛开 1 d，又有一日百合之称；蒴果，黑色、有光泽，8 月中旬左右成熟，结实较少（北京林业大学园林花卉教研组，1990；中国科学院西北植物研究所，1976）。萱草属植物种质资源丰富，功用广泛，观为花、食为菜、用为药，市场对其需求不断增加，尤其是作为观赏植物，其花型和颜色多样，自古以来就是一种被世界各国人民所喜爱的花卉。

1.1.1 资源分布与分类研究

（1）资源分布

萱草原产于亚欧各国，萱草属植物主要分布于亚洲温带至亚热带地区，自欧洲南部经亚洲北部直至日本均有分布，属广布种，但主要分布于东亚，其分布区北缘在北纬 50°～60°，分布区南缘在我国福建、广东、广西、云南及西藏东部地区。1753 年，瑞典植物学家林奈建立萱草属（熊治廷等，1997），萱草属植物全世界约有

14 种（中国科学院中国植物志编辑委员会，1980a），1893 年，英国人 George Yeld 登记注册了第一个萱草栽培品种"Aprioot"（图力古尔等，1995），至今，园艺品种已多达万种以上（Tomkins et al.，2001）。

我国具有丰富的萱草属植物资源，原产我国的有 11 个种，还有部分自然杂交变种，从种的总数及特有种数目看，我国是萱草属现代分布多度中心和分化中心，是世界上萱草属植物种类最多、分布最广的国家。我国关于萱草属植物的记载最早见于《诗经·卫风》，距今有两千多年历史，其栽培在我国起始于汉代，到了明代中叶被作为蔬菜广泛栽培，主要集中在我国长江流域，目前南北各省均有种植（张铁军等，1997）。

中国萱草在我国西北地区有 6 种，1 变种（孔红等，1991），集中在东北的有 6 种，分别为黄花菜（*Hemerocallis citrina* Baroni）、北黄花菜（*Hemerocallis lilioasphodelus* L.）、小黄花菜（*Hemerocallis minor* Mill.）、萱草［*Hemerocallis fulva*（L.）L.］、大苞萱草（*Hemerocallis middendorffii*）、小萱草（*Hemerocallis dumortieri* Morr.）（傅沛云，1998），折叶萱草（*Hemerocallis plicata*）、西南萱草（*Hemerocallis forrestii*）、矮萱草（*Hemerocallis nana*）和多花萱草（*Hemerocallis multiflora*）为中国特有种（熊治廷等，1997）。中国萱草在中世纪时开始传到欧洲，至 1890 年，除个别种外，几乎所有的萱草种都被引到欧美，随后，多个国家特别是美国广泛开展了对萱草属植物的分类、分布、形态特征、解剖生理、生态适应性、观赏特性及园林用途等方面的研究（Takenaka，1929；Stout，1932；Levan et al.，1964；Voth et al.，1968）。

（2）分类

Nakai（1932）认为日本萱草属植物分 6 组，并将中国萱草属夜间开花植物分两组。Matsuoka 等（1966）将国产夜间开花萱草分为 1 个组，亦有其他学者将其区分为若干独立物种（中国科学院中国植物志编辑委员会，1980a；图力古尔等，1995；Tomkins et al.，2001；张铁军等，1997；孔红等，1991；熊治廷等，1997；Takenaka，1929；Stout，1932；Voth et al.，1968）。

Noguchi（1986）根据萱草分布的地理区域和形态学特征进行分类。北村四郎（1969）将北萱草（*Hemerocallis esculenta*）和大苞萱草分为小萱草的两个变种。大井次三郎等（1965）将北萱草分为大苞萱草的变种。熊治廷等（1998）根据核型、外部形态及地理分布资料进行综合分析，将北萱草与大苞萱草区分为不同物种，而不是同一物种的不同变种；他还指出以夜间开花习性作为分种依据的价值不大，而是利用 9 个常用检索性状和核型进行定量分析，将萱草属夜间开花类群分为原亚种黄花菜、亚种黄花菜和亚种小黄花菜（熊治廷等，1996）。熊治廷等（1997）之后采用形态性状指标聚类分析和主成分分析法，将国产萱草的 11 个类群分成 4 簇，第 1 簇包括北黄花菜、黄花菜、小黄花菜和多花萱草，第 2 簇包括小萱草和大苞萱草，第 3 簇包括折叶萱草、西南萱草和矮萱草，第 4 簇包括萱草及三倍体类型，孔红等（1991）的研究表明，萱草属植物花粉形态和种子表面微形态在种的分类上具有一定意义，且种子表面微形态与核型、花粉形态、过氧化物同工酶之间具有一定相关性（孔红，2001）。王庆瑞等（1991）提出应将小黄花菜与北黄花菜分别作为独立的种。张少艾等（1995）认为常绿萱草应属于萱草。李洁等（1995）采用压片及显微技术对萱草属部分植物材料进行染色体核型分析，并就核型公式和染色体形态学指标进行比较，从而对它们的亲缘关系做出判断。于晓英等（2001）采用十二烷基硫酸钠（SDS）和十六烷基三甲基溴化铵（CTAB）法从萱草幼叶、成熟叶、新根等部位中提取 DNA，获得的扩增片段长度多态性（AFLP）图谱为萱草属植物资源研究提供依据，其中幼叶的 DNA 产量和品质最好，CTAB 法提取的 DNA 纯度较高且程序简单。赵培洁等（1999）将寄生在百合科上 11 个属的病原真菌列成图谱，发现病原菌类群的亲缘关系与这些植物亲缘关系之间存在着很大程度的正相关，并认为病原真菌可作为植物分类学上的重要佐证。

因不同学者的研究目的不同，且有可能发生标本误定，加之方法各异，关于品种分类的数据难于统一进行比较，所以进行品种鉴定时，可以根据实际情况选择适宜的方法，从不同角度对各品种进行区分，主要方法如下（于晓英等，2001；赵培洁等，1999；Corliss，1968；龙稚宜等，1981；孔红等，1996；袁肇富等，1996；冯天哲，1997；Hu，1968a；杜广平等，1995；安国英等，2006）：形态性状指标聚类分析和主成分分析；显微组织学研究；过氧化物酶及酯酶同工酶凝胶电泳分析；AFLP 技术的运用；化学成分提取分离。

1.1.2　育种与繁殖技术研究

（1）育种研究

植物学家已成功证明人类能够从萱草遗传因素的基因库中索取改变萱草品质和红色素形成强度及花色分配模式的遗传因子，从而扩大萱草杂交和选育的范围（Hu，1968b）。Corliss（1968）从理论上推断人类可以创造出 2 321 亿种不同性状的萱草。许多植物和园艺学家也广泛开展了对萱草属植物的育种研究，并培育出了许多优良新品种（龙稚宜等，1981；孔红等，1996）。欧美群众性培育萱草新品种的工作在 19 世纪末就已兴起，20 世纪以来，培育出大量优质杂种萱草，其中许多优良品种是用我国萱草原始种杂交培育而成。英国人 George Yeld 是第一个将杂交萱草介绍并记录下来的人，他通过多年杂交试验，于 1890 年培育出第一个萱草栽培品种，将其命名为 "Aprioot"，并于 1893 年登记注册。美国在 1930 年前后就收集我国和日本的萱草植物作为原始材料进行育种工作，到 1934 年为止，已有总数不少于 175 个萱草变种被培育并登记注册，现已培育出数以万计的园艺品种，居百合科花卉品种的首位（袁肇富等，1996；Hu，1968b）。萱草各原种的体细胞染色体为 $2n=22$，重瓣萱草为三倍体（$2n=3x=33$），1961 年用秋水仙素诱导萱草细胞中的染色体使其发生变化，由原来的 22 个增加到 33 个或 44 个，即大花萱草，也叫多倍体萱草。

1946 年，美国成立了美国萱草协会（The American Hemerocallis Society），定期出版刊物，报道有关萱草最新杂交育种、繁殖、栽培等方面的研究成果，公布每年获得的优胜品种名单，并对现有品种作区域性规划，以供不同地区初次栽培萱草的爱好者参考（Hu，1968b）。从 1947 年美国萱草协会承担官方栽培萱草注册工作后，已有 4 万多个注册品种亮相，大大丰富了该属植物资源（Tomkins et al.，2001）。

（2）繁殖研究

萱草属植物可采用播种、扦插、分株和组织培养等方法繁殖，常用方法为分株和组织培养。播种繁殖时，采收的种子以秋播为宜（杜广平等，1995），也可于秋、冬季将种子进行沙藏处理，春播后发芽迅速整齐，实生苗一般 2 年开花。扦插繁殖宜在夏季进行，将幼芽扦插于蛭石中，1 个月左右即可生根，翌年即可开花（安国英等，2006；陈伟，2003）。萱草分生能力强，可从根茎部发生多数萌蘖，分株繁殖是萱草属植物常用且经济的繁殖方法。分株繁殖多在春季萌芽前或秋季落叶后进行，秋季分株宜早不宜晚，上冻前浇好越冬水，向根茎部适当培土，确保安全越冬（杨丽莉，2002）。分株繁殖在最短时间内获得有开花能力的植株，并能保持品种特性，但繁殖系数低，不适合大规模商业生产（Mathew，1981）。

国内外有关萱草属植物组织培养的研究主要集中在食用黄花菜和多倍体萱草（赵国林等，1989；朱靖杰等，1996；周朴华等，1994；王汉海等，2002；李艳梅等，2006；周南销等，2006；李登绚等，2005；孙月剑等，2006；倪新等，1984）。自然界的 1 株萱草一般靠分株繁殖每年仅能繁殖 4～5 株，而采用组织培养快速繁殖可以适应市场商品化需求（王晓娟等，2003），并可保持不同品种的本身性状，在短期内获得大量种苗，是工厂化育苗的重要途径。

有研究表明，目前萱草属植物组织培养的外植体有花器官、根、茎、叶片等，其中花器官的出愈率较叶片高，但其取材仅限花季，有较大局限性（杨永花，2003；王汉海等，2002；孔刚等，2001；吴铁明等，2002；王晓娟等，2005）。孔刚等（2001）把5个大花萱草品种的花茎、花瓣接种在相同培养基上，结果不同品种大花萱草存在很大差异，而同一品种的不同部位，其愈伤组织诱导率也不相同，组织培养因品种而异，应针对不同的品种选取不同的培养基及适当的激素浓度。吴铁明等（2002）报道了野生重瓣大花萱草的组织培养，以心叶为外植体进行组织培养的出愈率较高，能快速繁殖，取材不受季节限制。王晓娟等（2005）对大花萱草不同外植体诱导愈伤组织的研究表明，茎尖诱导愈伤组织效果最好；叶片取材方便但诱导率较低；根段较难诱导愈伤组织；子房和花药受取材时间限制且污染率较高，但愈伤组织诱导率较叶片和根段高；对不同大花萱草品种的相同外植体进行愈伤组织诱导试验，发现其诱导效率不同。

苏承刚等（1999）的试验表明，黄花菜根状茎愈伤组织诱导的适宜培养基为 MS＋0.5 mg/L 2,4-滴（2,4-D）＋0.1～0.5 mg/L 6-苄基腺嘌呤（6-BA），其诱导率达 90％以上；分化芽最适培养基为 MS＋1.0 mg/L 6-BA＋0.01 mg/L 萘乙酸（NAA），芽分化率达 100％。在无激素 MS 培养基中，不定芽生根率达 95％以上。刘先芳等（2001）以重瓣大花萱草带生长点的茎段为试材的试验结果表明，MS＋1.0 mg/L 6-BA＋0.1 mg/L NAA 固体培养基能很好诱导外植体产生不定芽苗；而 MS＋2 mg/L 2,4-滴＋0.1 mg/L 6-BA 培养基能很快诱导外植体产生愈伤组织；愈伤组织在 MS＋1.0 mg/L 6-BA 培养基上培养形成球状体愈伤组织，继代培养后形成丛状苗；试管苗的生根以 1/2 MS＋0.5 mg/L NAA 固体培养基最为合适。王晓娟等（2002）利用附加了不同浓度 NAA 的 1/2 MS 培养基分别对萱草愈伤组织和无根再生苗进行根的发生诱导试验，结果愈伤组织均不易生根，而无根再生苗生根的诱导效果较好，特别在含 0.075 mg/L NAA 的培养基上，生根数量和生根率均最佳。

美国科学家 Carter 等在 2005 年召开的植物组培讨论会上宣

称，红、黄、紫和绿等不同颜色光照射可对金黄色萱草的组培再生和发育产生不同影响，黄光和紫光可显著促进萱草胚胎的再生和发育，反之，红光、绿光和蓝光则对其有显著抑制作用（汪开治，2006）。

1.1.3 栽培技术研究

施冰等（2001）的研究表明，大花萱草在不同发育阶段对矿质营养及水分需求不同，不同发育阶段水分的吸收差异显著，在营养生长阶段水分含量较高，进入生殖生长阶段水分含量降低。杜娥等（2005a）研究了氮、磷、钾肥用量对大花萱草分蘖能力的影响，结果表明合理施肥不但能增强大花萱草的分生能力，提前花期 $2\sim4$ d，而且可以提高其观赏价值，认为适宜的施肥量为 N 110.4 kg/hm²，P_2O_5 92 kg/hm²，K_2O 108 kg/hm²。郭国平等（2002）认为，对黄花菜追施钾肥可提高植株的抗性，增加花蕾数，提高成蕾率，增加产量，是一项有效的增产措施，且以每公顷黄花菜追施硫酸钾112.5 kg 为最佳施肥量。孙楠等（2006）的研究表明，含镁复合肥对促进黄花菜生长发育、提高其产量和抗病能力均有良好效果，其中含镁量较高的镁肥增产效果更优，比不施肥处理增产 57.4%，比施氮、磷、钾处理增产 32.8%，施用含镁复合肥可明显提高黄花菜的产量、改善土壤养分状况，两种含镁复合肥对土壤交换性镁和氮、磷、钾含量亦有一定影响。

吴铁明等（2002）对野生重瓣大花萱草的栽培管理技术进行了系统研究，结果表明野生重瓣大花萱草植株高大（87.5 cm），叶片宽大肥厚，花莛高而粗，单株花莛数为 $3.8\sim4.2$，花莛上花蕾数多（$15.5\sim16.2$ 个花蕾），花高度重瓣（平均 18.2 瓣），花大（花径达 16.1 cm），花色鲜艳，是值得推广的优良露地花卉品种。施肥试验同时表明野生重瓣大花萱草需肥量较大，生长期至开花前每株追施花之宝 0.25 kg，每隔 15 d 施 1 次，共 4 次，能显著促进其生长和开花。刘明财等（2004）对长白山 170 种野生植物进行了栽培试验，其中栽培试验成功且具有一定开发前景的有北黄花菜和大苞萱草，认为其适应性强，耐粗放管理。金立敏等（2006）对大花萱草进行了2～3年的适应性栽培观察，认为金蚀环、蓝色光芒、唐、美国幻儿、斯特拉德奥等品种在江苏省苏州地区具有较好的适应性且能够保持冬季不枯，观赏价值较高，值得推广。俞晓艳等（1999）观察了多倍体萱草在宁夏银川市的生态适应性表现，经4年观察发现多倍体萱草单芽分栽当年可以开花，花葶长30～90 cm，单花直径12～16 cm，每一花葶可连续开花10朵以上，群体花期40 d左右，单芽地栽繁殖系数为2.5，是适合宁夏露地栽培的优良花卉品种之一。

1.1.4 病虫害及杂草防治

（1）病虫害防治

萱草属植物常见病害有叶枯病、叶斑病、锈病、根腐病、炭疽病、白绢病、茎枯病和褐斑病（王玉堂，2005）。在病害防治上，应注意选栽抗病品种，利用现有抗病性较强的品种进行有性杂交，选育一批抗病性较强的品系，鉴定后推广应用（郑先荣等，2005）；加强管理，合理施用肥料，促进植株健壮生长发育，增强植株抗逆能力，及时清除杂草、老叶及干枯花葶，以减少侵染源；药剂防治上，在发病初期，叶枯病、叶斑病用50%代森锰锌500～800倍液防治（杜广平等，1995）。李钧（2005）针对锈病筛选出15%三唑酮可湿性粉剂和25%三唑酮可湿性粉剂，并提出综合防治黄花菜锈病可采用推广抗病良种、更新老龄株丛、增施磷钾肥和有机肥、秋后挖弄、冬季"客土"培蔸和及时喷药预防等办法。

据报道，针对萱草属植物的主要害虫红蜘蛛和蚜虫，可用40%乐果乳剂800～1 000倍液喷雾防治。蚜虫在低龄若虫高峰期用50%抗蚜威可湿性粉剂2 500～3 000倍液或25%氯氰菊酯乳油1 500倍液喷雾防治，每隔5～7 d喷1次，每亩①喷药液75 kg，连

---

① 亩为非法定计量单位，1亩=1/15公顷，下同。——编者注

喷 2～3 次（李建军，2005）。

（2）杂草防除

杜娥等（2005b）对大花萱草的杂草防除试验结果表明，药后 30 d，33％二甲戊灵 1 500 mL/hm² 的除草效果在 92％以上，72％异丙甲草胺 1 350～1 800 mL/hm² 的除草效果在 90％以上，定植后应用此剂量除草剂施用于大花萱草田，大花萱草植株安全。杜娥等（2006）在大花萱草移栽定植后，用不同浓度稀禾啶、吡氟禾草灵进行茎叶喷雾防除大花萱草田杂草试验，结果表明稀禾啶和吡氟禾草灵能有效防除禾本科杂草，对成株阔叶杂草防除效果很差；药后 45 d，1 200～1 800 mL/hm² 12.5％稀禾啶和 1 050～1 575 mL/hm² 15％吡氟禾草灵对禾本科杂草的防除效果均较好，对大花萱草植株安全无害。

1.1.5 应用研究

（1）食用

萱草属植物主要食用部分是花蕾，干制品名金针菜，为我国传统干菜，条长色鲜，肉厚味醇，营养丰富，久煮不散，被称为"健脑菜""记忆菜"，被列为植物性食品中最有代表性的健脑食品之一。自古以来，人们就作为蔬菜食用，特别是长江流域有较大面积的产区，是当地有名的特产蔬菜，并远销东南亚与港澳地区，具有较大的经济价值（刘永庆等，1990）。萱草属植物花蕾中富含维生素、蛋白质、糖分和矿物质。据《中药大辞典》记载（江苏新医学院，1986），金针菜含有生物碱 0.7％，苷 1.8％，黄酮类 0.75％，β-胡萝卜素 0.36％，其中黄酮类化合物对羟自由基的清除作用强，β-胡萝卜素对超氧阴离子自由基的清除作用很强。以大花萱草为例，据分析每百克食用萱草含胡萝卜素 0.39 mg，维生素 36 mg，核黄素 0.118 mg（田洪等，1999）。黄花菜花蕾中所含各种维生素作为辅酶成分对人体新陈代谢有重要调节作用；所含胡萝卜素和维生素 A 高，对平滑肌有显著收缩作用，可保护视力，维生素 E 与硒共同作用，可延年益寿，有防止血栓形成及抗癌等作用（张龙俊等，2000）；黄花菜中钾、铁等微量元素含量较高，可维护心肌功能，帮助血液生成，增强免疫力，改善记忆力；此外还可滋润皮肤，增强皮肤的韧性和弹力（力军，2005）。近年来，人们发现黄花菜还能减轻晕车、晕船的呕吐症状，所以又是海员及旅行者喜爱的食品之一。

(2) 观赏

萱草属植物品种繁多，古人一直将其作为庭院观赏植物，清雅孤秀，且适应性强，较耐瘠薄，平原、山冈、山丘均可栽植，喜湿润，也耐旱，喜阳光，也耐半阴，一般土壤中均能生长，但以排水良好、富含腐殖质的沙壤土为最好。管理粗放、省工、省力、成本低、见效快、群植效果好，近年来已引起园林工作者极大重视（勾勇山，2004）。欧美园艺学家主要利用我国的萱草属植物材料进行了大量的育种工作，目前栽培品种多达1万多种，已成为仅次于唐菖蒲、郁金香、风信子的主要庭院花卉。在长期的栽培驯化或选育过程中，各地拥有较丰富的品种资源和野生群体，可作花丛、花境或在花坛边缘栽植，绿叶成丛，花色鲜艳，对二氧化硫有较强抗性（马勋，1996），对富营养化水体有一定的净化能力（葛滢等，1999；牛晓音等，2001），是园林绿化的好材料。萱草属植物也可做切花，经科研开发和市场开拓，萱草属植物有望成为继世界四大支柱切花"月季、菊花、香石竹、唐菖蒲"之后的第五大支柱切花，因此，萱草属植物在园林中占有重要地位。

此外，萱草叶可造纸和作为编织材料，根可酿酒。萱草根系有较强的吸水固土作用，可保持水土（毕淑峰，2004）。

1.2　侧金盏花属植物研究进展

1.2.1　资源分布

侧金盏花属植物全球分布30余种，大部分分布于欧洲、亚洲和非洲等地。欧洲南部及亚洲西部分布较为集中（表1-1），以欧洲南部分布居多，共有7种，其中 *Adonis distorta* Ten.、*Adonis* transsilvanica Simon. 主要分布在意大利、罗马尼亚等地，*Adonis cyllenea* Boiss. 为希腊南部特有种，*Adonis vernalis* L.、*Adonis annua* L.、*Adonis microcarpa* DC.、*Adonis flammea* Jacq. 广布欧洲南部；亚洲西部分布 3 种，分别为 *Adonis eriocalycina* Boiss.、*Adonis palaestina* Boiss.、*Adonis aleppica* Boiss.，主要分布在叙利亚、约旦等地，中亚地区主要分布 2 种，分别为 *Adonis turkestanica* (Korsh.) Adolf.、*Adonis villosa* Ledeb.，主要分布于哈萨克斯坦等地；*Adonis volgensis* Stev. 广布于欧洲东部；*Adonis dentata* Del. 分布于非洲北部等地；*Adonis pyrenaica* DC. 为比利牛斯山特有种，*Adonis nepalensis* Simon. 为东喜马拉雅特有种（王文采，1994a；王文采，1994b）。

表 1-1 侧金盏花属植物国外分布

种名	分布
希腊侧金盏花 *Adonis cyllenea* Boiss.	希腊南部
意大利侧金盏花 *Adonis distorta* Ten.	意大利中部山地
比利牛斯侧金盏花 *Adonis pyrenaica* DC.	比利牛斯山
中亚侧金盏花 *Adonis turkestanica* (Korsh.) Adolf.	哈萨克斯坦、乌兹别克斯坦、塔吉克斯坦
匈罗侧金盏花 *Adonis transsilvanica* Simon.	匈牙利、罗马尼亚
伏尔加侧金盏花 *Adonis volgensis* Stev.	乌克兰、俄罗斯、哈萨克斯坦
春侧金盏花 *Adonis vernalis* L.	西伯利亚、中亚、欧洲中部至南部、瑞典西南部岛屿
秋侧金盏花 *Adonis annua* L.	欧洲南部
西班牙侧金盏花 *Adonis baetica* Coss.	比利牛斯半岛
毛萼侧金盏花 *Adonis eriocalycina* Boiss.	伊朗北部、伊拉克、叙利亚、土耳其、亚美尼亚、格鲁吉亚
巴勒斯坦侧金盏花 *Adonis palaestina* Boiss.	巴勒斯坦、以色列、黎巴嫩、约旦、叙利亚
叙利亚侧金盏花 *Adonis aleppica* Boiss.	约旦、黎巴嫩、叙利亚、伊拉克、土耳其

（续）

种名	分布
小果侧金盏花 *Adonis microcarpa* DC.	欧洲南部、非洲北部，西到加那利群岛，东到伊朗和阿富汗
齿环侧金盏花 *Adonis dentata* Del.	中东地区、非洲北部
尼泊尔侧金盏花 *Adonis nepalensis* Simon.	东喜马拉雅
密毛侧金盏花 *Adonis villosa* Ledeb.	蒙古、俄罗斯、西伯利亚西部、哈萨克斯坦
蒙古侧金盏花 *Adonis mongolica* Simon.	蒙古特有种
疏果侧金盏花 *Adonis flammea* Jacq.	欧洲南部及中部，北到捷克，西到葡萄牙

中国是侧金盏花属植物资源的主要分布中心之一（表 1 - 2），目前，我国侧金盏花属植物共有 10 种，1 变种和 2 变型（王文采，1994a），主要分布于我国东北、西北和西南等地。其中 *Adonis bobroviana* Sim. 、*Adonis coerulea* f. *puberula* W. T. Wang 在青海地区均有分布，*Adonis sutchuenensis* Franch. 、*Adonis coerulea* Maxim. 、*Adonis coerulea* f. *integra* W. T. Wang 在四川均有分布；西北地区分布 10 种，尤以新疆为多，其次分布于青海、甘肃等地；西南地区分布 6 种，主要在四川、西藏等地分布；东北地区分布 2 种，主要分布在辽宁、吉林等地（Zhang et al. ，2021；王文采，1994a；王文采，1994b；王文采等，1994；中国科学院中国植物志编辑委员会，1980b）。

表 1 - 2 侧金盏花属植物国内分布

种名	分布
短柱侧金盏花 *Adonis davidii* Franch.	云南西北部、西藏南部和东部、四川东南部和西部、甘肃中部、山西南部、陕西南部
蜀侧金盏花 *Adonis sutchuenensis* Franch.	陕西南部、四川东北部和西北部

（续）

种名	分布
辽吉侧金盏花 *Adonis ramosa* Franch.	吉林和辽宁东南部
侧金盏花 *Adonis amurensis* Regel et Radde	辽宁、吉林、黑龙江东部
蓝侧金盏花 *Adonis coerulea* Maxim.	西藏东北部、青海、四川西北部、甘肃
天山侧金盏花 *Adonis tianschanica*（Adolf）Lipsch.	新疆西部
北侧金盏花 *Adonis sibirica* Patr. ex Ledeb.	新疆西北部
甘青侧金盏花 *Adonis bobroviana* Sim.	青海东北部、甘肃中部
金黄侧金盏花 *Adonis chrysocyathus* J. D. Hooker et Thomson	新疆西部
夏侧金盏花 *Adonis aestivalis* L.	新疆西部
小侧金盏花 *Adonis aestivalis* var. *parviflora* M. Bieb.	新疆西部、西藏西南部
毛蓝侧金盏花 *Adonis coerulea* f. *puberula* W. T. Wang	青海中部、西藏东南部
高蓝侧金盏花 *Adonis coerulea* f. *integra* W. T. Wang	四川西部

1.2.2 生物学研究

（1）形态学研究

近年来，国内外对侧金盏花属植物的形态学研究较为集中。Förster（1997）通过对侧金盏花属植物幼苗形态进行研究，发现一种表现为上胚层萌发的双子叶幼苗类型。此外，部分学者从植物自身结构出发，例如利用根、茎、叶等对侧金盏花属植物进行形态学研究，Liu 等（1993）发现侧金盏花根系为须根系，属中间型根系；据相关报道，蜀侧金盏花导管分子穿孔板类型较为丰富，主要有单穿孔板、梯形穿孔板、买麻藤式穿孔板、网状穿孔板和梯-网混合型穿孔板（罗敏蓉，2021），并发现其花器官发育是以螺旋顺序开始，以顺时针或逆时针发育（Ren et al.，2009），为更好地对侧金盏花属植物进行分类，Ghimire 等（2015）利用电镜扫描等技术对侧金盏花属植物种子特性进行研究。

（2）开花特性研究

侧金盏花植株相对开花强度较低，分布频率在 10%～40%，在花芽分化过程中有 6 个明显的阶段，依次为未分化期、分化初期、萼片原基分化期、花瓣原基分化期、雄蕊原基分化期和雌蕊原基分化期（王阿香，2016）。侧金盏花在野外环境下单花花期为 6～10 d，种群花期持续 25 d 左右，其开花物候曲线呈现多个 M 形，在 2 年内共发现侧金盏花的 9 种访花昆虫，东方蜜蜂为主要传粉昆虫，蜂类对侧金盏花的传粉作用要远大于蝶类和蝇类（陈士惠，2013）；何淼等（2014）研究认为侧金盏花的坐果率与开花数目、单花期长度呈显著正相关，始花时间与开花数目、单花期长度、坐果率呈显著负相关。目前对侧金盏花属植物开花特性的研究较少，应在传粉生物学方面深入挖掘，为侧金盏花属植物的生殖隔离、适应进化和生物保护等研究提供依据。

（3）繁殖与栽培生物学研究

侧金盏花属植物可采用播种繁殖，侧金盏花种子包含于瘦果内，瘦果随熟随落，胚发育为柳叶菜型，胚乳发育为核型（何淼等，2014），侧金盏花的种子存在明显的形态生理休眠现象，需适宜的变温处理及合适浓度的特定生长调节物质配合方可完全成熟（董昌源等，2017），开花后 0～40 d 是种子形态建成及干物质总量快速积累的关键时期，开花后 30～40 d 种子含水量迅速下降，开花后 40～50 d 种子达到生理成熟，是进行采收的最佳时期（孙颖等，2015）。侧金盏花属植物种子繁殖周期较长，从播种到开花需 3～5 年，分株是该属植物目前主要采用的繁殖方式，但繁殖系数较低（王乐忠等，1988），不适合大规模商业生产，利用组织培养技术可实现侧金盏花属植物的周年生产，提高增殖系数，扩大生产规模。Hye 等（2005）为保护本属植物种质资源，满足人们药用和栽培的需求，以生长旺盛的侧金盏花嫩茎腋芽为外植体，初步建立起侧金盏花组培快繁体系。目前侧金盏花属植物繁殖研究的范围较窄，应积极拓展本属植物在种子萌发及其影响因素、工厂化育苗、培养基筛选等方向的研究。

在栽培方面，目前引种栽培侧金盏花需考虑的关键因素是光照条件、温度和栽培基质等（Hyun et al.，2010），采挖成熟植株是当前引种的主要方式，侧金盏花花期喜光，果实和营养期耐半阴，抗寒性强，喜腐殖质丰富的土壤，但耐碱性差（曲彦婷，2009），栽植后要进行适当的基质、水肥、病虫害防治等管理（王乐忠等，1988；黄前晶，2011）。侧金盏花抗污染能力较差（崔士彪等，1998），不宜栽植在污染严重的区域，但其抗火性较强（杜帅等，2018），大量栽植可减少春季火灾的发生。为在园林景观中广泛应用侧金盏花属植物，应对侧金盏花属植物开展干旱、盐分、重金属等条件下的抗逆研究。

（4）分子生物学研究

为研究侧金盏花的抗冻性质，邓传良等（2008）首次获得侧金盏花 CBF 转录激活因子的基因片段，宁波（2008）通过 SMART RACE 技术获得侧金盏花的 CBF1 全长序列，并利用荧光定量技术对其在 RNA 水平进行了定量分析，并猜测若将其用于转基因植物，可能会提高植物的抗寒能力。部分学者以夏侧金盏花花瓣为材料，从中分离了 2 个虾青素合成相关基因 *Adketo* 和 *Adkc*（高新征等，2012），并且从基因表达的角度上进一步证明了这两个基因与夏侧金盏花花瓣中虾青素的合成有关（高新征等，2012；Ralley et al.，2004），还从中发现 Actin 基因片段 *AdACT* 可作为研究夏侧金盏花基因表达的内参基因（高新征等，2013），陈新君等（2019）成功构建了番茄果实特异性 E8 启动子驱动虾青素合成相关酶基因 *Adketo* 的植物表达载体，为利用植物基因工程进行虾青素生产提供新途径。近年来，国内外学者对侧金盏花属植物在分子水平的研究主要集中在基因定量分析、转录及内参基因的探索、基因表达、表达载体等方面，但只局限在属内少数品种，对侧金盏花属植物遗传多样性、分子进化、创新育种等方面的研究还有待深入。

1.2.3 药用成分研究

在侧金盏花属植物中已鉴定出的化学成分有强心苷类（Satoshi et al.，2015）、非强心苷类、香豆素类、黄酮类及各种无机元素等（Kuroda et al.，2010）。对蓝侧金盏花的化学成分进行分离可得到 8 个化合物（张惠迪等，1991），在叙利亚侧金盏花（Pauli et al.，1995）、夏侧金盏花地上部分（Kopp et al.，1992）及种子中（Satoshi et al.，2012）发现含有强心甾类及其苷类化合物，并对其结构进行表征（Kuroda et al.，2018），其部分化合物对恶性肿瘤细胞株有选择性抑制活性作用（Pauli et al.，1995）。在夏侧金盏花花瓣中发现类胡萝卜素和脂肪酸酯等化合物（Takashi et al.，2011），在春侧金盏花及秋侧金盏花中含有荭草苷（Kumar et al.，2018）、酮类、胡萝卜素、脂肪酸等，并对其含量进行了测定（Renstrom et al.，1981）。

　　侧金盏花为我国传统药材，中医称之为福寿草（王守君等，2002），全草入药可降低神经系统的兴奋性和脊髓反射亢进，还具有主治充血性心力衰竭、心脏性水肿、心房纤维性颤动等作用，与溴化钠结合可加强对癫痫病的治疗作用（郑学良等，2002），花中所含的冬凌草甲素和冬凌草乙素具有防癌抗癌功效（赵辉等，2011）。侧金盏花属植物目前在医学上主要用于治疗心脏疾病，对于其他类型疾病的临床医学应用研究较少，应积极探索并开发侧金盏花属植物的其他药用价值，将其药用活性成分应用于多种药物开发。

1.3　耧斗菜属植物研究进展

　　耧斗菜属（*Aquilegia* L.）为毛茛科（Ranunculaceae）多年生草本植物，基生叶为二回三出复叶，小叶近圆形，中央小叶三裂，两侧小叶常二裂。花漏斗形辐射对称，萼片 5 片花瓣状，花瓣 5 瓣，花距挺直或弯钩状，少许种类不存在花距。耧斗菜属总共约 70 种植物，在我国境内约有 13 种。

　　耧斗菜属植物花型奇特，株型优雅，花色明快，野趣盎然，具有良好的适应性，花期长达 30～40 d，是园林绿化和鲜切花的优秀材料。目前楼斗菜属植物在北美洲、欧洲等国家已得到广泛的园林应用，此外，据《中华本草》记载，楼斗菜全株有清热、解毒、活血的功效，是我国传统中药材。

1.3.1 资源分布

楼斗菜属由林奈于1953年建立，原产地位于欧洲及北美洲，现在北半球广泛分布。Fior等（2013）确定了楼斗菜属的起源发生在中新世，约690万年前，而多样化发生在480万年前。

楼斗菜属总共约70种。亚洲总共19种，有5种分布于我国新疆等地区，4种分布在俄罗斯、蒙古、我国东北；我国特有种4种，分别是直距楼斗菜（*Aquilegia rockii*）、无距楼斗菜（*Aquilegia ecalcarata*）、秦岭楼斗菜（*Aquilegia incurvata*）、华北楼斗菜（*Aquilegia yabeana*）（中国科学院中国植物志编辑委员会，1979）。日本特有种1种。南亚共有5种，多在巴基斯坦、印度及克什米尔地区分布（Harriman，2004）。

欧洲总共20多种，多数在南欧分布，其中巴尔干半岛总共8种，亚平宁半岛总共8种，巴尔干半岛和亚平宁半岛共有种1种；伊比利亚半岛总共3种。中欧总共3种，分布于喀尔巴阡山、阿尔卑斯山。另有4种广泛分布于欧洲各地。

北美洲总共21种，美国特有种17种，如*Aquilegia laramiensis*、*Aquilegia eximia*、变色楼斗菜（*Aquilegia coerulea*）、*Aquilegia loriae*、黄花楼斗菜（*Aquilegia chrysantha*）等；北美洲与亚洲共有2种；而北美洲、亚洲、欧洲均有欧楼斗菜（*Aquilegia vulgaris*）分布。

1.3.2 生物学特性研究

（1）萌发特性

费砚良（1988）总结了4种楼斗菜属植物种子的千粒重、发芽率以及播种繁殖和栽培管理方法；尖萼楼斗菜（*Aquilegia oxysepala*）种子萌发最适温度为昼20℃，夜15℃；光照促进种子萌发，最佳光照时长为 8 h/d；且尖萼耧斗菜种子不存在休眠期，采收后可播种（廖腾飞等，2011）；吲哚乙酸、吲哚丁酸和赤霉素均可促进耧斗菜（*Aquilegia viridiflora*）种子的萌发（刘影，2016）；*A. barbaricina* 胚的生长所需基温为 5℃（Porceddu et al.，2017）。李森等（2015）比较了不同采集地的野生华北耧斗菜与栽培种的萌发期，发现野生华北耧斗菜的出苗期比栽培种长。

（2）营养器官发育研究

尖萼耧斗菜幼苗初生维管系统具有独特的"十"字形单中柱，不同于其他毛茛科植物（王立军等，1993）。Krokhmal（2015）比较了 4 种产地（俄罗斯远东、巴尔干半岛、北美高原和阿尔卑斯山）的 10 种耧斗菜营养器官的外观形态和微观形态，并对营养器官的参数进行拟合得出各个营养器官之间生长发育的关系。

（3）花器官发育研究

尖萼耧斗菜花药具 4 个花粉囊，小孢子排列为四面体型（全雪丽等，2011）；*A. buergeriana* var. *oxysepala* 的雄花期时间长短的变化可能会导致花粉粒数量的变化（Itagaki et al.，2006）；华北耧斗菜的雌蕊在花柱腹缝面，随着花柱的弯曲，增加柱头受粉面积，从而延长了授粉期（予茜等，2005）；大花耧斗菜的雄蕊原基的分化顺序为向心式分化，雄蕊的发育顺序为离心式发育，退化雄蕊仅存表皮细胞，导致花丝出现膜质化（王金耀等，2018）。

花距是植物花器官中含有蜜腺的管状结构，其表型与传粉、杂交、变异乃至物种进化存在密切关联（Fernández‐Mazuecos et al.，2018）。不同种耧斗菜属植物的花距表型差异很大，长 1～15 cm，Whittall 等（2007）证明耧斗菜花距长度的变化实际是对传粉者口器长度变化适应的结果，结合其他的花部性状特征，促进了耧斗菜属植物在短时间内出现快速而广泛的辐射变异，因此研究耧斗菜属植物花距发育的潜在机理和遗传调控对阐述被子植物物种进化具有重要意义（Zhang et al.，2020）。多数耧斗菜属花距的变异发生在细胞伸长过程中（Puzey et al.，2011）。Espinosa 等（2020）对比了耧斗菜属和翠雀属（*Delphinium*）9 种栽培种的花形态发育的特点，推测耧斗菜属和翠雀属植物花器官表型出现突变是由花分生组织活动长度的变化所引起。

随后大量研究集中对耧斗菜属植物的花发育过程中的调控基因进行挖掘与功能鉴定，如花瓣的发育是由 *AqAP3-3* 特异性调控（Sharma et al.，2011）；*TCP4*、*AN3*、*JAG*、*AqBEH* 在花距形态塑造过程中具有潜在的调控作用（Yant et al.，2015；Min et al.，2016；Conway et al.，2021）；*AqSTY1*、*AqSTY2* 和 *AqLRP* 促进耧斗菜花距中蜜腺的形成（Min et al.，2018）；*AqARF6* 和 *AqARF8* 调控耧斗菜花距伸长和蜜腺成熟（Zhang et al.，2020）。因此耧斗菜属植物的花距、花瓣的发育特性已有较为透彻的研究。

目前国内外对耧斗菜属植物不同生长时期（幼苗期、成苗期、结实期等）的发育特性研究不足，可作为后续的研究方向。

（4）花色与传粉生物学

耧斗菜属植物的花色丰富，包括白色、蓝色、淡紫色、紫色、黄色、橘色和红色等，Pražmo（1961）对紫色的无距耧斗菜、黄色的黄花耧斗菜的种群进行了大量的杂交试验，发现供试耧斗菜的 F$_2$、F$_3$ 和回交群体中花色遗传规律均符合孟德尔遗传定律，并提出花色与传粉媒介的种类相关。庞迪等（2012）发现，尖萼耧斗菜和黄花尖萼耧斗菜（*Aquilegia oxysepala f. pallidiflora*）繁殖系统的结构特征是适应昆虫传粉的结果，且两种耧斗菜的传粉者访花频率、传粉高峰期已出现差异。

Grant（1952）根据传粉者和花色的不同，将 124 种耧斗菜分为 5 种类群，分别对应 5 类不同的传粉系统，包括亚洲的无距耧斗菜类群，花紫色，由短舌蜂和蝇类完成授粉；亚欧的高山耧斗菜类群，花蓝色、蓝紫色及白色，由蜜蜂和熊蜂完成授粉；亚欧和北美的欧耧斗菜类群，花蓝色、蓝紫色、白色或青色，和高山耧斗菜类群相似，由蜜蜂和熊蜂完成授粉；北美的加拿大耧斗菜（*Aquilegia canadensis*）类群，花红黄色，由蜂鸟完成授粉；北美的变色耧斗菜类群，花白色或黄色，传粉者一般为蛾类。

（5）花色相关显色物质

Prazmo（1961）认为耧斗菜属植物蓝紫色系的花色由细胞液中的花青素含量及种类决定，而黄色花则由有色体中的花黄素含量决定。Taylor（1969）、Hodges 等（2009）先后对 25 种耧斗菜花色素进行分离与鉴定，发现蓝紫色系和紫色系花中含有矢车菊素和飞燕草素；红色花中含有天竺葵素和矢车菊素；蓝色花中含有飞燕草素；黄色系花中含有类胡萝卜素或叶黄素；白色花则是花青素的缺失所导致；Taylor 等（1969）依据所含有的不同种类的花青素对 18 种耧斗菜进行聚类分析，推测它们之间的亲缘关系。迟楠燕（2019）对华北耧斗菜及其变型黄花华北耧斗菜（*A. yabeana* f. *luteola*）的花色素进行分离与鉴定，发现紫色的华北耧斗菜花部色素为矢车菊素，黄花变种则含有杨梅素。

（6）花色素合成基因

Whittall 等（2006）利用半定量方法比较了 13 种不同花色的耧斗菜不同花发育时期的花青素合成结构基因表达量，发现晚期结构基因（*F3H*、*DFR*、*ANS*、*UF3GT*）的表达量与花青素含量密切相关；Hodges 等（2009）通过 PCR 和 RACE 确定了 34 个参与耧斗菜属植物类黄酮合成途径的相关基因，并证明这些基因在耧斗菜属植物中是单拷贝的，为耧斗菜属植物花色进化史的分析奠定基础；Taylor 等（1969）根据不同的花青素种类，对 25 种耧斗菜的进化历史进行分析，认为蓝色花变为红色是因为 *F3′5′H* 基因功能的缺失或下调，进而导致飞燕草素含量的降低，天竺葵素和矢车菊素含量升高，而红色花变为蓝色是因为 F3′5′H 酶活力的恢复，飞燕草素得以合成。Gould 等（2007）利用 VIGS（virus‑induced gene silencing）诱导紫色花的欧耧斗菜基因沉默，导致花色变白，而对花部器官整体形态没有影响，由于诱导 *ANS* 沉默的植株表型易辨认，这对耧斗菜属植物的 VIGS 技术报告基因的选择提供了新思路。迟楠燕（2019）对华北耧斗菜及其变型黄花华北耧斗菜的花色变化相关基因进行了初步筛选，但未对目的基因的功能进行系统解析。

目前国内外对耧斗菜属植物花色素的定性定量分析和结构基因遗传变异的研究已取得阶段性进展，为耧斗菜属植物花色改良与创新奠定基础，但目前基本没有对影响花色素合成的转录因子、花色素运输相关蛋白的研究，可作为后续的研究方向。

（7）无菌萌发特性

Tepfer 等于 1963 年开始探究耧斗菜的组培快繁技术，以芽为外植体，确定了吲哚乙酸、椰乳的最佳添加量。Bilderback（1972）发现 γ-氨基丁酸可显著促进花芽的分化。Karpoff（1974）通过放射自显影法发现吲哚乙酸和赤霉素的作用不同，但两种激素都不可或缺。

李春玲等对耧斗菜的组培技术的研究始于 1992 年，外植体选用耧斗菜无菌萌发胚轴段，发现 MS 培养基为耧斗菜最适培养基，吲哚乙酸（IAA）、6-苄基腺嘌呤（6-BA）的添加量在0.5～4.0 mg/L 均有良好的诱导和分化效果。随后的组培研究中外植体多选用幼叶和叶柄，选用不同的激素种类，外植体消毒后的成活率还有待提高（杜艳，2016；王非等，2010）。

目前我国在耧斗菜属植物组培快繁方面的研究不够深入，应充分借鉴国内外研究经验，推动耧斗菜属植物快繁体系的形成，实现批量生产，缩短耧斗菜属植物在我国园林的应用进程。

1.3.3　遗传学特性研究

（1）种质资源多样性

耧斗菜属植物因其极强的适应能力、多样的表型和广泛的生境分布，对其辐射进化的研究一直是国内外遗传生态学的焦点，同时耧斗菜属植物的系统发育模式介于水稻和拟南芥之间（Krame，2009），可作为模式植物，研究其物种起源与进化对现代分子学研究具有重要意义。

耧斗菜属植物物种间的亲缘关系及遗传多样性多采用互补DNA（cDNA）、核糖体 RNA（rRNA）通过 AFLP（朱蕊蕊等，2010）或微卫星分子标记等方法（Itagaki et al.，2015）进行检测。楼斗菜属植物的遗传多样性较高（Zhu et al.，2011；刘莹，2016）。聚类分析表明楼斗菜属与唐松草属的亲缘关系较近（高运玲等，2010）。长白山地区的长白楼斗菜（*Aquilegia flabellata* var. *pumila*）与尖萼楼斗菜互为姐妹物种，而这两种物种间产生遗传分化是祖先多态性、自然选择和遗传漂变及三者的共同作用结果（Li et al.，2019）；孙莹莹（2017）认为阿穆尔楼斗菜（*A. amurensis*）应与长白楼斗菜合并为同种。李森等（2015）对比了野生华北楼斗菜与楼斗菜园艺栽培种的亲缘关系，发现花色相近的品种亲缘关系较为接近，分析结果符合植物分类学；Zhang 等（2021）通过对楼斗菜属植物的基因组数据进行分析，发现楼斗菜属植物共分为北美种和欧洲种两大分支，小花楼斗菜（*A. parviflora*）和阿穆尔楼斗菜与北美种聚集在一起，而剩余的亚洲物种则被分在欧洲分支中。影响不同物种遗传多样性的因素不同，如基因流是影响变色楼斗菜遗传多样性的主要因素（Brunet et al.，2012）；而 *A. thalictrifolia* 种群间分化的主要原因是异源性（Lega et al.，2014）。Bartkowska 等（2018）则认为加拿大楼斗菜的花部性状变异的主要原因是花粉流，Huang 等（2021）发现楼斗菜属植物的花距变化与栖息地的变化相关。Xue 等（2021）分析了第四纪气候振荡和地理异质性对无距楼斗菜种群进化历史的影响。

（2）种质创新

Hodges 等（2002）将楼斗菜的 5 种性状包括花朵朝向、花瓣及花距长度、花瓣及花距颜色在 QTL 定位并构建了楼斗菜的遗传连锁图谱。Whittall 等（2006）发现楼斗菜缺失花青素的现象主要由 *ABP* 相关基因表达量下调所引起。Kramer 等（2007）诱导 *ANS* 基因沉默，得到花部由深色变为白色而花部器官形态未变的楼斗菜。Sharma 等（2014）证明了楼斗菜属花距的存在、雄蕊退化、萼片花瓣化及花瓣的有无是由 *AqAP3* 及其等位基因所控制。

基于我国楼斗菜属资源较为匮乏的现状，拓展种质资源库势在必行。杂交育种、分子杂交育种都是丰富种质资源的重要途径。掌握杂交遗传图谱，建立并完善楼斗菜属植物的高效遗传转化体系，筛选及转入功能基因，进而改良楼斗菜属植物的花色、花型、抗性等性状，对增加我国楼斗菜属植物种质资源丰富度具有重要意义。

1.3.4　栽培管理研究

（1）花期及成花条件的探究

杨阳等（2011）发现 12 片真叶（12 叶龄）为楼斗菜进行春化处理的最适苗龄，35 d 为最佳低温处理时间。而国外学者早在 1997 年就已经开始探求促进成花的方法，Merritt 等（1997）发现在杂种楼斗菜的生长期进行低温处理可提前花期，种子 4℃低温处理提前花期只对特定栽培种有效。Garner 等（1998）发现在苗期降低温度、延长光照时间都可以提前杂种楼斗菜的花期。Gianfagna 等（1998；2000）发现 0.005% 的 $GA_{4/7}$ 在杂种楼斗菜 8 叶龄时施用可显著延长花期。Whitman 等（2012）在比较了楼斗菜的成花条件后，提出低温条件并非所有栽培种成花必需条件。

（2）栽培生理特性

在对楼斗菜属植物进行水分胁迫方面的研究来看，从楼斗菜种子萌发到幼苗生长阶段均有研究，对宏观形态变化、叶和根微观形态变化、抗氧化酶活力变化、渗调物质含量变化均有研究（陈丽飞等，2020；孟缘等，2020；王金耀等，2018；杨阳等，2018；郝丽等，2017；郑德承，2009；李森等，2015）；在低温胁迫方面，对楼斗菜属植物成株的膜系统受损程度的评价及渗调物质含量的变化均有研究（陈菲，2011；陈曦等，2010）；张华丽等（2015）分析了变色楼斗菜的 14 个热激转录因子并在华北楼斗菜中检测到表达，为楼斗菜耐热分子学研究奠定基础。在盐胁迫方面，幼苗生长阶段对盐胁迫的响应研究存在空缺，对种子萌发耐盐性的研究不够深入（陈丽飞等，2019）。对楼斗菜属植物在遮阴生理方面的研究较少，Gianfagna 等（2000）发现 33% 的遮阴处理可增加楼斗菜的株高。在物理辐射方面，朱蕊蕊等（2009）利用不同能量、不同剂量的 H^+ 辐射楼斗菜种子得到了变异植株，变异率达 1.3%，为楼斗菜的种质创新提供了新途径。

综合来看，目前在耧斗菜属植物的基础生理研究方面还存在不足，如光合特性、原生环境、物候期的研究等。常规胁迫的研究应持续开展和完善，继续探求耧斗菜属植物的生长阈值，确定适宜的栽培管理条件，完善耧斗菜属植物栽培养护体系，推动其生产和应用。

1.3.5 活性成分研究

对于耧斗菜属植物的药用成分及现代药理的研究较为明晰。在耧斗菜属植物的茎叶分析测定方面，目前分离测定的药用成分包括苯乙醇类、黄酮类、有机酸、酚酸类、糖类、甾醇类、皂苷类、生物碱类及多种微量元素等（Yoshimitsu et al.，2008；冯卫生等，2011；Aziz et al.，2021）。对药理的研究较为全面，包括抗氧化活性、抗肿瘤活性、抗菌活性、保护肝脏和免疫活性等（余雁，2007；Adamska et al.，2003）。从耧斗菜的种子成分的研究进展来看，耧斗菜种子含有一种罕见的脂肪酸，在 δ5 碳位上具有双键（Longman et al.，2000）。此外，正在对耧斗菜属植物的花蜜和精油成分进行研究（Noutsos et al.，2015）。

耧斗菜属植物的不同物种具有不同的临床应用价值：耧斗菜有解毒止血的功效；小花耧斗菜、华北耧斗菜主治月经不调、痛经等；白山耧斗菜（*Aquilegia japonica*）主要用于治疗妇科疾病；无距耧斗菜可治疗溃疡及烂疮；秦岭耧斗菜有镇痛、活血化瘀的作用；甘肃耧斗菜（*Aquilegia oxysepala* var. *kansuensis*）主治跌打损伤、伤风感冒等。耧斗菜属植物的药用价值及内在活性物质的研究已经逐渐完善，对各种化合物定性定量的分析都有非常系统的研究。

第 2 章 •••
植物逆境胁迫研究进展

2.1　植物干旱胁迫研究进展

　　由于全球水资源的匮乏和降水分布不均，干旱成为世界上普遍发生的一种自然灾害，目前全世界土地有 36％ 处于干旱和半干旱状态，占总耕地面积的 43.9％（梁新华等，2001）。由于干旱所导致的作物减产甚至大于其他胁迫所导致的减产总量（李吉跃，1991）。目前，我国干旱地区面积约为 504 万 hm^2，占全国土地面积的 52.5％，此外，干旱地区面积仍在逐年扩大。在人口增长过快和水资源匮乏的双重压力下，探求园林植物的水分管理阈值，筛选优秀的抗旱园林植物对改善干旱胁迫下的生态环境具有重要意义（赵哈林，2004）。

2.1.1　植物的抗旱性

　　植物的抗旱性是指植物在干旱环境下所具备的生存能力，以及当胁迫解除后植物自身快速恢复的能力，此能力是一种复合性状（Levitt，1980）。目前，干旱分为 3 种类型，分别为大气干旱、生理干旱、土壤干旱，因为这是植物长期自然选择的结果，所以植物通过不同的方式来抵御及适应各种各样干旱胁迫，植物适应或抵御干旱的主要途径为御旱性和耐旱性（Carroty，1995）。御旱性是指植物在干旱环境下，自身依旧能保持住一定水分，使得体内细胞处于正常的微环境之中，各种生理生化代谢过程依然可以保持正常，如植物根系发达、输导组织发达等都具有预防脱水的效果；植物的耐旱性是指当植物遭受干旱胁迫时，通过各种生理代谢反应来忍受干旱的能力，即植物通过产生保护性物质，从而降低植物对干旱的灵敏性，或依靠一系列生理生化等变化缓解干旱，使得植物各种生理生化功能可快速恢复，如在干旱前低的基础渗透势使植物叶片卷曲得以延迟等（White et al.，1992）。

对于植物适应干旱的方式，不同的研究者有不同的意见，Turner（1979）认为植物适应干旱的方式可分为3类，即耐旱、御旱与避旱，且认为高水势下抗旱的原理是组织具有脱水现象。Levitt（1980）把植物适应干旱的机理分为忍耐干旱、避免干旱和逃避干旱3种类型。褚红丽等（2021）针对猫尾草新品系的抗旱性进行了研究。此外，关于菊科植物的抗旱性研究也比较多，如许宏刚等（2011）对4种菊科植物的抗旱性进行评价，研究结果表明北京小菊的抗旱能力强于金鸡菊、北美黄北京夏菊和大花滨菊，蒋文伟等（2011）对菊科品种美国紫菀（*Aster novae - angliae*）的抗旱能力进行了研究比较。

2.1.2　干旱胁迫对植物生长发育的影响

当遭遇干旱胁迫时，植物对干旱的反应首先可观测到的是生长受到抑制。刘文瑜等（2021）研究表明，藜麦幼苗遭遇干旱时，其株高下降、根长增加；据报道，水分胁迫下，植物的生长量也有所减少（Leila et al.，2021）；此外，有研究表明，水分胁迫下，小麦的株高下降，从而导致形成的穗数减少（关军峰等，2004）。生物量是评价生态系统的重要参数，对生态系统碳循环具有重要意义（Zheng et al.，2004；Brown et al.，1999）。在干旱环境下，植物各器官的生长发育受到影响，必然会导致植物生物量的改变。孙书存等（2000）对辽东栎（*Quercus liaotungensis*）进行干旱处理，发现其单株生物量有所下降；Richter等（2008）研究认为，在土壤水分充足的情况下，芒属植物的生物量会显著提高。

2.1.3 干旱胁迫对种子萌发的影响

在半干旱地区，多数植物种子在萌发过程中因土壤水分匮乏而萌发速度减缓，成苗率下降。聚乙二醇（PEG）本身无法渗透进种子的细胞中，但能够调节细胞内代谢，因此 PEG 溶液可模拟出干旱的萌发环境，促使种子在萌发过程中对干旱做出响应（郝丽等，2017）。抗旱能力强的品种在模拟干旱条件下仍能维持较高的萌发率。近年来，已有许多研究利用 PEG 渗透胁迫探究不同物种种子萌发期抗旱性，如北方常见的 25 种花卉（车代弟等，2018）、荆芥（武曦，2019）等。

2.1.4 干旱胁迫对植物叶片形态结构的影响

叶片形态结构是评价植物抗旱力的重要生理指标之一，干旱胁迫下植物叶片出现萎蔫、卷曲、发黄甚至脱落等现象。一般情况下，植物叶片为了适应干旱胁迫，自身结构会发生相应的变化，包括叶片厚度、上表皮及下表皮厚度、栅栏组织、海绵组织的厚度以及两者的比值等，其中栅海比是评价不同植物耐旱性的常用指标之一（吴建慧等，2015）。在对委陵菜的研究中，干旱胁迫下两种委陵菜的栅海比均上升，表明两种委陵菜对干旱胁迫均有一定适应性（吴建慧等，2015）。在对文冠果（赵雪等，2017）的研究中也得出相似的结果。

2.1.5 干旱胁迫对植物光合作用的影响

（1）干旱对植物光合色素的影响

叶绿素是参与植物光合作用的关键物质，是类囊体膜蛋白的重要组成成分。干旱胁迫破坏叶绿体类囊体膜结构和透性（曲涛等，2008）。同时，由于逆境下植物体内活性氧自由基增加，水分胁迫阻碍了原叶绿素酯的形成和叶绿素的积累，导致叶绿素含量的下降，直接影响植物的光合作用（许雯博，2014）。研究表明，抗旱性强的品种在胁迫下仍能维持稳定的叶绿素含量，在对北方 6 种灌木（柴春荣等，2012）的研究中，麦李的叶绿素含量降幅最小，在胁迫下可维持光合作用的进行。

（2）干旱对植物光合特性的影响

光合作用是指植物叶片吸收光能，以二氧化碳和水为底物转化为有机物和能量并释放氧气的过程，而水分是影响光合作用的重要因素之一（匡经舸等，2017）。研究表明，光合速率、光合电子传递速率及光合磷酸化活力均显著受到干旱胁迫的抑制，影响光合碳同化，如锦鸡儿（刘世秋，2008）在水分胁迫下，光合指标均显著受到抑制，且与湿润区品种相比，干旱区品种对水势下降反应更迅速。此外，干旱胁迫导致的气孔限制和非气孔限制因素也是光合受到影响的直接原因。气孔限制指叶片气孔开度变小，参与光合作用的二氧化碳浓度降低，导致光合速率下降；非气孔限制是指干旱胁迫导致叶绿体及其他光合器官结构受损，利用光能的效率和光化学反应速率下降，抑制光合作用（赵伟男，2016）。一般轻度胁迫下光合受到抑制以气孔限制因素为主，重度胁迫下光合受到抑制则主要由于非气孔限制因素（许建军，2016）。

（3）干旱对植物 PSⅡ反应中心的影响

叶绿素荧光动力学技术能够灵敏、迅速地测定植物 PSⅡ反应中心对光能的捕获、传递、分配和耗散程度，叶绿素荧光参数相比气体交换参数更能反映叶片光合作用的内在机制，因此，叶绿素荧光动力学技术可更直观地反映叶片光合反应中心的工作状态，同时保证叶片完整无损伤（张守仁，1999）。在对草本植物的研究中，紫花苜蓿（*Medicago sativa*）的初始荧光（Fo）随着干旱胁迫的加重而呈上升趋势，PSⅡ实际光化学量子产量（ΦPSⅡ）、最大光化学效率（Fv/Fm）则呈下降趋势（李立辉等，2015）。射干的非光化学猝灭系数（NPQ）随着土壤相对含水量的下降而显著增大，光化学猝灭系数（qP）、Fv/Fm、表观光合电子传递速率（ETR）均下降，复水后除重度胁迫处理外，其他处理组叶绿素荧光参数均可较快恢复（杨肖华等，2018）。此外，在对木本植物的研究中均得到相似的结果。随着干旱胁迫的程度不断加大，青海云杉（*Pi-*

cea crassifolia）和沙地云杉（*Picea mongolica*）的 ΦPSⅡ、Fv/Fm、qP 均呈下降趋势，Fo 和 NPQ 均呈上升趋势，综合分析得出沙地云杉比青海云杉具有更强的抗逆性（李得禄等，2015）。在对野生酸枣的研究中，随着土壤含水量的不断降低，野生酸枣的最大荧光（Fm）、Fv/Fm、ΦPSⅡ 均呈下降趋势，Fo 逐渐上升，当土壤相对含水量小于 38.5％时，野生酸枣的 PSⅡ 光合反应中心已受到损害（杨锐等，2018）。

2.1.6 干旱胁迫对植物生理的影响

（1）干旱胁迫对膜系统的影响

原生质膜是细胞与外界进行物质交换的主要通道，是对水分胁迫最为敏感的部位之一。在干旱胁迫下，细胞膜系统受到损害，透性增加，导致电解质不同程度渗出，因此可以通过细胞外溶液的电导率判断植物细胞膜受损程度及抗旱能力的强弱：抗旱能力强的物种膜透性增加幅度较小，往往受到的损害可逆转，恢复能力强，而不耐旱物种的膜透性增加幅度较大，受到的损害不可逆转，恢复能力弱（万里强等，2010）。在对不同抗性燕麦属植物（彭远英等，2011）的研究中，在胁迫下细胞膜透性变化幅度较小的燕麦，其在胁迫下的形态变化同样较为稳定，因此细胞膜透性是评价植物抗旱能力的重要指标。干旱胁迫下，植物体内积累过多的活性氧自由基，导致膜脂过氧化。丙二醛（MDA）为膜脂过氧化过程的最终产物，其含量越高表明植物膜系统受损越严重（彭远英等，2011）。研究表明，抗旱性较强的品种在逆境下可维持较低的丙二醛含量，在对不同抗性黑麦草（万里强等，2010）的研究中得到相似的结论。

（2）干旱胁迫对渗透调节物质含量的影响

渗透调节是指胁迫下植物细胞做出应答，调节细胞内渗透势，是植物对胁迫做出适应的重要生理过程。当植物受到干旱胁迫时，植物细胞通过积累渗透调节物质，如无机离子、游离脯氨酸、甜菜碱、可溶性糖、可溶性蛋白等（高照全等，2004），使细胞内浓度增加，进而降低细胞内渗透势，防止细胞内水分外泄，进而适应干旱胁迫。细胞内溶质的积累引起细胞渗透势的降低，这是渗透调节过程的关键所在。

脯氨酸是一种高亲水性的渗透调节物质，在渗透调节过程中起到关键作用。干旱胁迫下脯氨酸的积累有利于植物组织细胞维持水分平衡，增强自身抗旱能力；可溶性糖也是渗透调节过程中的重要物质，逆境下植物体内可溶性糖含量的变化体现了植物的抗性（柴春荣等，2012）。研究表明，不同植物物种的可溶性蛋白含量在干旱胁迫下的响应不尽相同，例如半日花的可溶性蛋白含量随着干旱胁迫的加重而升高（任文侥，2013）；干旱胁迫对人参榕可溶性蛋白含量无显著影响（陆銮眉等，2011），而石竹（*Dianthus chinensis* L.）和须苞石竹（*Dianthus barbatus* L.）（王军娥等，2018）在干旱胁迫后期可溶性蛋白含量下降，可能是由于胁迫后期可溶性蛋白在渗透调节过程中不再发挥主要作用。

（3）干旱胁迫对抗氧化酶活力的影响

一般情况下，植物的抗氧化酶如超氧化物歧化酶（SOD）、过氧化氢酶（CAT）、过氧化物酶（POD）可以有效清除活性氧自由基，维持植物体内活性氧产生与清除的动态平衡，保证植物各项生理过程的正常运行（许建军，2016）。逆境下，植物体内积累过量活性氧自由基，引起抗氧化酶如 SOD 和 POD 等活力的加强，当干旱胁迫过于严重超出了植物的抗氧化酶保护能力范围，导致抗氧化酶系统受损，酶活力下降，如在 4 种黑麦草（万里强等，2010）的研究中，当重度胁迫超出黑麦草的抗氧化酶系统调控范围时，SOD活力则呈下降趋势，导致植物进一步受损。在对 4 种石竹（王军娥等，2018）的研究中，干旱胁迫 0～8 d，中国石竹和狭苞石竹的SOD 活力均上升，而 8 d 后 SOD 活力均下降，表明干旱胁迫已超出中国石竹和狭苞石竹耐受能力。

2.2　植物盐分胁迫研究进展

土壤盐渍化是指由于自然或人为因素，使土壤中的盐分积累，进而导致土壤向盐渍土演变的过程。我国盐渍土地面积已达 3 600 万 hm², 在我国可利用土地资源中占比高达 4.88% (李珍等, 2019)。我国农业生产受到土壤盐渍化的制约, 作物产量大幅下降, 因此土壤盐渍化已然成为我国农业生产发展的绊脚石。在北方地区, 尤其在干旱及半干旱地区, 冬季路面大量施用的融雪剂致使灌溉用水的含盐量增加。据调查, 2005—2006 年沈阳全市共施用融雪剂超过 9 000 t (严霞等, 2008), 长春每年施用融雪剂 1 000 t 左右 (张淑茹等, 2009), 在长春市 5 条主要街路的雪样分析中, 残雪中的 Cl^- 含量是对照的 89.8 倍以上、Na^+ 含量是对照的 134.1 倍以上、Ca^{2+} 含量最高达到对照的 742.7 倍 (张淑茹等, 2009)。研究表明, 融雪剂直接导致地下水水质的下降并增加土壤含盐量 (Fior et al., 2013)。因此在耕地面积逐年缩减、人口数量逐年增加的双重压力下, 改良和利用开发盐渍化的土壤对改善我国生态环境、提高农业生产具有重要意义。

2.2.1 植物的耐盐性

盐分胁迫是抑制植物生长的主要因素之一, 土壤盐碱化也是目前农业生产方面的主要阻碍 (张淑红等, 2000), 目前, 我们所使用的化学融雪剂的主要成分是盐类, 其对植物的影响也是通过盐胁迫对植物产生危害。因此, 化学融雪剂胁迫相当于盐胁迫。在园林植物应用方面, 盐胁迫限制了其应用价值, 这给城市园林绿化带来很大的困难。

植物为适应盐胁迫环境, 对胁迫环境所做出的反应分别体现在生理状况和形态生长的变化上 (张金凤, 2004)。研究表明, 盐胁迫会抑制植物株高和叶面积等生长指标的生长, 对植物发育过程的影响极为明显 (张加强等, 2011)。因此, 植物的生长及生理指标是研究植物抗盐能力的依据, 对植物抗盐性的研究也是多种指标的综合研究 (景璐等, 2011)。

耐盐性较差的植物, 在盐分胁迫处理下, 其形态生长受到的影响比较明显, 且随盐浓度的加大, 植物的形态变化越来越明显; 在城市园林绿化方面，园林植物形态上的变化会降低其观赏价值（景璐等，2011）。当植物处于盐分胁迫条件下，其叶绿素合成能力下降，使植物叶绿素含量下降，进而导致植物叶片颜色发黄，花形和株形变小等（陈瑞利等，2009）。植物种类不同，其在盐分胁迫下的表现有所不同。植物在盐分胁迫下主要表现为植株生物量的下降和生长受到抑制。已有研究发现，在盐分胁迫环境下，部分植物幼苗的生长速度比较缓慢，表现为植株矮小、叶片发黄、翻卷等，植物根系也会有所体现，主要表现为主根短，一级侧根数减少、根毛少等（廖祥儒等，1996）。通常情况下，当植物遭受盐害时，植物会通过调节自身内环境来抵御（张娅等，2021）。研究表明，盐胁迫会抑制植物生长，对植物干物质积累和根系吸收水分产生重要影响。在马铃薯试验中，盐分胁迫显著影响了其生物量，随盐浓度的增大，其生物量呈下降趋势（王新伟，1998）。苜蓿生产中也得到类似的结论，李品芳等（2001）研究指出，随盐分浓度的增加，苜蓿地上部分干物质生长速率显著降低，降幅明显。桂枝等（2008）研究结果表明，鲜草产量随着盐分浓度的增加逐渐下降。

2.2.2 盐分胁迫对植物生理生化的影响

（1）盐分胁迫对渗透调节的影响

随着土壤中盐分的积累，土壤水势逐渐降低，土壤与植物体的水势差逐渐增大，严重时导致植物细胞水分流失，造成植物体内生理缺水，直接影响蒸腾作用、养分运输、光合作用等一系列生理活动（Munns et al.，2008）。不同植物对盐分胁迫的响应不同：盐生植物的液泡内可以储存吸收的盐分离子，而非盐生植物受到盐胁迫时，细胞内合成大量渗透调节物质，如游离脯氨酸、甜菜碱和可溶性糖等，降低细胞水势，维持植物体与土壤的水势平衡，防止植物体失水，确保各项生理过程正常进行（李珍等，2019）。

脯氨酸是参与植物体渗透调节过程的重要物质之一，正常情况下，植物体内脯氨酸含量较低，而盐分胁迫下脯氨酸含量显著升高，因此测定胁迫下脯氨酸含量可判断植物体的受损程度（蒋昌华等，2018）。在对鼓节竹（中暗竹）（*Bambusa tuldoides* f. *swollen-internode*）（龙智慧，2017）的研究中，胁迫初期鼓节竹的脯氨酸含量逐渐升高，在胁迫 12 d 时达到最高值，表明鼓节竹的渗透调节系统已做出适应性响应，而胁迫后期脯氨酸含量呈现出下降的趋势，表明随着胁迫时间的推移，鼓节竹的受损情况加重，12 d 后胁迫程度超出其防御能力。可溶性糖也是参与渗透调节的重要物质，同时也是合成有机物碳架能量的来源，也可起到保护酶活力的作用（邹丽娜等，2011）。盐分胁迫下植物体内的可溶性糖含量升高，以抵御盐分胁迫的危害，在对夏枯草（张利霞等，2017）的研究中，随着胁迫的加重，夏枯草的可溶性糖含量持续上升，是对盐分胁迫的一种适应性表现。

土壤中含有高浓度的盐时氨基酸的合成受阻，所以蛋白质的合成速度会降低，同时蛋白质的分解速度会加快，导致植物体内蛋白质含量下降，如芍药（蒋昌华等，2018）在盐胁迫下的响应。而在对天蓝绣球（宿根福禄考）（*Phlox paniculata*）（姜云天等，2017）进行盐分胁迫的研究中发现，随着 NaCl 浓度的升高，可溶性蛋白含量变化不显著。因此不同物种的可溶性蛋白含量在不同程度盐分胁迫下发生不同程度的变化。

（2）盐分胁迫引发离子胁迫

土壤中某一种离子含量过多影响植物对养分的吸收，研究表明，土壤中 Na^+ 含量过多则抑制对 K^+、Ca^{2+} 的吸收，而 Ca^{2+} 的缺乏会降低质膜稳定性和选择性，加之 Ca^{2+} 和 Mg^{2+} 通道可共用的特性，当植物体内 Na^+ 含量过高时抑制 Ca^{2+} 的吸收，同时抑制了 Mg^{2+} 的吸收，因此通常将 K^+/Na^+、Ca^{2+}/Na^+、Mg^{2+}/Na^+ 作为植物耐盐性的指标（付晴晴等，2018）。盐分胁迫下，Na^+/K^+ 升高影响光合作用和氮同化等生理活动，导致植物生长受阻（武祎等，2019），在对水稻（Krishnamurthy et al.，2016）的研究中得到相似的结果。

（3）盐分胁迫对抗氧化酶活力的影响

盐分胁迫下，植物体积累大量活性氧自由基，若不及时清除则会导致细胞膜受损、细胞凋亡等。植物体往往通过增加抗氧化酶活力清除过量自由基，减轻对植物的损害，如过氧化物酶、过氧化氢酶和超氧化物歧化酶等（Munns et al.，2008）。在对大花紫薇（滕维超等，2015）的研究中，胁迫初期抗氧化酶活力上升，而胁迫后期抗氧化酶活力则显著下降，表明胁迫初期大花紫薇通过调节抗氧化酶系统来抵御胁迫伤害，而后期胁迫过强超出抗氧化酶系统保护范围，抗氧化酶系统受到破坏，导致抗氧化酶活力显著下降。在对 7 种园林植物（董喜光，2016）的研究中，在 0.3％的盐分浓度下，各品种 SOD 活力呈递增趋势；在 0.6％的盐分浓度下，7 种植物的 SOD 活力均先上升后下降，表明随着处理时间的推移，盐分胁迫超过 7 种园林植物抗氧化酶系统的保护范围，对盐分胁迫的耐受性下降。

2.2.3 盐分胁迫对植物光合特性的影响

（1）盐分胁迫抑制光合作用的机制

研究表明，由于土壤含盐量的升高，植物体失水形成生理干旱，进而降低气孔导度甚至气孔关闭，而叶片内的二氧化碳扩散阻力升高，引起光合作用底物含量降低，从而抑制植物正常的光合生理过程（施晓梦，2015）。有一些研究也得到相似的结果，如燕麦幼苗（刘建新等，2015）叶片的净光合速率、气孔导度、蒸腾速率均随着盐碱胁迫的加重而下降；中性盐与碱性盐均显著抑制菊芋的光合作用，碱性盐胁迫下抑制效果更显著（邵帅，2016）。

（2）盐分胁迫对光合色素含量的影响

不同程度盐分胁迫对植物光合作用的影响不同，轻度胁迫下植物叶尖、叶缘枯黄；中度胁迫下叶片出现褪绿萎蔫现象；而重度盐分胁迫导致叶柄萎蔫坏死、叶片脱落（施晓梦，2015）。研究表明，Na^+ 或 Cl^- 显著提高叶绿素酶的活力，加速叶绿素的分解（张兵，2016）；此外，色素-蛋白质-脂类复合体在盐分胁迫下受到损害，进而降低叶绿素和其他色素的含量，如盐分胁迫下，柽柳（张兵，2016）叶片中叶绿素含量显著降低；在两种菊属植物（施晓梦，

2015）的研究中，盐分胁迫下萨摩野菊的叶绿素 a 含量降幅较大，由于叶绿素 a 在光合作用中的作用比叶绿素 b 更大一些，因此萨摩野菊在胁迫下光合作用受到的影响更大。

（3）盐分胁迫对植物 PSⅡ反应中心的影响

叶绿素荧光动力学检测技术是利用叶绿素为探针，在保证植物叶片完整的前提下探测植物光合生理状况的新兴诊断技术。目前广泛应用于农业生产及科研工作，尤其是对逆境下植物生长的抗逆性能方面的研究，包括植物耐盐性、抗旱性等领域（陈建明等，2006）。在对草本植物的研究中，随着盐分胁迫的加重，彩叶草的 Fv/Fm、qP、Fm 均下降，NPQ 上升（刘真华等，2018）；在对番茄的研究中，盐分胁迫下番茄自根苗叶片 ΦPSⅡ、Fv/Fm 均下降，NPQ 上升，而嫁接番茄在胁迫下的叶绿素荧光参数变化不明显，表明通过嫁接可以提高番茄幼苗的耐盐性（李汉美等，2013）。在对木本植物的抗逆研究中也得到相似的结果：鸡爪槭幼苗的 Fv/Fm、ETR、ΦPSⅡ、qP 均随着盐分胁迫的加重显著下降，NPQ 显著提高，表明在盐分胁迫下，鸡爪槭幼苗通过增大热耗散份额保护光合反应中心不受损害（唐玲等，2015）。

2.3 植物遮阴处理的研究进展

2.3.1 植物的耐阴性

植物耐阴性是指植物在弱光照（低光量子密度）条件下的生活能力。这种能力是一种复合性状。植物为适应变化的光量子密度而产生一系列变化，进而维持自身系统的平衡状态，并能进行正常的生命活动（王雁等，2002）。光照不足情况下，植物一方面通过充分吸收低光量子密度的能量，提高光能利用效率，使之更多、更快地转化为化学能；另一方面降低用于呼吸及维持自身生长的能量消耗，使光合作用同化的能量以最大比例贮存于光合作用组织中来适应低光量子密度环境，维持其正常的生存生长。

植物生态学中根据植物生长与光照强度的关系，将植物分成

3种类型：阳性植物、阴性植物和耐阴植物（中性植物）。耐阴植物在充足的阳光下生长最好，但有不同程度的耐阴能力，在高温、干旱、全光照下生长受抑制。

　　植物的耐阴性由植物本身的遗传学特性和植物对光照条件的适应性两个方面决定（Nygren et al.，1983）。植物对低光量子密度的反应，一般表现为两种类型：避免遮阴和忍耐遮阴（Smith，1982）。具有避免遮阴能力的植物，当轻度遮阴时，叶片做出很小的适应调节，同时降低径生长、加快高生长，以早日冲出荫蔽的环境；但当过度遮阴时，则很难对新的光环境做出反应，表现出黄化现象或最终被耐阴植物取代。忍耐遮阴在顶端群落的中下层植物以及部分阳性植物的叶幕内部或下层叶片上表现比较突出。具有忍耐遮阴的植物，其叶片形态特征与低光量子密度的光环境极为协调，从而保证植物在较低的光合有效辐射范围内有机物质的平衡为正值（采利尼克尔，1986）。这种对低光量子密度的适应，包括了生理生化及解剖结构的变化，如色素含量、核酮糖-1，5-双磷酸（RuBP）羧化酶活力以及叶片栅栏组织和海绵组织的比例关系、叶片大小、厚度等的改变，采利尼克尔认为，植物的耐阴与否并不是绝对的，而只是量的问题，植物对其所处的光照条件的适应性反应是植物的一种本能。

2.3.2　植物对遮阴的生理响应

（1）植物耐阴性的形态学原理

　　叶片是直接接受光照的器官，因此其形态结构与植物耐阴程度密切相关。在弱光照下，叶片大小（叶长、叶宽）、叶厚、比叶重等都较全光照下有明显差别（曲仲湘等，1983），植物在其形态上提高对散射光、漫射光的吸收（户刈义次，1979）。多数荫蔽条件下的植物叶片表面光滑无毛，没有蜡质和革质，以减少表面对光的反射损失，遮阴降低植物叶面积指数。许多研究表明，随着光辐射强度的减弱，叶面积通常变大，叶片数量减少，叶片薄，比叶面积提高，比叶重小（Anderson，1955；Duba et al.，1980；Carpenter et al.，1981；Goulet，1986）。在茎的形态结构方面，一般弱光有利于植物幼茎的延长生长，而强光则对茎的延长生长有抑制作用，但能促进组织分化及根系的生长，形成较大的根茎比。所以在荫蔽环境下生长的植物通常茎细长，节间长，分枝少。植物对低光量子密度环境的适应，首先表现在其形态上：叶片向水平方向分布，扩大与光量子的有效接触面积。遮阴条件下植物叶面积指数的下降可看作叶片对弱光的一种适应。

（2）色素含量变化

色素在光合作用中具有重要作用。叶绿素是植物的光合色素，具有吸收和传递光量子的功能，单位叶面积的叶绿素 b 及叶绿素（a＋b）含量与植物净光合作用以及光吸收有密切的联系。植物光合作用特性和机理是研究植物耐阴性的一个重要方面。其中光补偿点与光饱和点反映了植物对光照条件的要求，是判断植物耐阴性的一个重要指标。低的光补偿点和饱和点说明植物利用弱光能力强，有利于有机物质的积累，植物在荫蔽的环境下也能正常生长。另外，如增加胡萝卜素可以避免叶绿素的光氧化及紫外线辐射的伤害。辅助色素与水深及光质的改变相关联，但现有的证据表明这是在低光量子密度条件下提高总光量子吸收的一个有效途径（Dring，1981）。

（3）光合作用曲线

梁莉等（2004）认为，通过不同光强下饱和净光合速率的变化幅度和强光抑制下 NPQ 值两项指标就可以判断植物对光照的适应特点。许多研究者（裴保华，1994；张得顺等，1997；陈绍云等，1992；敖惠修，1986；刘鹏等，2003）用光合曲线的光饱和点、光补偿点、量子效率作为耐阴性的判断指标，将低光下表现出低的阈值、光饱和点、光补偿点和较高的量子效率的植物划为耐阴性强的植物范畴。由此可见，这方面的研究已取得了一些成绩，虽然由于植物种类不同，适应弱光策略亦有所不同，耐阴性的评价指标有所变化，但从总体看，耐阴性的评价指标相对是一致的、可靠的。

很多学者也指出（中国科学院华南植物研究所，1986；罗宁，

1992)，耐阴植物的光响应曲线与喜光植物的光响应曲线不同，光补偿点向较低的光量子密度区域转移，曲线的初始部分（表观量子效率）迅速增大，饱和光量子密度低，而且光合作用高峰较低。正如 Björkman 等（1963）的研究指出，光响应曲线变化的不同程度不但是不同种类的植物所具有的特性，而且是同一种植物的不同生态型所具有的特性。

植物光补偿点低意味着植物在较低的光强度下就开始了有机物质的正向增长，光饱和点低则表明植物光合作用速率随光量子密度的增大而迅速增加，很快即达到最大效率。因而，较低的光补偿点和饱和点使植物在光限制条件下以最大能力利用低光量子密度，进行最大可能的光合作用，从而提高有机物质的积累，满足其生存生长的能量需要。

（4）减少能量的消耗

植物消耗能量的过程包括光呼吸及暗呼吸。研究表明（Lange et al.，1981），耐阴植物叶片及根的呼吸强度均较喜光植物低。一方面，遮阴条件下植物根系呼吸降低，是由于遮阴降低土壤温度，致使根量相对减少；另一方面，耐阴植物叶片的暗呼吸较弱，而整个光响应曲线向左移动，光补偿点出现在更低的光量子密度；在超过光补偿点的光量子密度下，其加氧酶活力降低，少产生或不产生光呼吸的底物——磷酸乙醇酸（Neyra，1985）。

第3章 •••
北方地区特色宿根花卉对不同水分处理的响应研究

3.1 干旱胁迫对大花萱草生理特性的影响

3.1.1 材料与方法

(1) 试验材料

供试材料为大花萱草的 3 个不同品系，花色分别为黄色、金黄色和红色。黄色品系栽种于吉林农业大学园艺学院园林植物教学基地，为吉林农业大学培育的杂交品系（待鉴定），2005 年分株定植于吉林农业大学；金黄色品系为大金杯，2005 年引自北京植物园；红色品系为和平，2005 年引自北京植物园。设 3 个品系的大花萱草分别为 T1、T2、T3（图版Ⅰ）。

(2) 试验设计

挑选整齐健壮的分株苗，每品系 40 株，于 2006 年 4 月 29 日栽于盆中，盆规格为上口径 25 cm，下口径 14 cm，高 18 cm。培养基质的配比为园土：腐殖质：炉渣＝3：2：1，碱解氮、有效磷、速效钾的含量分别为 301、56、353 mg/kg（交予吉林农业大学资源与环境学院测定）。

在生长期间给予正常管理，每个品系选生长基本一致的 30 盆作供试材料，干旱处理前 3 d 对所有的植株连续浇水处理，使每盆土壤处于饱和含水状态。7 月 21 日使每个品系植株自然干旱，设100%、75%、55%、40%、30%、24% 6 个土壤相对含水量为不同胁迫程度，以 100% 为对照处理（CK），分别于胁迫 0、8、

14、22、31、38 d 土壤含水量达到相应水分梯度时，对干旱和对照处理的植株，于 7：00—8：00 选取成熟健壮叶片进行各项指标的测定。

（3）测定项目与方法

①叶片上下表皮气孔特征

在干旱胁迫处理达到相应水分梯度时，分别摘取不同品系发育良好的成熟叶片，切取 1 cm 小段，用 FAA 进行固定。

叶片表皮结构采用临时装片法制作并进行观察。用镊子轻轻撕下叶片表皮，并用刀片刮去叶肉，将表皮整体放在载玻片上，滴一滴水和番红，盖上盖玻片，用吸水纸吸取多余水分，放在显微镜下调查气孔密度、分布等。

②形态指标的测定

形态指标测定包括叶宽、叶长、株高、冠幅、叶片数、单花数等，5—9 月每周测定 1 次。株高的测定为植株的绝对高度，将植株拉直后采用钢卷尺测量；叶片长度的测定为选取完全展开的叶片，平展，用钢卷尺进行测量；叶片宽度采用游标卡尺进行测量。

③植株生物量的测定

在缓苗后开始处理前，每个品系各取 5 盆植株清除根系周围的泥土并清洗全株后，用吸水纸吸去多余的水分，分别称取叶片、根的重量，在 105℃下杀青 15 min 左右，80℃烘干至恒重，称干重。干旱处理结束后收获全株，每个处理取 5 盆植株称取各器官鲜重和干重。计算各器官鲜重和干重增量（收获时重量与处理前重量之差）。

④叶片的光合特性

叶片净光合速率日变化规律：于生长季晴天测定，测定时间为 6：00—18：00，每 2 h 测定 1 次，全天测定 7 次。重复 3 次。

⑤生理指标的测定

a. 叶绿素含量的测定

试验方法参照高俊凤（2000），采用丙酮-乙醇提取法。取新鲜植物叶片 0.05 g，剪碎后放入锥形瓶中，加入 10 mL 丙酮-乙醇（1：1）溶液，使叶片完全浸于丙酮-乙醇混合溶液中，将锥形瓶口密封后置于暗处。当叶片完全褪色变白后将提取液过滤，并加入比色杯中，在 665、649 nm 波长下测定吸光值（对照为丙酮-乙醇溶液）。每处理重复测定 3 次。

计算公式：叶绿素 a 浓度＝$13.95 \times A_{665} - 6.88 \times A_{649}$

叶绿素 b 浓度＝$24.96 \times A_{649} - 7.32 \times A_{665}$

叶绿素含量（mg/g）＝（色度浓度×提取液体积×稀释倍数）/样品鲜重

式中 A_{665}、A_{649} 为叶绿素色素提取液在波长 665、649 nm 下的吸光值。

b. 可溶性糖含量的测定

采用蒽酮法（张治安等，2008）。取新鲜植物叶片 0.5 g，剪碎后放置于试管内，加入蒸馏水 15 mL，在 100℃ 水浴锅内水浴 20 min，取出冷却至室温，将其过滤入 100 mL 容量瓶内，定容。取待测样品提取液 1 mL 于试管内，加入蒽酮试剂 5 mL，100℃ 水浴 10 min后冷却至室温，在 620 nm 处测量吸光值（对照为 1 mL 蒸馏水加 5 mL 蒽酮试剂水浴后溶液）。每处理重复测定 3 次。

计算公式：可溶性糖含量（％）＝$(C \cdot V_T)/(10^6 \cdot Wf \cdot V_1) \cdot 100$

式中 C 为从标准曲线查到的葡萄糖量，μg；V_T 为样品提取液总体积，mL；V_1 为显色时取样品液体积，mL；Wf 为样品重量，g。

c. 游离脯氨酸含量的测定

采用酸性茚三酮显色法（Bates et al.，1973）。用天平称取 0.5 g 新鲜叶片，剪碎后放入具塞试管内，加入 3% 磺基水杨酸溶液 5 mL，置于 100℃ 水浴锅内 15 min，取出过滤，滤液即为提取液，取 2 mL 提取液于试管中，加入 2 mL 冰醋酸，2 mL 茚三酮试剂，密封试管口，100℃ 水浴锅内水浴 15 min 取出，取出冷却后加入 5 mL 甲苯，充分摇匀，避光静置待其完全分层，吸取红色甲苯层在 520 nm 波长下测定吸光值（对照为甲苯）。每处理重复测定 3 次。

计算公式：脯氨酸含量（$\mu g/g$）＝$(C \cdot V_T)/(W \cdot V_s)$

式中 C 为从标准曲线中查到的脯氨酸质量，μg；V_T 为提取液总体积，mL；V_S 为测定液体积，mL；W 为样品重量，g。

d. 可溶性蛋白含量的测定

采用考马斯亮蓝 G - 250 染色法（张治安等，2008）。称取新鲜叶片组织 0.5 g，剪碎后放入研钵中，加入 5 mL 蒸馏水研磨至匀浆，3 000 r/min 下离心 10 min，吸取上清液 1 mL 于试管内，再加入 5 mL 考马斯亮蓝试剂，充分摇匀，静置 2 min 后在 595 nm 波长下（对照为 1 mL 蒸馏水加 5 mL 考马斯亮蓝试剂混合溶液）测定吸光值。每处理重复测定 3 次。

计算公式：样品中蛋白质的含量（mg/g）= $(C \cdot V_T)/(1\,000 \cdot V_S \cdot Wf)$

式中 C 为查标准曲线值，μg；V_T 为提取液总体积，mL；Wf 为样品鲜重，g；V_S 为测定时加样量，mL。

e. 过氧化物酶（POD）活力的测定

采用愈创木酚法（张治安等，2008）进行测定。称取 1 g 新鲜植物叶片，将其剪碎放置于研钵内，加入 0.1 mol/L pH 6.0 的磷酸缓冲溶液 10 mL，研磨至匀浆，4 000 r/min 离心 15 min。将上清液移入 100 mL 容量瓶中，用磷酸缓冲溶液冲洗叶片残渣，再次进行提取，将提取后的上清液移入容量瓶内，使用磷酸缓冲溶液定容，所得溶液为酶提取液，置于 4℃ 条件下保存备用。

在比色杯中加入反应混合液 3 mL、酶提取液 1 mL，将计时器立即开启记录时间，在 470 nm 下测定吸光值（对照为 3 mL 反应混合液加 1 mL 磷酸缓冲溶液），每分钟读一次数。每处理重复测定 3 次。

以每分钟内 $\triangle A_{470}$ 变化 0.01 为 1 个过氧化物酶活力单位（U）表示。

计算公式：POD 活力（U/g）= $(\triangle A_{470} \cdot V_T)/(0.01 \cdot W \cdot V_S \cdot t)$

式中 $\triangle A_{470}$ 为反应时间内吸光值的变化；W 为样品鲜重，g；V_T 为提取酶液总体积，mL；V_S 为测定时取的酶液体积，mL；

t 为反应时间，min。

反应混合液：取 100 mmol/L 磷酸缓冲液（pH 6.0）50 mL 放入烧杯中，加入愈创木酚 28 μL，于磁力搅拌器上加热搅拌，直至愈创木酚溶解，待溶液冷却后，加入 30%过氧化氢 19 μL，混合均匀，保存于冰箱中。

f. 过氧化氢酶活力测定

取新鲜叶片 2.5 g，将其剪碎后放入研钵中，加入 pH 7.8 的磷酸缓冲液少量，研磨成匀浆，转移至 25 mL 容量瓶中，用该缓冲液冲洗研钵，并将冲洗液转至容量瓶中，用同一缓冲液定容，4 000 r/min 离心 15 min，上清液即为过氧化氢酶的粗提液。取 50 mL 三角瓶 4 个（两个测定，另两个为对照），测定瓶加酶液 2.5 mL，对照瓶加煮过的酶液 2.5 mL，再加入 2.5 mL 0.1 mol/L 过氧化氢，同时计时，于 30℃ 恒温水浴中保温 10 min，立即加入 10%硫酸 2.5 mL。用 0.1 mol/L 高锰酸钾标准溶液滴定，至出现粉红色（在 30min 内不消失）为终点。

酶活力用 1 g 鲜重样品 1 min 内分解过氧化氢的毫克数表示。

计算公式：$\dfrac{\text{过氧化氢酶活力}}{[\text{mg}/(\text{g}\cdot\text{min})]}=\dfrac{(A-B)\times\dfrac{V_{\text{T}}}{V_{\text{S}}}\times 1.7}{W\times t}$

式中 A 为对照高锰酸钾滴定毫升数；B 为酶反应后高锰酸钾滴定毫升数；V_{T} 为提取酶液总量，mL；V_{S} 为反应时所用酶液量，mL；W 为样品鲜重，g；t 为反应时间，min；1.7 为 1 mL 0.1 mol/L 高锰酸钾，相当于 1.7 mg 过氧化氢。

注：所用高锰酸钾溶液及过氧化氢溶液临用前要经过重新标定。

g. 丙二醛含量的测定

实验方法参考李合生（2000）的方法。称取植物叶片 0.2 g，将其剪碎后放入研钵中，加入 2 mL 5% TCA 研磨至匀浆，再加入 8 mL 5% TCA 继续研磨，匀浆在 4 000 r/min 离心 10 min，上清液即为提取液。取上清液 2 mL 放置于试管内，加入 2 mL 0.6% TBA

充分摇匀，再将其置于 100℃ 水浴锅中 30min，取出试管后冷却，将其在 3 000 r/min 下离心 15 min，取上清液在 532、600、450 nm 处测定吸光值（对照为 2 mL 5% TCA 溶液加 2 mL 蒸馏水的混合溶液）。每个处理重复测定 3 次。

计算公式：MDA 含量（μmol/g）$= (C \cdot V_T \cdot V_1)/(1\ 000 \cdot V_2 \cdot W_f)$

式中 C 为 MDA 的浓度（μmol/L）$= 6.45 \times (A_{532} - A_{600}) - 0.56 \times A_{450}$；$V_T$ 为样品提取液的总体积，mL；V_1 为样品提取液和 TBA 溶液反应液体积，mL；V_2 为与 TBA 反应的样品提取液体积，mL；W_f 为样品的质量，g；1 000 为将 mL 换算成 L 的系数。

h. 相对电导率的测定

称取 0.2 g 新鲜植物叶片，将叶片用蒸馏水冲洗若干次，再用滤纸擦干叶片表面水分，将其剪碎，置于抽滤瓶中，加入 20 mL 蒸馏水，将抽滤机打开，使抽气泵抽出植物细胞间隙中的空气，7~8 min 后停止抽气，打开瓶塞，缓缓放入空气，此时水压入叶片组织中使植物叶片下沉。叶片下沉后静置 20 min，用电导率仪测定其溶液电导率。再将溶液放入 100℃ 水浴锅内 15 min，取出后使其冷却至室温，测定溶液的电导率（Hao，2004）。每个处理重复测定 3 次。

计算公式：相对电导率（%）$=$（抽滤后溶液电导率值/煮沸后电导率值）$\times 100$

⑥大花萱草的水分利用效率

a. 离体叶片的保水力和失水速率的测定

切取每个品系生长部位、叶龄基本一致的叶片 3 片，即 3 次重复。先迅速称取其鲜重 W_1，然后再放于室温下，每隔 1、2、2.5、3 h 用电子天平测定一次重量，计算出单位时间内的失水速率。再根据累计失水速率同时间的比绘出失水曲线图，进而比较不同叶片的保水能力。然后，在室温放置 24 h 后称其失水重为 W_2，再于烘箱内烘 24 h 后称得其恒重 W_3 为干重，计算出叶片保水力。

计算公式：叶片保水力 $= (W_2 - W_3)/(W_1 - W_3)$

b. 大花萱草临界状态下土壤含水量的测定

在3个品系正常生长、暂时性萎蔫和永久性萎蔫3个临界期取盆土（一般在16：00—18：00，取土深度为5～8 cm），迅速带回实验室进行土壤含水量的测定，土壤含水量采用烘干法测定。

计算公式：土壤含水量＝（土壤湿重－土壤干重）/土壤干重

c. 大花萱草极限耗水量的测定

在生长期间给予统一正常管理，2006年7月19日给各盆充分浇水，之后进行胁迫控水处理，仅在植株发生暂时性萎蔫时定量补水（每次补水量为800 mL），从7月19日至9月20日，其间严格按照试验设计进行控水处理，最后累计各品系总耗水量，比较它们之间的用水差异。

（4）数据处理

采用DPS和Excel 2003数据处理软件进行数据分析。

3.1.2 结果与分析

（1）干旱胁迫对叶片表皮气孔的影响

气孔是植物叶片和外界环境进行气体交换及蒸腾作用的重要通道，气孔的形态、大小、分布和数量等特征参数直接影响植物蒸腾、光合等生理活动。气孔主要分布在下表皮，上表皮没有气孔或只有少量气孔。保卫细胞外侧的副卫细胞由表皮细胞衍生而成。

由表3-1可知，3个品系大花萱草在不同干旱胁迫下，下表皮的气孔数量及气孔密度均明显大于上表皮。气孔密度尤其是下表皮气孔密度较高，有利于干旱胁迫的灵活调节。

表3-1 不同干旱胁迫下叶片表皮气孔特征

品系	处理	气孔数量（个/mm^2）		气孔密度（个/mm^2）	
		上表皮	下表皮	上表皮	下表皮
T1	100%	0.3	27.3	1.88	170.63
	75%	0.3	21.95	1.88	137.19

（续）

品系	处理	气孔数量（个/mm²）		气孔密度（个/mm²）	
		上表皮	下表皮	上表皮	下表皮
	55%	0.3	27.7	1.88	173.125
	40%	0.1	23.8	0.63	148.75
	30%	0.05	9.15	0.31	57.19
	24%	0.008	10.6	0.05	66.25
T2	100%	0.05	17.1	0.32	106.89
	75%	4.95	34.95	30.94	218.44
	55%	0.25	5.65	1.56	35.314
	40%	16.75	1.56	104.69	
	30%	—	1.25	—	7.814
	24%	—	0.36	—	2.25
T3	100%	1.75	17.00	10.94	106.25
	75%	0.05	13.55	0.31	84.69
	55%	—	27.6	—	172.50
	40%	—	11.65	—	72.81
	30%	—	21.85	—	136.56
	24%	—	6.32	—	39.5

（2）干旱胁迫对大花萱草形态特征的影响

植株的形态指标既反映了大花萱草的基本外部特征，又在一定程度上反映了其适应性，观赏价值评价也就是对其外观的形态指标进行评价，是大花萱草在人们视觉中好与差的反映，因此它是评价大花萱草应用价值的基础。在干旱胁迫下，不同植物的形态表现有所差别，本试验根据大花萱草在园林中的应用特点选用叶宽、叶长、株高、冠幅、叶片数、单花数等形态指标作为比较内容，如图 3-1、图 3-2、图 3-3。

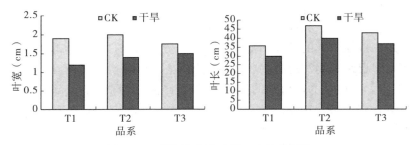

图 3-1　干旱胁迫下叶宽、叶长的变化

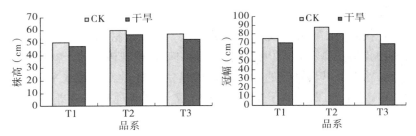

图 3-2　干旱胁迫下株高、冠幅的变化

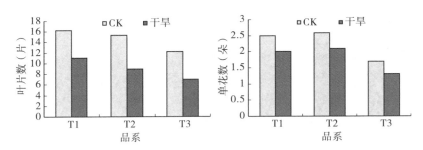

图 3-3　干旱胁迫下叶片数、单花数的变化

由图 3-1、图 3-2、图 3-3 可知，3 种大花萱草植株在土壤水分胁迫的整个试验过程中，在各形态指标的表现上，总体的长势弱于对照。在干旱处理下，叶宽 T3＞T2＞T1，株高和叶长 T2＞T3＞T1，叶片数 T1＞T2＞T3，冠幅、单花数 T2＞T1＞T3。

(3) 干旱胁迫对植株生物量的影响

植物的地上和地下部分作为植物体最基本的组成部分，共同有机地完成植物体的整体功能。在研究水分亏缺条件下植物的生长表现时，已越来越注意植物整体的抗旱性（Schulze，1986；山仑等，2000）。一般认为，植物的根部在遭受土壤干旱时，地上部会受到伤害，在伤害之前，植物会做出一些适应性反应，追逐有限的供水，最终影响到干物质的积累与在植物不同部位的分配（陈玉玲等，1999）。普遍性结论认为，土壤水分减少，根系到处延伸，追逐水源，根冠竞争碳水化合物，而为了避免水分胁迫，同化物向根系分配较多，促进根系生长（冯广龙等，1996）。

由表3-2可知，受到干旱胁迫后，3种试材的干重增量与对照相比都有所减小，说明受到水分胁迫后，植株体内的干物质积累下降；T1干旱与对照的叶片干重增量达到极显著差异水平（$P<0.01$），T1、T2、T3干旱与对照的根干重增量达显著差异水平（$P<0.05$）。

表3-2　3种大花萱草的生物增量

品系	处理	鲜重增量（g）			干重增量（g）		
		叶片	根	总	叶片	根	总
T1	CK	15.2bB	70.9aA	86.1aA	7.9aA	42.5aA	50.4aA
	干旱	23.6aA	56.0bB	79.6bB	6.3bB	38.7bB	45.0bB
T2	CK	41.3aA	109.3aA	150.6aA	9.2aA	44.3aA	53.5aA
	干旱	37.6bA	104.1bB	141.7bB	8.2aA	40.6bA	48.8bB
T3	CK	5.9bB	25.3bB	31.2bB	9.4aA	31.5aA	40.9aA
	干旱	13.9aA	56.1aA	70.0aA	6.4bA	28.2bB	34.6bB

注：5%显著水平为小写字母（$P<0.05$）；1%极显著水平为大写字母（$P<0.01$）。

由图3-4可以看出，干旱胁迫下，3种大花萱草根冠比相较于对照都有所上升，胁迫使地下部分开始增大，其中T1干旱处理与对照的根冠比有显著差异（$P<0.05$），说明T1对干旱胁迫更加

敏感。可见其抗旱机制是通过增大根系来吸水以维持正常的生理活动。根冠比的增大幅度由大到小依次是 T1＞T2＞T3。

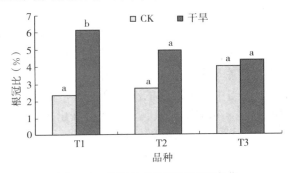

图 3 - 4　干旱胁迫下根冠比的变化

（4）干旱胁迫对大花萱草光合特性的影响

3 种大花萱草在 55％处理下的叶片净光合速率日变化如图 3 - 5 所示，在 6：00—18：00 的测定过程中，3 种大花萱草的光合速率变化呈双峰曲线，从 6：00 开始增大，至 9：00—10：00 达到第一个峰值，之后开始逐渐下降，至 12：00—13：00 降至最低点，在 15：00 达到第二个峰值。上午的峰值 T1 高于 T3，T2 最低，下午

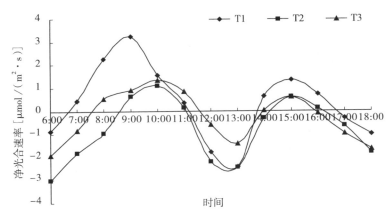

图 3 - 5　3 种大花萱草在 55％干旱胁迫下叶片净光合速率的日变化曲线

的峰值 T1 最高，T2 与 T3 相等。3 种植物在中午的低谷是明显的"午休"现象，T2 午休的程度最深，其次是 T1，最后是 T3。

如图 3-6 所示，对照处理的 3 种大花萱草植株叶片净光合速率日变化曲线均为双峰曲线，12：00—13：00 出现"午休"现象，14：00—15：00 达到第二峰值，在日变化过程中，干旱处理下的 3 种大花萱草光合速率明显低于对照。由此可见，水分胁迫不但改变 3 种大花萱草一天当中不同时间的净光合速率，而且改变其净光合速率日变化的规律，光抑制现象明显，使得其出现"午休"。

从图 3-7 可以看出，在干旱处理期间，各品系的光合速率呈现先缓慢增加然后迅速降低的变化趋势：在 CK 到 75% 阶段，3 个品系的光合速率缓慢增加，随着水分胁迫程度加深至 55%，T1 光合速率增加，T2、T3 均呈下降趋势；55% 之后，3 种试材的光合速率都在下降；40% 之后，光合速率下降缓慢；至 24% 处理水平时，光合速率达到最低。

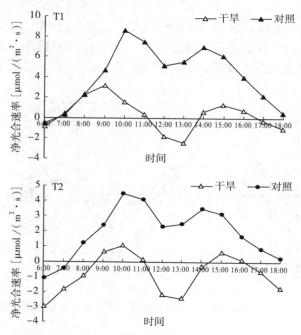

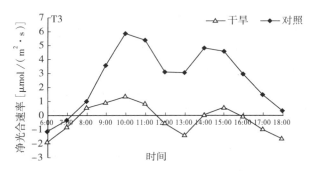

图 3-6　大花萱草不同品系叶片净光合速率日变化曲线

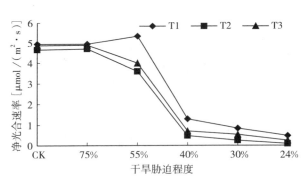

图 3-7　不同干旱胁迫对大花萱草净光合速率的影响

在干旱胁迫过程中，3 个品系大花萱草净光合速率的变化趋势基本一致，但仍存在不同：在 55％处理水平时，T1 表现出较强的光合能力，T3 其次，T2 的光合能力最弱。这与 3 种大花萱草在 55％处理水平的净光合速率日变化的结果一致。在干旱胁迫下，3 种大花萱草的净光合速率为 T1＞T3＞T2，说明 T1 的光合能力更强，在干旱胁迫下能更有效地进行光合作用。

（5）干旱胁迫对生理生化指标的影响

①干旱胁迫对叶绿素含量的影响

叶绿素是植物进行光合作用合成有机物的光合色素，它的合成与降解会随着环境的改变而发生相应变化。当植物遭受干旱胁迫时，叶绿素的含量升高，当胁迫达到一定程度时则表现为降低（Jung et al.，1994），其含量的高低表明光合能力的强弱，植物在干旱条件下，叶绿素含量越高，其抗旱性越强。

由图3-8可知，3种大花萱草的变化趋势基本一致，随胁迫程度从100%到55%，3种试材的叶绿素含量缓慢增加，而后随胁迫程度加深均呈下降趋势。水分胁迫进行到30%时，3种大花萱草的叶绿素含量都没有发生显著的变化，而在30%水平后迅速下降，T2降幅最大，其次是T3、T1。干旱胁迫下，植物叶片叶绿素含量由高到低依次为T1＞T3＞T2。

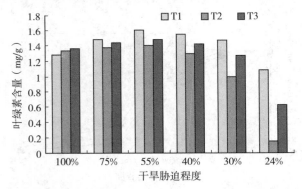

图3-8 不同干旱胁迫对叶绿素含量的影响

进一步的方差分析见表3-3，比较3种大花萱草叶绿素含量之间的差异，叶片中的叶绿素含量在100%、75%处理下均无显著差异。干旱胁迫导致叶绿素含量降低（Chen et al.，1996）。降低的原因与叶绿素的合成受阻及活性氧的损伤有关（徐仰仓等，2000）。任安之等（2002）指出，由于干旱胁迫影响核糖体的形成，使蛋白质合成受阻，而叶绿素在活细胞内是与蛋白质结合的，水分亏缺下，植株叶片含水量下降，使得植物体内叶绿素含量随着叶组织水分的降低而减少。

②干旱胁迫对可溶性糖含量的影响

可溶性糖是植物体内一类较为有效的渗透调节物质。图3-9

表明在干旱胁迫下，叶片中的可溶性糖含量基本出现逐渐上升的变化趋势。在胁迫进行到最后达到 24％时，3 种试材的可溶性糖含量达到最大，此时可溶性糖含量从由高到低依次为 T1＞T3＞T2，T1、T2、T3 的增幅分别为 62.6％、37.2％、123.0％，均高于胁迫前水平，其增幅大小依次是 T3＞T1＞T2。

表 3-3   不同干旱胁迫下 3 种大花萱草的叶绿素含量（mg/g）

品系	干旱胁迫程度					
	100％	75％	55％	40％	30％	24％
T1	1.28aA	1.48aA	1.61aA	1.55aA	1.47aA	1.08aA
T2	1.33aA	1.37aA	1.40bA	1.29bA	1.00cB	0.15bB
T3	1.36aA	1.43aA	1.48abA	1.42abA	1.27bAB	0.63cC

注：5％显著水平为小写字母（$P<0.05$）；1％极显著水平为大写字母（$P<0.01$）。

从图 3-9 可看出，干旱胁迫使可溶性糖含量增加在胁迫中后期趋于明显，说明可溶性糖在体内的积累需一定的时间，在中后期其对降低渗透势、维持膨压贡献较大。从总体水平看，可溶性糖在体内累积随时间延长呈增加趋势，说明 3 个品系都有较强的通过可溶性糖的积累来抵御干旱的能力。从表 3-4 可知，3 种试材的可溶性糖含量在 30％胁迫程度下达极显著差异水平（$P<0.01$）。

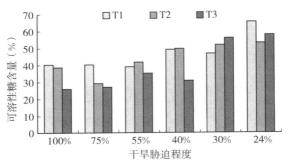

图 3-9   不同干旱胁迫对可溶性糖含量的影响

表 3-4　不同干旱胁迫下 3 种大花萱草的可溶性糖含量（%）

品系	干旱胁迫程度					
	100%	75%	55%	40%	30%	24%
T1	40.40aA	40.40aA	39.10bA	49.20aA	46.90cC	65.68aA
T2	38.70aA	29.30bB	41.70aA	49.80aA	51.99bB	53.10cC
T3	26.00bB	27.15cB	35.20cB	30.90bB	56.06aA	57.97bB

注：5%显著水平为小写字母（$P<0.05$）；1%极显著水平为大写字母（$P<0.01$）。

③干旱胁迫对脯氨酸含量的影响

游离脯氨酸（Pro）是偶极含氮化合物，以游离状态广泛存在于植物体内，是植物体内重要的渗透调节物质。当植物受到干旱胁迫时，体内的游离脯氨酸会大量增加。Pro 在植物体内作为渗透物质起渗透调节作用；作为干旱条件下植物氮源的储藏形式，待植物干旱胁迫解除后参与叶绿素的合成；Pro 具有较强的水合能力，结合较多的水，减少水分的散失；也能作为受旱期间植物生成的氨的解毒剂。

由图 3-10 可知，在干旱胁迫下，3 个品系 Pro 含量变化规律是一样的，Pro 呈上升-下降趋势。干旱胁迫程度加深至 55%过程中，Pro 大量积累，Pro 含量有不同程度的增加，55%水平时 Pro 含量达到高峰，随胁迫程度加深，从 55%开始，Pro 含量开始降低，但降幅不同，T1 在胁迫程度达到 24%时才表现出明显降低。这些结果表明，在相同的干旱胁迫条件下，供试各植物表现出抗逆性防御系统的调节机能及植物组织受伤害程度等相对不同步性。3 种植物的脯氨酸含量由高到低始终保持 T1＞T3＞T2。

脯氨酸在渗透胁迫下的显著增加，可以增加细胞内的渗透势，增强植株的抗旱能力。表 3-5 进一步方差分析表明，不同干旱胁迫下，T1、T2、T3 两个品系或 3 个品系间均有显著差异（$P<0.05$）。T1、T2、T3 的平均变化率分别为 7.4%、11.2%、6.3%，从其含量变化可看出，在相同的渗透胁迫条件下，T2 对胁

迫比 T1、T3 更加敏感，变化程度更大。

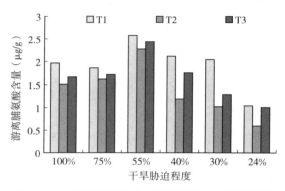

图 3-10　不同干旱胁迫对游离脯氨酸含量的影响

表 3-5　不同干旱胁迫下 3 种大花萱草的脯氨酸含量（μg/g）

品系	干旱胁迫程度					
	100%	75%	55%	40%	30%	24%
T1	1.97aA	1.87aA	2.58aA	2.12aA	2.06aA	1.05aA
T2	1.51bB	1.63bA	2.28bA	1.19cC	1.02cB	0.59bB
T3	1.67bAB	1.73abA	2.44abA	1.77bB	1.29bB	1.01aA

注：5%显著水平为小写字母（$P<0.05$）；1%极显著水平为大写字母（$P<0.01$）。

④干旱胁迫对可溶性蛋白质含量的影响

蛋白质是生命的物质基础，和生命活动密切相关，植物在逆境条件下通过增加可溶性蛋白的合成直接参与适应逆境的过程。细胞中的可溶性蛋白由于其亲水特性，可单独和可溶性糖协同作用，防止细胞脱水和细胞质结晶，维持细胞膜的结构与功能，使植物具有耐脱水能力（王斐，1994），许多研究表明，抗旱性强的植物种类含有较多的可溶性蛋白（陈立松等，1999）。

从图 3-11 可以看出，干旱胁迫下 3 个品系大花萱草的可溶性蛋白含量变化趋势基本一致：先升高后降低。3 个品系的蛋白质含量在75％到55％胁迫程度达到最大值，随着干旱胁迫程度的加深，大花萱草可溶性蛋白含量降低，在40％、30％、24％胁迫程度下明显低于75％、55％，说明干旱胁迫激活了蛋白酶的活力，促进了蛋白质的分解，使大花萱草体内分解代谢大于合成代谢。T3可溶性蛋白的平均含量最高，其次是T1，T2含量较低。方差分析结果表明T1、T2、T3两者或三者间可溶性蛋白含量有显著差异（表3-6）。

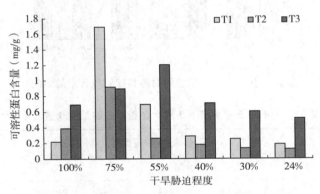

图3-11　干旱胁迫对可溶性蛋白含量的影响

表3-6　不同干旱胁迫下3种大花萱草蛋白质的含量（mg/g）

品系	干旱胁迫程度					
	100％	75％	55％	40％	30％	24％
T1	0.22cB	1.69aA	0.69bB	0.29bB	0.25bB	0.19bB
T2	0.39bB	0.91bB	0.26cC	0.18bB	0.13cB	0.12cC
T3	0.69aA	0.89bB	1.20aA	0.70aA	0.60aA	0.51aA

注：5％显著水平为小写字母（$P<0.05$）；1％极显著水平为大写字母（$P<0.01$）。

⑤干旱胁迫对叶片过氧化物酶（POD）活力的影响（鲜叶）

过氧化物酶（POD）是广泛存在于植物细胞内的氧化还原酶类，是细胞保护酶系中对环境胁迫较为敏感的酶，它与细胞内的多种代谢过程有关。POD具有双重性，一方面参与叶绿素的降解，另一方面催化过氧化氢（H$_2$O$_2$）与底物发生氧化还原反应，协同清除干旱等逆境产生的活性氧，减轻逆境对质膜的伤害。干旱胁迫下，POD 活力越大，植物抗旱性越强。

从图 3 - 12 可以看出，在整个干旱过程中，各品系大花萱草 POD 活力的变化呈先增加后降低的趋势。干旱胁迫初期，各品系细胞内 POD 活力缓慢增加，干旱胁迫程度达到 55％时，POD 活力显著增强，在 55％胁迫程度达到高峰后持续下降，40％之后开始迅速降低，并维持在较低水平，清除自由基的能力也随之降低。在干旱胁迫下，T1 POD 活力增加幅度较大，其次是 T3、T2，3 种大花萱草最后干旱阶段下降幅度较小。

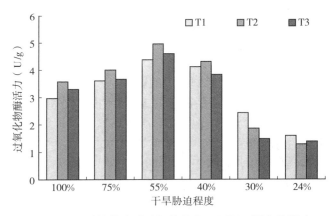

图 3 - 12　干旱胁迫对过氧化物酶（POD）活力的影响

从表 3 - 7 可以看出，各个品系细胞内的 POD 活力在 75％到 30％间变化最大，说明 3 种大花萱草都有通过提高 POD 活力来适应干旱的能力，30％时 3 个品系 POD 活力迅速下降，T1 略高，其次是 T2、T3，也说明 T1 适应干旱能力更强。进一步的方差分析表明，T1 POD 活力在 75％、55％胁迫水平与 24％胁迫水平间存在极显著差异（$P < 0.01$），说明在干旱胁迫下，随着胁迫强度的增大，细胞代谢紊乱，氧自由基积累，与此相适应的 POD 活力增加，以清除过多的自由基，保护细胞的正常代谢水

平，但是这有一个范围，超过此范围后，过高的自由基对酶蛋白产生伤害，从而又使酶活力降低。30％和24％干旱胁迫时，POD清除自由基的能力与自由基对POD的伤害是同时的，所以POD活力明显低于75％和55％胁迫水平。

表3-7　不同干旱胁迫下3种大花萱草的过氧化物酶
（POD）活力（U/g）

品系	干旱胁迫程度					
	100％	75％	55％	40％	30％	24％
T1	2.97cC	3.60bB	4.37cB	4.11bA	2.43aA	1.60aA
T2	3.57aA	4.00aA	4.97aA	4.31aA	1.86bB	1.29bB
T3	3.29bB	3.66bB	4.60bB	3.83cB	1.49cC	1.40bAB

注：5％显著水平为小写字母（$P<0.05$）；1％极显著水平为大写字母（$P<0.01$）。

⑥干旱胁迫对过氧化氢酶活力的影响

过氧化氢酶（CAT）存在于过氧化体内，是清除植物体内H_2O_2的关键酶，植物在干旱条件下活性氧增加，抗旱性强弱与细胞对活性氧的清除能力有关（陈宝书等，1995）。

由图3-13可知，随着干旱程度的加深，3种大花萱草叶片的CAT活力均大致呈先升高后降低的变化趋势。干旱胁迫初期，T1、T2、T3的CAT活力逐渐上升，到55％胁迫水平达到最大，此后3种萱草酶活力逐渐降低。各品系的过氧化氢酶的平均值为T1＞T2＞T3，T1自身保护酶活力更大，因此比T2、T3有更强的清除自由基的能力。

由表3-8可知，干旱胁迫进行到24％时，T1、T2、T3 CAT仍有活力，说明各品系都能积极协同清除H_2O_2，保护膜系统减少伤害，增强抗旱性。

⑦干旱胁迫对质膜相对透性的影响

细胞质膜透性的变化，标志着膜结构和功能的变化，膜透性的大小能反映出不同植物对干旱的敏感程度，干旱胁迫程度越大，对

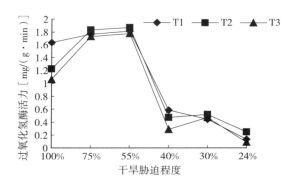

图 3 - 13　不同干旱胁迫下大花萱草的过氧化氢酶（CAT）活力变化

植物细胞膜透性的损害越大。测定同一植物不同品系在同一水平干旱胁迫下电导率的变量，即可比较其抗逆性强弱。

表 3 - 8　不同干旱胁迫下 3 种大花萱草的过氧化氢酶（CAT）活力 ［mg/（g·min）］

品系	干旱胁迫程度					
	100%	75%	55%	40%	30%	24%
T1	1.63aA	1.77aA	1.81aA	0.59aA	0.44cB	0.14bB
T2	1.22bB	1.84aA	1.87aA	0.48bB	0.52aA	0.25aA
T3	1.06bB	1.73aA	1.78aA	0.29cC	0.47bB	0.09cC

注：5%显著水平为小写字母（$P<0.05$）；1%极显著水平为大写字母（$P<0.01$）。

由图 3 - 14 可知，3 个大花萱草品系在干旱处理期间相对电导率先降低，然后随干旱加剧呈上升趋势。100%处理水平下的细胞膜伤害率高于 75%水平，可能是土壤水分过高，土壤空气不足对植物的生长造成了不利影响。

在 100%到 55%胁迫进程中，细胞膜伤害率始终维持在较低水平；当干旱水平超过 40%时，其伤害率超过 10%；在 24%胁迫程度下，伤害率超过 30%。在相同干旱作用下，T2 细胞膜伤害率高

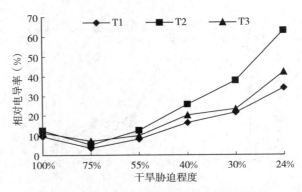

图 3-14　不同干旱胁迫对相对电导率的影响

于 T3，T3 高于 T1。由此可见，在干旱胁迫下，细胞膜受伤害程度由大到小依次是 T2＞T3＞T1，T1 受胁迫危害最小，具有相对较强抗旱能力。

⑧干旱胁迫对丙二醛含量的影响

干旱导致细胞质膜透性的增大和胞内物质的外渗，质膜透性的大小是衡量质膜结构与功能完整性的可靠指标。丙二醛（MDA）为膜脂过氧化物的主要成分之一，其含量可以反映植物遭受逆境伤害的程度和植物的氧化胁迫状况。

由图 3-15 可知，在试验处理过程中，3 种试材叶片的丙二醛含量随着干旱胁迫程度的加深而逐渐增加：100％到 40％干旱胁迫下，MDA 含量呈缓慢增加的变化趋势；从 40％开始，MDA 含量增加较为显著，具有持续、快速累加的效应，说明重度胁迫持续较长时间后使植株受到较重的伤害；至胁迫最后，T1、T3 的 MDA 含量又呈下降趋势，这可能是由于植株体内一些应激酶的快速调节作用，使保护酶的活力趋于稳定并发挥作用，从而使丙二醛含量降低，恢复到细胞可以耐受的水平。

表 3-9 方差分析表明，T1、T2 品系在 75％处理下的 MDA 含量与 CK 无明显差异；30％、24％干旱胁迫时，MDA 含量明显高于其他处理。

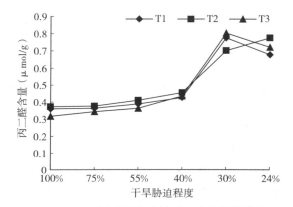

图 3 - 15　不同干旱胁迫对丙二醛含量的影响

　　3 种试材对干旱胁迫的敏感性不同，T2 的 MDA 含量最高，说明在土壤干旱胁迫下，T2 的膜系统损伤最大。随着胁迫时间的延长，MDA 含量增幅有所不同，T2 的 MDA 含量增加幅度相对较大，说明其抗氧化能力较其他品系弱。

表 3 - 9　不同干旱胁迫下 3 种大花萱草丙二醛的含量（μmol/g）

品系	干旱胁迫程度					
	CK	75％	55％	40％	30％	24％
T1	0.36aA	0.36bAB	0.39bAB	0.43bA	0.78aA	0.68cC
T2	0.37aA	0.38aA	0.41aA	0.46aA	0.70aA	0.78aA
T3	0.32bB	0.34cB	0.36cB	0.44bA	0.80aA	0.72bB

　　注：5％显著水平为小写字母（$P<0.05$）；1％极显著水平为大写字母（$P<0.01$）。

(6) 大花萱草的水分利用效率

①离体叶片的保水力和失水速率

　　保水力反映植物在干旱情况下对水分的保持能力。根据其大小可以判断植物的抗旱性。当叶片保水力值低时，说明叶片保持水分的能力差，越容易失水，因而抗旱能力越弱；反之，叶片的保水能力强，不容易失水，故抗旱能力越强。此外，用失水百分率（植物样品在自然条件下经一段时间后失去的水分占其本身含水量的百分率）或达到恒重所需要的时间也可反映离体叶片的保水能力。离体叶片单位时间内失水越快，说明抗旱能力越低（梁新华等，2001；王育红等，2002）。

叶片保水力值在一定程度上也可以反映植株保持水分的能力，进而说明抗旱能力的强弱，该值越大，说明保持水分的能力越强，即抗旱性越强，反之则越弱，由表 3-10 可知，3 种大花萱草离体叶片的保水力由大到小依次是 T1>T3>T2。

由表 3-11 可知，离体叶片的失水速率大小依次为 T2>T3>T1。植物抗旱性是非常复杂的生理现象，离体叶片失水速率和叶片保水力可以为植物的抗旱性提供一些证明，有些研究认为这两个指标作为重要辅助性指标对抗旱强弱加以说明是比较合适的（武涛，2002）。

表 3-10 不同品系叶片保水力

品系	叶片保水力	排序
T1	0.552 36	1
T2	0.444 63	3
T3	0.453 78	2

表 3-11 不同大花萱草品系离体叶片失水速率

时间（h）	T1（g/h）	T2（g/h）	T3（g/h）
1	30.00	70.00	40.00
2	12.00	63.17	15.33
2.5	8.67	38.13	13.20
3	6.42	29.40	8.07

②大花萱草临界状态下的土壤含水量

通过测定大花萱草不同品系各临界状态时的土壤含水量,分析比较品系间需水量的差异,可比较出品系间抗旱性差异,临界土壤含水量越低,说明植株耐土壤干旱能力越强。各临界状态如下。

正常生长:植株挺立、叶片平展、没有脱水萎蔫症状,叶色正常。

暂时性萎蔫:叶片表现萎蔫、叶片下垂、叶缘及叶尖卷曲枯焦,但经过夜间低温后能够自行恢复正常状态。

永久性萎蔫:萎蔫症状同上,只是程度更深,叶片边缘枯焦,经夜间低温无法自行恢复。

品系的抗旱能力越强,植株暂时萎蔫土壤含水量的临界值越低。由表 3-12 可知,耐土壤干旱能力的大小依次为 T1>T3>T2,T1、T2、T3 的土壤绝对含水量分别达到 7.76%、10.54%、8.69% 时植株仍可保持正常生长。如果对发生暂时性萎蔫的植株进行复水,3 个品系第 2 天均能恢复正常,说明各品系在抗旱方面不但有较强的忍耐力,而且具有很强的恢复能力。

表 3-12　大花萱草各品系临界土壤含水量

品系	正常生长（%）	暂时性萎蔫（%）	永久性萎蔫（%）
T1	7.76	6.19	5.95
T2	10.54	8.45	7.12
T3	8.69	6.98	6.25

③大花萱草的极限耗水量

本试验已经证实 3 种大花萱草具有较强的抗旱性,然而,对其最低耗水量仍只是定性描述,植株需要多少水可以完成最基本的生存需要,对大花萱草不同品系极限耗水量的测定结果如下。

由表 3-13 可以看出,T2 平均耗水量最多,T1、T3 品系平均耗水量较之少 2 844、2 733 mL,其中又以 T1 平均耗水量最低。T1 和 T3 在平均耗水量上差异不显著,而与 T2 差异显著。

表 3 - 13　大花萱草各品系的极限耗水量

品系	各盆浇水总量（mL）			平均值（mL）
	1	2	3	
T1	4 267	5 200	5 200	4 889b
T2	7 200	7 200	8 800	7 733a
T3	5 000	4 400	5 600	5 000b

注：5%显著水平为小写字母（$P<0.05$）。

　　由图 3 - 16 可知，在 6—10 月，大花萱草不同品系的极限耗水量随着时间的延长呈升-降趋势，6—8 月 3 种大花萱草的极限耗水量逐渐增大，用以储备养分形成花器官，8 月之后开始逐渐下降，是因为早晚温差大，平均气温开始降低，植株的代谢转缓，消耗的土壤水分逐渐变少。T2 的极限耗水量最大。

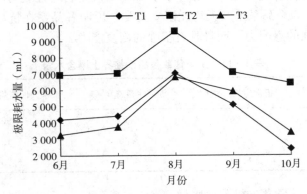

图 3 - 16　大花萱草不同品系极限耗水量的变化

3.1.3　讨论

（1）干旱胁迫对大花萱草形态的影响

　　气孔是控制叶片内外水蒸气和二氧化碳扩散的门户，小而多的气孔可使蒸腾更有效，使气孔的开度调节更灵活，具有迅速蒸腾防过热灼伤的作用。3 个品系大花萱草在不同干旱处理下，下表皮气孔密度及气孔数量均明显大于上表皮。气孔密度尤其是下表皮气孔密度较高，有助于干旱胁迫的灵活调节。植物的气孔密度与在干旱胁迫过程中的生理生化测定结果不完全一致，比如 T3 叶片的上表皮气孔密度比较大，在形态解剖结构上具有抗旱植物的特征，但其抗旱性并不像解剖结构所表现得那么强。可见植物对干旱胁迫的响应是一个非常复杂的生理过程，不能通过单一的指标来确定。

从形态特征上看，3 种大花萱草植株在土壤干旱胁迫下，株高、冠幅、叶宽、叶长、叶片数、单花数等指标的表现差异不大，各形态指标的表现总体低于对照，但 3 个大花萱草的具体变化不同，在干旱胁迫下，株高和叶长 T2＞T3＞T1，叶宽 T3＞T2＞T1，叶片数 T1＞T2＞T3，冠幅单花数 T2＞T1＞T3。干旱胁迫下各品系的形态表现不同，进一步体现了品系间抗旱性的差异，干旱胁迫下 3 种大花萱草的外观表现没有明显的差异和规律性，说明在干旱胁迫条件下，3 个品系都具有一定的抗旱能力，且抵制干旱的形态表现不同。

从生物量的变化来看，受到干旱胁迫后的 3 种试材干重增量与对照相比都有所减小，说明受到干旱胁迫后，为了维持正常生长发育，植株体内的干物质积累下降，3 种试材的总干重增量与对照有显著差异（$P<0.05$）。另外，在干旱胁迫下，植物也会做出一些适应性反应，地下根系会追逐有限的供水，从而影响干物质的积累与在植物不同部位的分配。土壤水分减少，根系到处延伸，追逐水源，为了避免水分胁迫，同化物向根系分配较多，促进根系生长，因此干旱胁迫下的生物量变化能反映各品系的抗旱性差异。干旱胁迫下，3 个大花萱草品系的根冠比都有所上升，胁迫使地下部分开始增大，根冠比的增大幅度由大到小依次是 T1＞T2＞T3，其中 T1 干旱处理的根冠比与对照有显著差异（$P<0.05$），说明 T1 对干旱胁迫更加敏感。由此可见其抗旱机制是通过增大根系来吸水以维持正常的生理活动。此研究认为，大花萱草品系 T1 在形态学方面对干旱具有较强的适应性。

（2）干旱胁迫对叶片光合特性的影响

光合作用是植物体内最重要的代谢之一，干旱胁迫对植物的影响与光合过程受到的损害有密切关系。干旱胁迫通过降低植株的光合能力来降低叶绿体的光化学和生物化学活性。耐旱较不耐旱种类的总光合能力降低少。光合能力的大小体现出植物对环境变化适应的程度，在水分供应不足时，能维持正常的光合速率，表明其抗旱性强（谷俊涛等，2001）。

本试验中，3种大花萱草的净光合速率日变化呈双峰曲线，在中午强光下有明显的"午休"现象，从55％干旱胁迫下叶片净光合速率日变化的曲线来看，上午峰值T1比T3要大，T2最小，下午峰值T1最大，T2、T3相等。从午休程度来看，T3最浅，T2最深，T1居中。推测光合能力可能是T1强于T3，而T2最低，表明3种大花萱草对光的适应是有差别的。在园林植物配置时，应该根据3个品系的光合差异合理配置，T1适应范围比较广，可以配置于光线较强地方，也可于林下荫蔽处生长，T2和T3耐阴，适合栽植于光线相对较弱的地方。

随着干旱时间的延长，各品系的净光合速率降低。胁迫初期呈现缓慢增加，55％到40％胁迫下净光合速率迅速降低，3个品系大花萱草的变化趋势基本一致，但仍存在不同：在55％处理水平时，T1表现出较强的光合能力，其次是T3，T2的光合能力表现最弱。

可以看出，各品系都能积极适应干旱反应，通过光合反应的各个方面做出积极的响应，以补充体内水分的需要。一般来说，抗旱性强的品系，干旱胁迫初期反应迟缓，干旱胁迫下各品系光合特性的差异充分体现品系间抗旱性的不同。

（3）干旱胁迫对生理生化指标的影响

植物的抗旱生理研究从细胞水平揭示干旱条件下植物体内的生理生化变化机制，是植物抗旱机理研究的基础。植物的抗旱生理反应因植物的种类、生长发育阶段和生境条件的不同差别很大。

①土壤含水量的变化

水是植物体的主要组成部分，是其生命活动的首要和必要条件，而植物体中的水分绝大部分来自土壤，土壤的含水量变化对于植物的生理生化活动至关重要。干旱主要有土壤干旱、大气干旱和生理干旱，本试验通过人为控制水分，使植株处在不同程度的干旱胁迫下，土壤含水量逐渐下降，根系的吸水就会越来越困难，导致植物吸收水分与散失水分的平衡被破坏，引起植物体内生理代谢失调。

土壤含水量的变化与干旱时间同步，也与大花萱草3个品系的生理指标变化密切相关。土壤含水量随着胁迫时间的增加逐渐降低，水分胁迫前期，土壤以渗漏、蒸发和植物蒸腾3种途径散失水分，土壤含水量下降速度较快；当土壤水分下降到一定程度，又以蒸腾和蒸发为主，导致土壤含水量以相对较低的速度下降，且胁迫后期气温逐渐降低，植物自身的代谢活动减慢，土壤水分消耗也在减少。T1开始下降的速度小于其他2种，胁迫31d左右土壤含水量下降速度变慢，3种大花萱草胁迫前后的土壤水分递减率T2最大，这也说明T2生长所需的水分量最大，其次是T1、T3。

②干旱胁迫对叶绿素含量的影响

叶绿素是植物进行光合作用合成有机物的光合色素，是光合作用过程中最重要的一类色素，其含量的变化必然导致光合作用的变化，也是评价大花萱草生理代谢程度的重要指标。叶绿素作为植物光合作用不可缺少的重要组成部分，代谢十分活跃，更新周期短。逆境胁迫下，植物的叶绿素的含量在一定范围内增加，从而表现出一定的抗性，这可能与短期内提升植物体内相关蛋白的表达水平有关。当胁迫加重到一定程度时，脂质过氧化作用引起叶绿素含量下降、叶绿体RuBP羧化酶活力的下降、气孔阻力增加、光合产物运输受阻以及叶绿体结构破坏等（徐阳等，2000；Sheveleva et al.，1997）。有报道称在干旱胁迫下，植物叶片叶绿素含量均随着干旱的加重而逐渐减少（Huang et al.，1998），而李俊庆等（1996）

对花生苗期抗旱的研究表明，干旱胁迫使花生叶片中叶绿素含量逐渐升高。

本试验研究结果表明：3 种大花萱草的变化趋势基本一致，随干旱胁迫程度的加大，3 种试材的叶绿素含量先增加后下降。干旱胁迫进行到 30％时，叶绿素含量都没有发生显著的变化，而在 30％水平后迅速下降，T2 降幅最大，其次是 T3、T1。干旱胁迫下，植物叶片叶绿素含量由高到低依次为 T1＞T3＞T2。干旱胁迫导致叶绿素含量降低，由于干旱胁迫影响核糖体的形成，使蛋白质合成受阻，而叶绿素在活细胞内是与蛋白质结合的，水分亏缺使叶片含水量下降，植物体内叶绿素含量随着叶组织水分的降低而减少。相关分析表明在干旱胁迫下，大花萱草叶绿素含量变化与 MDA 含量的变化呈显著负相关，说明叶绿素含量的降低是由于膜脂过氧化作用引起的，膜脂过氧化作用增强导致叶绿素分解，光合作用减弱。

③干旱胁迫对渗透调节及代谢调节物质的影响

渗透调节是植物适应干旱逆境的重要生理机制，渗透调节的关键是干旱条件下细胞内溶质的主动积累和由此导致的细胞渗透势下降。李德全等（1992）认为通过渗透调节可使植物在干旱条件下加强吸水，以维持一定的膨压，从而保持细胞生长、气孔开放和光合作用等生理过程的进行（Morgan，1984）。但 Guehl 等（1993）指出植物体内单糖的积累只有在适度的范围内，植物的抗旱能力才能提高，否则会受到伤害，因为调节过度，植物可能因消耗碳水化合物过多而导致营养匮乏，从而引起植物死亡。但由于每种植物的阈值不同，因此，我们现在无法确定渗透调节物质累积到什么程度更有利于增强植物的抗旱性，这有待于进一步研究。

可溶性糖是植物体内一类较为有效的渗透调节物质。本试验研究结果表明在干旱胁迫条件下，叶片中的可溶性糖含量出现逐渐上升的变化趋势。在胁迫进行到最后达到 24％水平时，3 种试材的可溶性糖含量达到最大，此时可溶性糖含量从由高到低依次为 T1＞T3＞T2，T1、T2、T3 的增幅分别为 62.6%、37.2%、123.0%，均高于胁迫前水平，其增幅大小依次是 T3＞T1＞T2。说明 3 个品系都有较强的通过可溶性糖的积累来抵御干旱的能力。

游离脯氨酸（Pro）是偶极含氮化合物，以游离状态广泛存在于植物体内，是植物体内重要的渗透调节物质。当植物受到干旱胁迫时，体内的游离脯氨酸会大量增加。Pro 在植物体内作为渗透物质起渗透调节作用；作为干旱条件下植物氮源的储藏形式，待植物干旱胁迫解除后参与叶绿素的合成；Pro 具有较强的水合能力，结合较多的水，减少水分的散失；也能作为受旱期间植物生成的氨的解毒剂。在干旱胁迫下，3 个品系 Pro 含量变化规律是一样的，Pro 呈上升-下降趋势。结果表明，在相同的干旱胁迫条件下，供试各植物表现出抗逆性防御系统的调节机能及其植物组织细胞受到的伤害程度等相对不同步性。3 种植物的脯氨酸含量由高到低始终保持 T1＞T3＞T2。进一步方差分析表明，不同干旱胁迫下，T1、T2、T3 两个品系或 3 个品系间均有显著差异。T1、T2、T3 的平均变化率不同，在相同的渗透胁迫条件下，T2 对胁迫比 T1、T3 更加敏感，变化程度更大。

蛋白质是生命的物质基础，和生命活动密切相关，是重要的代谢调节物质，植物在逆境条件下通过增加可溶性蛋白的合成直接参与适应逆境的过程。细胞中的可溶性蛋白由于其亲水特性，可单独和可溶性糖协同作用，防止细胞脱水和细胞质结晶，维持细胞膜的结构与功能，使植物体具有耐脱水能力（陈宝书等，1995）。许多研究表明，抗旱性强的植物种类含有较多的可溶性蛋白（梁新华等，2001）。本试验研究结果表明，干旱胁迫下 3 个品系大花萱草的可溶性蛋白含量变化趋势基本一致，先升高后降低。T3 可溶性蛋白的平均含量最高，其次是 T1，T2 含量较低，方差分析结果表明 T1、T2、T3 两者或三者间可溶性蛋白含量有显著差异。

本研究认为，植物抗旱性是长期在形态、结构、生理和生化等多方面适应环境形成的遗传性，各种植物的抗旱能力是一种或几种特性综合的结果，不同植物抵御干旱胁迫所采取的措施可能不同。因此，仅凭一项生理指标的变化来确定植物的抗旱性是不完全和困难的。

④干旱胁迫对保护酶活力的影响

正常情况下，植物在其代谢过程中，活性氧的产生和活性氧清除系统之间存在动态的平衡关系，以避免活性氧的伤害。当植物受到干旱胁迫时，活性氧产生相对增多，与其相适应的体内活性氧清除酶类活力和抗氧化物含量也相应增加（Türkan et al.，2005）。POD 主要与 CAT 共同作用以消除过量的过氧化氢，过氧化氢对植物的毒害作用虽然没有超氧自由基、羟基自由基等大，但它的积累可以使 CO_2 的固定效率降低，特别是 H_2O_2 可以和 O_2^- 相互作用产生更有毒害的自由基，因此必须使 H_2O_2 维持在一个低水平。

POD 与细胞内的多种代谢过程有关，在植物遭受干旱等逆境时，其活力与同工酶都发生变化。干旱胁迫下，POD 活力越大，植物抗旱性越强。随水分胁迫的增大，大花萱草不同品系 POD 活力变化呈先增加后降低的趋势。干旱胁迫初期，各品系细胞内 POD 活力缓慢增加，干旱胁迫达 55% 时达到高峰，之后持续下降并维持在较低水平。3 种大花萱草都有通过提高 POD 活力来适应干旱的能力，在干旱胁迫下，T1 POD 活力增加幅度较大，后期下降幅度较小，说明在干旱胁迫下，T1 POD 活力最强。

CAT 存在于过氧化体内，是清除植物体内 H_2O_2 的关键酶，受 H_2O_2 诱导（Türkan et al.，2005）。植物在干旱条件下活性氧增加，抗旱性强弱与细胞对活性氧的清除能力有关。随着处理时间的延长，3 种大花萱草叶片的 CAT 活力均大致呈先升高后降低的变化趋势。品系间的过氧化氢酶活力 T1＞T2＞T3，T1 自身保护酶活力更大，比 T2、T3 有更强的清除自由基的能力。进行到 24% 时，T1、T2、T3 CAT 仍有活力，说明各品系都能积极协同清除 H_2O_2，保护膜系统减少伤害，增强抗旱性。

⑤干旱胁迫对细胞膜与膜质变化的影响

植物细胞膜对维持细胞的微环境和正常的代谢起着重要的作用。正常情况下，植物细胞膜具有选择透性。当植物受到逆境影响时，如干旱和盐分胁迫，细胞膜遭到破坏，膜透性增大，从而使细胞内的电解质外渗，使植物细胞浸提液的电导率增大。质膜透性的变化，标志着膜结构和功能的变化，膜透性的大小能反映出不同植物对干旱的敏感程度，干旱胁迫程度越大，对植物细胞膜透性的损害越大。

3个大花萱草品系在干旱处理期间细胞膜相对透性先降低，然后随干旱加剧均呈上升趋势，其中，在相同干旱条件下，T2细胞膜伤害率高于T3，T3高于T1。由此可见，在干旱胁迫下，细胞膜受伤害程度由大到小依次是T2＞T3＞T1，T1受胁迫危害最小，具有相对较强抗旱能力。

干旱导致细胞质膜透性的增大和胞内物质的外渗，质膜透性的大小是衡量质膜结构与功能完整性的可靠指标。丙二醛（MDA）为膜脂过氧化物的主要成分之一，其含量可以反映植物遭受逆境伤害的程度和植物的氧化胁迫状况。在试验处理过程中，叶片MDA含量随着时间的延长都有逐渐增加的趋势，重度胁迫持续较长时间后使植株受到较重的伤害。至胁迫最后，由于植株体内一些应激酶的快速调节作用，使保护酶的活力趋于稳定并发挥作用，从而使T1、T3的丙二醛含量降低，恢复到细胞可以耐受的水平。3个品系对干旱胁迫的敏感性不同，T2的MDA含量最高，说明在水分胁迫下，T2的膜系统损伤最大。

⑥大花萱草的水分利用效率

离体叶片的持水量是反映干旱条件下叶片抗脱水性能的综合指标之一，离体叶片在萎蔫过程中所保持的水分含量可作为叶片保水力的指标，含水量越高，耐脱水能力越强，它可以作为抗旱性鉴定的简单易行的指标（刘祖棋等，1994），现已广泛用于大豆和水稻等作物的抗旱性鉴定，并得到充分肯定。有人研究了离体叶片保水力与抗旱性的关系，结果表明，抗旱性强的品系失水较慢，保水力较大。本试验结果表明：3 种大花萱草离体叶片的保水力由大到小依次是 T1＞T3＞T2，失水速率大小依次为 T2＞T3＞T1，离体叶片失水速率和叶片保水力可以为植物的抗旱性提供辅助证明，以说明不同植物品系的水分利用。

通过测定大花萱草不同品系各临界状态时的土壤含水量，分析比较品系间需水量的差异，可比较出品系间抗旱性差异，临界土壤含水量越低，说明植株耐土壤干旱能力越强（崔娇鹏，2005）。T1、T2、T3 的土壤绝对含水量分别达到 7.76％、10.54％、8.69％时植株仍可保持正常生长，耐土壤干旱能力的大小依次为 T1＞T3＞T2。如果对发生暂时性萎蔫的植株进行复水，3 个品系第 2 天均能恢复正常，说明各品系在抗旱方面不但有较强的忍耐力，而且具有很强的恢复能力。

由大花萱草植株的极限耗水试验结果可知，T2 平均耗水量最多，T1、T3 品系平均耗水量较之少 2 844、2 733 mL，其中又以 T1 平均耗水量最低。T1 和 T3 在平均耗水量上差异不显著，而与 T2 差异显著。在 6—10 月，大花萱草不同品系的极限耗水量随着时间的延长呈升-降趋势，3 种大花萱草中，T2 的极限耗水量最大。

3.1.4 结论

干旱胁迫下 3 种试材的形态指标总体低于对照，T1 在形态上具有较强抗旱性；3 种试材在干旱胁迫下的净光合速率日变化均呈双峰曲线，T1 的净光合速率最大，T2 最小。

3 种试材随干旱胁迫程度的加大，其叶绿素、Pro、可溶性蛋白质含量及 POD、CAT 活力降低，而可溶性糖、MDA 含量及膜相对透性增加，抗旱能力 T1＞T3＞T2。

离体叶片的保水力是 T1＞T3＞T2，而保水力和离体叶片失水速率呈负相关；T1、T2、T3 的土壤绝对含水量分别达到 7.76％、10.54％、8.69％时植株仍可保持正常生长，耐土壤干旱能力的大小依次为 T1＞T3＞T2；植株极限状态下的耗水量 T2＞

T3>T1。

3.2　不同水分处理对侧金盏花生理特性的影响

我国干旱地区面积正在逐渐扩大，水分供应不足成为限制园林绿化植物生长发育的主要原因，水分亏缺不但严重影响植物成活，而且限制其分布（蒋涛等，2021）。故研究城市园林植物生长的抗旱特性，对干旱地区植被恢复及改善城市生态环境具有重要意义。近年来，关于侧金盏花在逆境生理方面的研究只见低温胁迫（曲彦婷，2009），不同水分处理下的生理响应尚无报道。本研究以侧金盏花植株为研究对象，在不同水分条件下，测定其抗旱相关生理指标，并对其抗旱性进行分析，为侧金盏花今后的栽培利用提供理论依据。

本研究试验地位于吉林省长春市吉林农业大学校园内，本地区气候类型为大陆性季风气候，春季干燥且多风，夏季温热且多雨，秋季早晚温差较大，冬季寒冷漫长；年平均气温为 4.9℃，最低气温达－39.7℃，最高气温达 39.6℃，7 月为最热月份，平均气温为 23℃；6—8 月降水量最多，占全年降水量的 70%，年均降水量为 565 mm；年日照时间为 2 698 h。

3.2.1　材料与方法

（1）试验材料

试验材料为长白山野生侧金盏花植株，将引种后的侧金盏花植株移栽到塑料花盆中，每盆 2 株，花盆规格为盆高 28 cm，上口径 26 cm，下口径 24 cm，栽培基质为园土：泥炭：沙子＝3：2：1 的混合基质。每盆土质量为（1.8±0.2）kg，置于温室内生长，并进行正常肥水管理。

（2）试验方法

试验期间温室昼夜均温分别为 23、12℃，平均相对湿度为 37%。待叶片全部展开，选取长势一致、生长良好的植株进行干旱胁迫处理。试验设干旱（试验处理前充分灌水 3 d 使土壤水分饱和，使其自然干旱，停水 0、4、8、12、16 d）、复水（干旱胁迫 4、8、12、16 d 后对植株进行复水）2 个处理，以正常水分管理，即土壤相对含水量 70%±5% 为对照（CK）。分别在干旱处理 0、4、8、12、16 d 和复水处理 4 d 后进行观测，每个处理 50 盆，3 次重复，相关指标测定均为 3 次重复。

（3）测定项目及方法

①生长指标的测定

清除根系周围泥土并清洗全株后，用吸水纸吸去多余水分，从根和基生叶之间的分生处小心剪断，分为地上部分和地下部分，采用梅特勒（Mettler）万分之一天平称取地上部分和地下部分鲜重，在 105℃ 下杀青 20 min 左右，85℃ 烘干至恒重，采用天平称取地上部分和地下部分干重；地上部分底端至长出完整叶片的最高点为株高，采用最小刻度为 1 mm 的直尺测定（张治安等，2008）。

②形态及存活率的观察

在干旱、复水期间观察植株形态变化。

复水后存活率：干旱胁迫后复水以原植株能够保持生命力为标准，采样结束后立即进行复水，按常规水分管理 4 d 后调查植株存活情况，侧金盏花复水 4 d 后叶片依然凋萎、发脆枯死被视为已死亡（王骞春等，2016）。

复水后存活率（%）＝存活植株数量/总植株数量×100

③土壤相对含水量的测定

土壤相对含水量采用烘干法测定，选取 5 cm 深度有代表性的土壤，装入重量为 W_1 的铝盒中，称重 W_2 后放入 105℃ 烘箱中，烘干至恒重，并称量烘干后的土样与铝盒重量 W_3。

计算公式：土壤相对含水量（%）＝$(W_2-W_3)/W_3×100$

④生理指标的测定

a. 叶片相对含水量（RWC）的测定

采取烘干法测定（Li，2003）。将叶片表面清洗干净，再用滤纸擦净，称取 0.3 g 左右的鲜叶片（W_f），然后将叶片立刻放入蒸馏水中浸泡 8 h，使叶片组织达到饱和状态，再用滤纸吸干表面水分，用天平称重即得叶片饱和鲜重（W_t），然后将叶片放置于 105℃烘箱内杀青 10 min，再在 80℃下将叶片烘干至恒重，用天平称得干重（W_d）。

计算公式：叶片相对含水量（%）＝（W_f－W_d）/（W_t－W_d）×100

b. 超氧化物歧化酶（SOD）活力的测定

采用氮蓝四唑（NBT）光还原法（Gao，2006）进行测定。称取 0.5 g 新鲜植物叶片，剪碎后将其放置于预冷研钵中，加入预冷 pH 7.8 的 0.05 mol/L 磷酸缓冲溶液 1 mL，冰浴条件下研磨至匀浆，再加入 4 mL 磷酸缓冲溶，10 000 r/min 离心 20 min，上清液即为酶粗提液，4℃保存备用。

取透光性良好的指形管，其中 1 支为暗处对照管，1 支为光下对照管，测定管若干。依次加入溶液（表 3-14）。加入核黄素后将暗处对照管放置于避光处，测定管和光下对照管放于 4 000 lx 的日光灯下反应 8 min。反应结束后，将指形管移至避光处，停止反应。在 560 nm 波长下分别测定各管的吸光值（对照为暗处对照管）。每处理重复测定 3 次。

表 3-14   各测定管试剂用量

反应试剂（mL）	测定管	光下对照管	暗处对照管
50 mmol/L 磷酸缓冲溶液	1.5	1.5	1.5
130 mmol/L 甲硫氨酸溶液	0.3	0.3	0.3
750 μmol/L NBT 溶液	0.3	0.3	0.3
100 μmol/L 乙二胺四乙酸二钠（EDTA-Na₂）	0.3	0.3	0.3
20 μmol/L 核黄素溶液	0.3	0.3	0.3
粗酶液	0.1	0	0
蒸馏水	0.5	0.6	0.6

计算公式：SOD 总活力（U/g）＝$[(A_{CK}-A_E) \cdot V_T]/(0.5 \cdot A_{CK} \cdot W_f \cdot V_S)$

式中 A_{CK} 为光下对照管的吸光值；A_E 为测定管的吸光值；V_T 为样品液的总体积，mL；V_S 为测定时样品的用量，mL；W_f 为样品鲜重，g。

c. 丙二醛含量的测定

参考第 3 章 3.1.1 的（3）的生理指标的测定。

d. 相对电导率的测定

参考第 3 章 3.1.1 的（3）的生理指标的测定。

e. 过氧化物酶（POD）活力的测定

参考第 3 章 3.1.1 的（3）的生理指标的测定。

f. 叶绿素含量的测定

参考第 3 章 3.1.1 的（3）的生理指标的测定。

g. 游离脯氨酸含量的测定

参考第 3 章 3.1.1 的（3）的生理指标的测定。

h. 可溶性糖含量的测定

参考第 3 章 3.1.1 的（3）的生理指标的测定。

i. 可溶性蛋白含量的测定

参考第 3 章 3.1.1 的（3）的生理指标的测定。

⑤光合及荧光参数的测定

选取晴朗无风的天气，使用 CIRAS-2 光合仪进行测定，测定前使侧金盏花叶片得到充分的光适应，测定时间为当天 9：00—11：00，测定指标为净光合速率（Pn）、蒸腾速率（Tr）、胞间二氧化碳浓度（Ci）、气孔导度（Gs）等光合参数，测定时，每个处理随机选取 3 株，在每株植株中间的相同叶位随机选取 3 片健康叶片进行测定；将侧金盏花叶片充分暗适应 30 min 以上，使用 FMS-2 脉冲调制式叶绿素荧光仪测定其暗适应下的初始荧光（Fo）、最大荧光（Fm）、可变荧光（Fv），计算最大光化学效率（Fv/Fm）、PSⅡ潜在活性（Fv/Fo，又称为潜在光化学效率）；恢复光照后，测定 PSⅡ实际光化学量子产量（ΦPSⅡ，又称为实际光化学效

率)、光化学猝灭系数(qP)、非光化学猝灭系数(NPQ)和表观
光合电子传递速率(ETR)(冯立田等,1997;黄有总等,2004;
谢志玉等,2018)等荧光参数。

(4)数据处理

采用 IBM SPSS Statistics 20.0 进行数据统计分析,用单因素
方差分析法和最小显著差异法,显著性水平 $P<0.05$。制图采用
Excel 2010。

3.2.2 结果与分析

(1)不同水分处理对侧金盏花生长的影响

①不同水分处理对侧金盏花地上及地下部分干鲜重的影响

由表 3-15 可知,侧金盏花地上及地下部分干鲜重都随干旱胁
迫时间的延长而下降,当干旱 8、12、16d,与干旱 0d 相比,侧金
盏花地上及地下部分鲜重下降 33.05%、37.32%、46.90% 和
21.80%、41.56%、44.18%,地上及地下部分干重下降 41.53%、
47.43%、52.35% 和 31.30%、57.20%、60.72%,方差分析表
明,干旱 12d 和 16d 地上鲜重差异显著($P<0.05$),干旱 8d 和
12d 地下干重具有显著差异($P<0.05$)。

②不同水分处理对侧金盏花株高的影响

由表 3-16 可知,当侧金盏花遭受干旱胁迫时,随土壤相对含
水量的减少,其株高呈下降趋势,且干旱各处理株高均低于对照
(0d 处理除外)。0~8d 干旱胁迫下,株高降幅较明显,各处理差
异达显著水平($P<0.05$)。干旱 4d 复水后株高有所增加,但仍低
于对照,干旱 8、12、16d 复水前后株高变化不明显。

表 3-15 侧金盏花在不同水分处理下干鲜重的变化规律

干旱处理时间(d)	鲜重(g)		干重(g)	
	地上部	地下部	地上部	地下部
0	2.363 3±0.102 5a	9.362 0±0.211 4a	0.452 7±0.002 9a	3.430 3±0.211 2a
4	1.831 3±0.151 7b	7.525 0±0.404 0b	0.411 0±0.003 5a	2.565 0±0.175 8b

（续）

干旱处理时间（d）	鲜重（g）		干重（g）	
	地上部	地下部	地上部	地下部
8	1.582 3±0.060 9c	7.321 3±0.155 0b	0.264 7±0.004 0b	2.356 7±0.150 3b
12	1.481 3±0.118 3c	5.471 3±0.320 8c	0.238 0±0.003 0b	1.468 3±0.033 6c
16	1.255 0±0.096 0d	5.226 3±0.097 0c	0.215 7±0.009 5b	1.347 3±0.048 1c

注：表中数据为平均值±标准差；表中同列不同小写字母表明不同胁迫时间同一指标差异显著（$P<0.05$）；下同。

表 3-16   侧金盏花在不同水分处理下株高的变化规律

处理时间（d）	株高（cm）		
	对照	干旱	复水
0	9.17±0.76e	9.37±0.65a	—
4	10.40±0.40d	7.93±0.12b	8.27±0.21a
8	12.33±0.31c	7.10±0.10c	7.40±0.26b
12	13.60±0.10b	6.57±0.12c	6.80±0.20c
16	14.57±0.35a	5.57±0.49d	5.90±0.10d

（2）不同水分处理对侧金盏花形态及存活率的影响

由图版Ⅲ可知，对侧金盏花进行不同时间干旱处理，其地上部分形态变化主要表现为叶片下垂、边缘皱缩、卷曲、干枯。当干旱胁迫 4 d 时，侧金盏花叶片表现出轻微萎蔫现象，复水后，植株外观形态恢复正常，存活率为 100%；胁迫 8 d 时，叶片皱缩并出现萎蔫下垂现象，复水后，植株外观基本恢复正常，茎尖处有少量枯黄萎蔫，存活率为 100%；胁迫 12 d，侧金盏花叶片出现严重皱缩，萎蔫下垂，地上部分出现干枯现象，此时进行复水，部分植株可恢复生命力，存活率为 50.67%；干旱胁迫 16 d，大多数植株死亡，复水后存活率仅为 6.35%。

（3）不同水分处理下土壤相对含水量的动态变化

由表3-17可知，正常水分条件下，侧金盏花土壤相对含水量在68%以上；随干旱胁迫时间的增加，土壤相对含水量逐渐下降，且干旱各处理差异显著（$P < 0.05$），胁迫8 d后，土壤相对含水量下降至30%以下，到16 d时仅为20.40%，干旱4、8、12、16 d与对照相比，土壤相对含水量分别降低42.61%、58.22%、65.85%、70.36%，均低于对照组和复水组；复水后，干旱各处理均恢复到正常水平（对照），但由于控水可能导致土壤结构改变，因此与对照组略有差异。

表3-17　侧金盏花在不同水分处理下土壤相对含水量的变化规律

处理时间（d）	土壤相对含水量（%）		
	对照	干旱	复水
0	71.60±2.34a	71.85±1.16a	—
4	72.40±3.84a	41.55±0.43b	70.20±3.65ab
8	71.57±1.43a	29.90±1.35c	72.67±2.52a
12	69.93±1.37a	23.88±2.14d	67.37±1.26b
16	68.83±5.08a	20.40±2.58e	72.10±0.85a

（4）不同水分处理对侧金盏花生理指标的影响

①不同水分处理对侧金盏花叶片相对含水量的影响

从表3-18可知，正常水分（对照）管理下，侧金盏花叶片相对含水量较高，变化范围在86.37%～90.35%，干旱和复水组变化范围分别在44.62%～86.28%和47.43%～79.58%；随干旱时间的延长，侧金盏花叶片相对含水量逐渐下降，且各处理差异达显著水平（$P < 0.05$），胁迫16 d时达到最小值44.62%，比对照显著下降49.62%（$P < 0.05$），干旱8 d和12 d时，与对照相比，叶片相对含水量降低24.86%、42.73%，均低于对照组和复水组，可见干旱时间越长，侧金盏花叶片水分流失越多；复水后，叶片相对含水量均有不同程度恢复，干旱4 d复水后，恢复至对照的92.14%，干旱8、12、16 d复水后恢复至对照的89.49%、70.57%、53.55%，

方差分析表明，干旱 8、12、16 d 复水后各处理差异显著（$P <$ 0.05）。

表 3 - 18　侧金盏花在不同水分处理下叶片相对含水量的变化规律

处理时间 (d)	叶片相对含水量（%）		
	对照	干旱	复水
0	89.39±5.07a	86.28±3.61a	—
4	86.37±4.61a	75.66±1.08b	79.58±3.51a
8	86.56±3.74a	65.04±4.50c	77.46±1.46a
12	90.35±5.45a	51.74±1.93d	63.76±0.92b
16	88.57±4.21a	44.62±2.87e	47.43±2.50c

②不同水分处理对侧金盏花叶片丙二醛含量的影响

不同水分处理下，侧金盏花体内产生的丙二醛含量有所差异。由表 3 - 19 可知，对照组中，侧金盏花丙二醛含量波动较小，随干旱时间的延长，侧金盏花丙二醛含量逐渐升高，且各处理差异显著（$P <$ 0.05），胁迫至 16 d 时达到最大值 5.57 $\mu mol/g$，比对照增加 2.59 倍，高于对照与复水组。复水过程中，丙二醛含量有所降低，干旱处理 8、12、16 d 复水后，丙二醛含量与干旱组相比，分别下降 12.31%、31.35%、36.62%，干旱 16 d 复水后，丙二醛含量为对照的 2.28 倍，表明干旱胁迫程度严重时，复水虽使丙二醛含量有所下降，但仍处于较高水平。

表 3 - 19　侧金盏花在不同水分处理下丙二醛含量的变化规律

处理时间 (d)	丙二醛含量（$\mu mol/g$）		
	对照	干旱	复水
0	1.44±0.11ab	1.60±0.10e	—
4	1.28±0.17bc	2.27±0.12d	1.68±0.14c
8	1.23±0.10c	3.33±0.25c	2.92±0.27b
12	1.22±0.07c	4.53±0.18b	3.11±0.07b
16	1.55±0.06a	5.57±0.31a	3.53±0.18a

③不同水分处理对侧金盏花叶片相对电导率的影响

由表3-20可知，正常水分条件下，侧金盏花相对电导率变化范围在17.47%～20.13%；在干旱胁迫下，侧金盏花叶片相对电导率逐渐增加，各处理差异达到显著水平（$P < 0.05$），与对照相比，干旱8、12、16 d相对电导率分别上升51.03%、102.04%、180.78%，16 d时达到最大值55.23%；复水后，膜透性均有所恢复，干旱4 d和8 d复水后叶片相对电导率略高于对照，干旱16 d复水后叶片相对电导率为对照的2.09倍，明显高于对照。

表3-20 侧金盏花在不同水分处理下相对电导率的变化规律

处理时间 (d)	相对电导率（%）		
	对照	干旱	复水
0	17.47±1.27b	17.30±0.76e	—
4	18.17±1.26b	22.33±0.59d	21.30±0.61d
8	19.40±0.78ab	29.30±1.11c	28.27±1.42c
12	20.13±1.21a	40.67±1.53b	35.17±0.76b
16	19.67±1.56ab	55.23±1.20a	41.10±1.02a

④不同水分处理对侧金盏花叶片过氧化物酶（POD）活力的影响

由表3-21可知，侧金盏花对照组POD活力变化较小；干旱胁迫下，POD活力高于对照组和复水组，呈先升后降的趋势，各处理差异显著（$P < 0.05$），侧金盏花植株受干旱胁迫4、8 d时，POD活力呈上升趋势，胁迫8 d时其POD活力比对照增加2.30倍，胁迫12、16 d时，POD活力有所下降，与对照相比，分别上升121.57%、56.42%；复水后，POD活力均有不同程度降低，各处理差异显著（$P < 0.05$），干旱4 d复水后POD活力与对照相比变化不大，胁迫8、12、16 d复水后，POD活力较复水前分别下降23.60%、25.84%、13.57%，仍高于对照。

表 3-21　侧金盏花在不同水分处理下 POD 活力的变化规律

处理时间 (d)	POD 活力（U/g）		
	对照	干旱	复水
0	226.74±11.68a	214.72±16.15e	—
4	236.08±10.49a	258.73±16.68d	253.45±6.08d
8	234.72±9.14a	773.43±30.40a	590.88±26.36a
12	246.77±6.15a	546.76±22.93b	405.45±28.57b
16	238.74±18.82a	373.43±23.33c	322.74±18.05c

⑤不同水分处理对侧金盏花叶片超氧化物歧化酶（SOD）活力的影响

由表 3-22 可知，随干旱胁迫时间的延长，侧金盏花 SOD 活力呈先升后降的趋势，胁迫 0~4 d SOD 活力上升趋势不明显，说明前期侧金盏花可通过调节 SOD 活力来平衡活性氧代谢、保护膜结构，对外界不良环境进行抵御，胁迫 12 d 达到最大值 510.92 U/g，与对照相比增加 58.31%，16 d 时 SOD 活力有所下降，与最大值相比下降 14.79%，仍高于对照；复水后 SOD 活力均有下降，干旱 4 d 复水后 SOD 活力略高于对照，胁迫 12 d 和 16 d 复水后 SOD 活力比复水前下降 23.75%、15.11%。

表 3-22　侧金盏花在不同水分处理下 SOD 活力的变化规律

处理时间 (d)	SOD 活力（U/g）		
	对照	干旱	复水
0	315.98±10.21c	322.23±19.77e	—
4	310.21±9.54d	360.50±10.00d	358.78±7.57c
8	314.66±9.72c	410.12±8.22c	370.87±8.37b
12	322.73±10.35b	510.92±6.14a	389.59±5.80a
16	329.50±5.00a	435.35±4.45b	369.56±7.71b

⑥不同水分处理对侧金盏花叶片叶绿素含量的影响

由表3-23可知，随干旱时间的延长，侧金盏花叶片叶绿素a含量逐渐降低。当胁迫时间为8d时，侧金盏花叶片叶绿素a含量较对照降低15.83%，低于对照组和复水组，当干旱胁迫时间分别为12d和16d时，叶绿素a含量较对照组分别下降28.85%、38.22%，均低于对照，方差分析表明，干旱4、8、12d的叶绿素a含量之间差异显著（$P < 0.05$）；复水处理后，叶片叶绿素a含量有不同程度的恢复，干旱胁迫12d和16d复水后，叶片叶绿素a含量较复水前分别上升4.22%、1.95%，却仍低于对照组。

表3-23　侧金盏花在不同水分处理下叶绿素a含量的变化规律

处理时间 (d)	叶绿素a含量（mg/g）		
	对照	干旱	复水
0	2.065 4±0.055 2ab	2.000 4±0.202 1a	—
4	2.183 6±0.175 7a	1.867 8±0.116 3a	1.881 6±0.064 2a
8	1.962 2±0.099 3b	1.651 6±0.017 4b	1.818 8±0.100 0a
12	1.938 1±0.030 0b	1.378 9±0.059 8c	1.437 1±0.086 8b
16	1.913 6±0.103 8b	1.182 3±0.065 7c	1.205 4±0.095 7c

由表3-24可知，随干旱时间的延长，侧金盏花叶片叶绿素b含量逐渐下降，且干旱4～16d各处理差异显著（$P < 0.05$）。当胁迫时间分别为12d和16d时，其叶绿素b含量较对照组分别下降17.74%、25.06%；复水后，侧金盏花叶绿素b含量均有所恢复，干旱胁迫4d和8d复水后，叶绿素b含量与对照相差不大，胁迫12d和16d复水后，叶绿素b含量较复水前上升6.21%、9.55%，但仍低于对照，方差分析表明，干旱8d和12d复水后，两者差异达到显著水平（$P < 0.05$）。

表 3 - 24　侧金盏花在不同水分处理下叶绿素 b 含量的变化规律

胁迫时间 (d)	叶绿素 b 含量（mg/g）		
	对照	干旱	复水
0	0.769 4±0.033 0a	0.761 7±0.038 0a	—
4	0.736 7±0.024 0ab	0.758 5±0.028 2a	0.760 7±0.035 1a
8	0.772 5±0.018 9a	0.692 9±0.025 9b	0.729 5±0.072 0a
12	0.714 8±0.016 1b	0.588 0±0.041 8c	0.624 5±0.034 8b
16	0.704 6±0.012 7b	0.528 0±0.022 6d	0.578 4±0.022 6b

由表 3 - 25 可知，对照组中侧金盏花叶片叶绿素总量变化不大。随干旱时间的延长，侧金盏花叶片叶绿素总量呈逐渐下降趋势，胁迫 8~16 d 时，各处理差异显著（$P<0.05$）。当胁迫时间为 4 d 时，叶绿素总量比对照下降 10.07%，当干旱胁迫时间为 8 d 时，叶绿素总量较对照组降低 14.27%，当干旱胁迫时间分别为 12 d 和 16 d 时，叶绿素总量与对照组相比分别降低 25.85%、34.68%；胁迫 8、12、16 d 复水后，叶绿素总量有所上升，比复水前分别上升 8.70%、4.81%、4.30%，但仍低于对照。

表 3 - 25　侧金盏花在不同水分处理下叶绿素总量的变化规律

处理时间 (d)	叶绿素总含量（mg/g）		
	对照	干旱	复水
0	2.834 8±0.088 1ab	2.762 1±0.236 0a	—
4	2.920 3±0.185 0a	2.626 3±0.128 6a	2.642 3±0.076 3a
8	2.734 7±0.117 1ab	2.344 4±0.033 1b	2.548 3±0.165 9a
12	2.652 9±0.045 5b	1.967 0±0.099 2c	2.061 6±0.121 5b
16	2.618 2±0.105 8b	1.710 3±0.082 7d	1.783 8±0.107 0c

⑦不同水分处理对侧金盏花叶片脯氨酸含量的影响

不同水分处理下，侧金盏花脯氨酸含量有所差异，由表 3 - 26 可知，在土壤干旱过程中，脯氨酸含量呈先升后降的趋势，且各处理差异显著（$P<0.05$），干旱 12 d 时，脯氨酸含量达最大值 19.72 $\mu g/g$，干旱 8、12、16 d 脯氨酸含量分别比对照增加 2.24 倍、2.41 倍和 2.27 倍，高于对照组与复水组；复水后侧金盏花脯氨酸含量有所下降，干旱 4 d 复水后其含量已恢复至正常水平（对照），干旱 8、12、16 d 复水后脯氨酸含量与干旱组相比分别下降 16.07%、19.22%、31.15%，但仍高于对照，表明侧金盏花细胞膜透性得到一定恢复，方差分析表明，干旱 8、12、16 d 复水后各处理差异显著（$P<0.05$）。

表 3 - 26　侧金盏花在不同水分处理下脯氨酸含量的变化规律

处理时间 （d）	脯氨酸含量（$\mu g/g$）		
	对照	干旱	复水
0	5.34±0.15ab	4.34±0.13e	—
4	5.06±0.15b	5.91±0.15d	5.47±0.20d
8	5.23±0.03ab	16.93±0.99c	14.21±0.34b
12	5.79±0.26a	19.72±0.11a	15.93±0.95a
16	5.64±0.70ab	18.46±0.98b	12.71±1.00c

⑧不同水分处理对侧金盏花叶片可溶性糖含量的影响

由表 3 - 27 可知，侧金盏花在正常养护期间，可溶性糖含量变化不明显；随干旱时间的延长，可溶性糖含量逐渐增加，干旱处理 0～12 d，各处理差异显著（$P<0.05$），干旱 8、12、16 d 可溶性糖含量与对照相比分别增加 87.60%、100.48%、103.09%，均高于对照组与复水组；复水后可溶性糖含量有所降低，干旱胁迫 4 d 复水后可溶性糖含量略高于对照，表明复水后质膜受伤害程度减小，胁迫 12 d 和 16 d 复水后，与干旱组相比，可溶性糖含量分别下降 8.09%、8.19%，但仍高于对照组。

表 3-27 侧金盏花在不同水分处理下可溶性糖含量的变化规律

处理时间 (d)	可溶性糖含量（%）		
	对照	干旱	复水
0	3.69±0.15b	3.81±0.12d	—
4	4.02±0.13ab	5.44±0.16c	4.65±0.14c
8	3.87±0.17ab	7.26±0.19b	5.53±0.27b
12	4.13±0.33a	8.28±0.22a	7.61±0.30a
16	4.21±0.24a	8.55±0.14a	7.85±0.43a

⑨不同水分处理对侧金盏花叶片可溶性蛋白含量的影响

从表 3-28 可知，侧金盏花在干旱胁迫过程中，可溶性蛋白含量呈下降趋势。当干旱胁迫 16 d 时，侧金盏花可溶性蛋白含量最低，比对照下降 78.15%，低于对照组与复水组，干旱 16 d 复水后，可溶性蛋白含量恢复至对照的 37.86%，但仍低于对照。说明干旱胁迫使蛋白质的合成受阻，植物受损严重，而复水使可溶性蛋白含量得到一定恢复。胁迫 4 d 复水后，其可溶性蛋白含量与对照相比变化不大。

表 3-28 侧金盏花在不同水分处理下可溶性蛋白含量的变化规律

处理时间 (d)	可溶性蛋白含量（mg/g）		
	对照	干旱	复水
0	33.38±2.14a	34.04±1.90a	—
4	26.49±1.31c	24.30±1.28b	28.33±1.94a
8	27.76±0.56bc	14.65±1.22c	19.37±2.06b
12	29.55±2.18b	13.42±0.49c	17.78±1.70b
16	30.53±0.35b	6.67±0.82d	11.56±0.97c

（5）不同水分处理对侧金盏花叶片光合参数的影响

①不同水分处理对侧金盏花叶片蒸腾速率（Tr）的影响

由表 3-29 可知，侧金盏花叶片 Tr 随着干旱胁迫时间的延长逐渐降低，且各处理差异显著（$P<0.05$），胁迫 8、12、16 d 的 Tr 较对照分别下降 20.77%、63.58%、82.92%，复水后侧金盏花叶片 Tr 有所恢复，胁迫 12 d 和 16 d 复水后，其 Tr 较复水前分别上升 29.94%、75.00%，但均低于对照。

表 3 - 29　侧金盏花在不同水分处理下蒸腾速率的变化规律

处理时间	蒸腾速率 $[mmol/(m^2 \cdot s)]$		
(d)	对照	干旱	复水
0	1.823 3±0.068 1a	1.803 3±0.025 2a	—
4	1.833 3±0.057 7a	1.586 7±0.080 8b	1.750 0±0.086 6a
8	1.733 3±0.115 5a	1.373 3±0.064 3c	1.616 7±0.076 4b
12	1.803 3±0.089 6a	0.656 7±0.098 2d	0.853 3±0.050 3c
16	1.873 3±0.110 2a	0.320 0±0.034 6e	0.560 0±0.052 9d

②不同水分处理对侧金盏花叶片净光合速率（Pn）的影响

由表 3 - 30 可知，随胁迫时间的延长，侧金盏花叶片 Pn 逐渐降低，干旱 4 d 后各处理具有显著差异（$P<0.05$），当胁迫时间分别为 8、12、16 d，与对照相比，Pn 分别下降 22.11%、50.46%、53.81%，干旱 12 d 和 16 d 复水后，Pn 较干旱组分别上升 17.76%、8.24%，但仍低于对照。

表 3 - 30　侧金盏花在不同水分处理下净光合速率的变化规律

处理时间	净光合速率 $[\mu mol/(m^2 \cdot s)]$		
(d)	对照	干旱	复水
0	7.400 0±0.346 4a	7.033 3±0.208 2a	—
4	7.000 0±0.755 0ab	6.666 7±0.152 8a	7.183 3±0.175 6a
8	6.333 3±0.378 6b	4.933 3±0.503 3b	5.600 0±0.100 0b
12	7.200 0±0.458 3ab	3.566 7±0.251 7c	4.200 0±0.200 0c
16	6.566 7±0.115 5ab	3.033 3±0.208 2d	3.283 3±0.125 8d

③不同水分处理对侧金盏花叶片气孔导度（Gs）的影响

由表 3 - 31 可知，在干旱胁迫下，侧金盏花叶片 Gs 逐渐降低，胁迫 8、12、16 d 处理间差异显著（$P < 0.05$），当干旱 8、12、16 d 时，侧金盏花叶片 Gs 较对照分别下降 15.23%、42.74%、53.60%，且均低于复水组，复水后 Gs 较复水前分别上升 7.60%、12.32%、14.22%，但仍低于对照，说明复水可使植物得到一定缓解。

表 3 - 31　侧金盏花在不同水分处理下气孔导度的变化规律

处理时间 (d)	气孔导度 [mmol/(m² · s)]		
	对照	干旱	复水
0	172.666 7±5.033 2a	166.533 3±2.482 6a	—
4	167.666 7±4.041 5a	151.833 3±3.253 2b	164.000 0±3.605 6a
8	170.666 7±3.785 9a	144.666 7±4.509 3b	155.666 7±2.309 4b
12	165.333 3±5.859 5a	94.666 7±3.511 9c	106.333 3±3.500 5c
16	166.666 7±3.214 6a	77.333 3±5.686 2d	88.333 3±3.055 1d

④不同水分处理对侧金盏花叶片胞间 CO_2 浓度（Ci）的影响

由表 3 - 32 可知，侧金盏花叶片 Ci 随胁迫时间的延长呈下降趋势，干旱 4 d 后，各处理具有显著差异（$P < 0.05$），干旱 8 d 和 12 d 时，侧金盏花叶片 Ci 较对照下降 12.21%、30.82%，复水后侧金盏花叶片 Ci 有不同程度上升，较复水前分别上升 7.32%、6.15%，但仍低于对照。

（6）不同水分处理对侧金盏花叶片荧光参数的影响

①不同水分处理对侧金盏花叶片初始荧光（Fo）的影响

从表 3 - 33 可知，在正常供水条件下，Fo 变化不大，在干旱处理下，随胁迫时间的延长，侧金盏花叶片 Fo 呈增加趋势，且干旱胁迫各处理 Fo 差异显著（$P < 0.05$），胁迫 8、12、16 d 时，侧金盏花叶片 Fo 较对照上升 28.67%、37.47%、46.44%，高于对照组和复水组，复水后，Fo 较复水前分别下降 13.43%、16.07%、

13.21%，但仍高于对照。

表 3 - 32　侧金盏花在不同水分处理下胞间 CO_2 浓度的变化规律

处理时间 (d)	胞间 CO_2 浓度（μmol/mol）		
	对照	干旱	复水
0	305.333 3±2.309 4a	306.300 0±2.951 3a	—
4	309.333 3±3.214 6a	289.266 7±6.885 7b	298.000 0±3.605 6a
8	311.333 3±7.094 6a	273.333 3±1.154 7c	293.333 3±4.509 3a
12	310.033 3±1.504 4a	214.466 7±4.373 0d	227.666 7±4.725 8b
16	304.333 3±2.081 7a	162.600 0±2.506 0e	173.333 3±1.527 5c

表 3 - 33　侧金盏花在不同水分处理下初始荧光的变化规律

处理时间 (d)	初始荧光		
	对照	干旱	复水
0	176.966 7±2.000 8a	178.333 3±3.055 1e	—
4	174.533 3±2.203 0a	207.000 0±2.645 8d	168.666 7±2.516 6d
8	166.833 3±2.466 4b	214.666 7±2.886 8c	185.833 3±2.020 7c
12	170.466 7±1.285 8b	234.333 3±1.154 7b	196.666 7±2.309 4b
16	168.900 0±1.652 3b	247.333 3±2.081 7a	214.666 7±2.886 8a

②不同水分处理对侧金盏花叶片最大荧光（Fm）的影响

Fm 是 PSⅡ反应中心处于完全关闭时的荧光产量，可反映通过 PSⅡ的电子传递情况。从表 3 - 34 可知，在干旱胁迫下，随胁迫时间的延长，Fm 呈现下降的趋势，且干旱各处理具有显著差异（$P < 0.05$），干旱 4 d 时，侧金盏花叶片 Fm 与对照相差不大，干旱 8、12、16 d 时，Fm 比对照低 6.35%、12.93%、20.20%，且均低于复水组，复水后较复水前分别升高 3.90%、7.78%、9.41%，但均低于对照。

表 3 - 34 侧金盏花在不同水分处理下最大荧光的变化规律

处理时间 (d)	最大荧光		
	对照	干旱	复水
0	803.666 7±8.020 8b	813.000 0±2.645 8a	—
4	799.666 7±6.658 3b	787.666 7±4.509 3b	793.666 7±7.767 5a
8	793.000 0±3.000 0b	742.666 7±4.041 5c	771.666 7±2.516 6b
12	796.666 7±3.214 6b	693.666 7±7.767 5d	747.666 7±3.511 9c
16	816.666 7±4.725 8a	651.666 7±5.859 5e	713.000 0±5.567 8d

③不同水分处理对侧金盏花叶片 PSII 潜在活性（Fv/Fo）的影响

由表 3 - 35 可知，在干旱胁迫处理下 Fv/Fo 表现出下降趋势，且各处理差异显著（$P < 0.05$），干旱 8 d 和 12 d 时，Fv/Fo 比对照低 31.57%、44.97%，胁迫 16 d 时，Fv/Fo 达到最小值，较对照下降 55.56%，低于对照组和复水组，复水后各处理 Fv/Fo 值有所上升，干旱 4 d 复水后，Fv/Fo 略高于对照，恢复效果较好。

表 3 - 35 侧金盏花在不同水分处理下 PSII 潜在活性的变化规律

处理时间 (d)	PSII 潜在活性		
	对照	干旱	复水
0	3.677 2±0.089 7bc	3.638 9±0.039 0a	—
4	3.567 7±0.074 5c	2.767 4±0.046 7b	3.706 4±0.097 9a
8	3.753 8±00.073 9ab	2.568 7±0.023 1c	3.152 8±0.048 9b
12	3.682 9±0.025 5bc	2.026 6±0.075 8d	2.802 2±0.060 6c
16	3.878 8±0.096 2a	1.723 8±0.051 1e	2.321 9±0.054 8d

④不同水分处理对侧金盏花叶片 PSII 最大光化学量子产量（Fv/Fm）的影响

由表 3 - 36 可知，在干旱胁迫过程中，Fv/Fm 逐渐减小，干旱各处理差异显著（$P < 0.05$），胁迫 4 d 时，与对照相比，Fv/Fm

下降不明显，胁迫 8、12、16 d 的 Fv/Fm 比对照分别低 5.10%、9.37%、13.03%，干旱 4 d 复水后侧金盏花叶片 Fv/Fm 恢复至正常水平。

表 3 - 36　侧金盏花在不同水分处理下 PSⅡ最大
光化学量子产量的变化规律

处理时间 (d)	PSⅡ最大光化学量子产量		
	对照	干旱	复水
0	0.814 7±0.004 5a	0.803 0±0.006 6a	—
4	0.801 7±0.005 5b	0.787 0±0.005 6b	0.794 7±0.004 0a
8	0.817 7±0.005 1a	0.776 0±0.002 0c	0.783 7±0.003 8b
12	0.793 7±0.009 1bc	0.719 3±0.008 1d	0.723 0±0.003 6c
16	0.785 7±0.007 2c	0.683 3±0.004 5e	0.701 7±0.005 0d

⑤不同水分处理对侧金盏花叶片 PSⅡ实际光化学量子产量（ΦPSⅡ）的影响

由表 3 - 37 可知，在干旱胁迫过程中，各处理的 ΦPSⅡ逐渐降低，且胁迫时间越长，ΦPSⅡ越小，胁迫 4 d 和 8 d 时，ΦPSⅡ比对照分别低 16.65%、21.07%，均低于对照组和复水组，干旱 12 d 和 16 d 时，ΦPSⅡ比对照分别低 26.73%、31.20%，复水后各处理 ΦPSⅡ值均增加。

表 3 - 37　侧金盏花在不同水分处理下 PSⅡ实际
光化学量子产量的变化规律

处理时间 (d)	PSⅡ实际光化学量子产量		
	对照	干旱	复水
0	0.220 3±0.008 4a	0.213 3±0.007 1a	—
4	0.224 0±0.005 2a	0.186 7±0.004 6b	0.199 3±0.007 0a
8	0.218 3±0.006 1a	0.172 3±0.005 0bc	0.191 7±0.003 5a
12	0.220 7±0.004 9a	0.161 7±0.008 5cd	0.176 3±0.009 3b
16	0.217 0±0.002 6a	0.149 3±0.008 0d	0.158 3±0.004 9c

⑥不同水分处理对侧金盏花叶片表观光合电子传递速率（ETR）的影响

由表3-38可知，侧金盏花叶片ETR随胁迫时间的延长呈下降趋势，且各处理具有显著差异（$P<0.05$），干旱8 d和12 d时，其ETR值与对照相比分别降低21.07%、26.74%，且低于复水组，胁迫时间为16 d时，其叶片ETR值最小，比对照低31.29%，低于对照组和复水组，干旱16 d复水后，侧金盏花叶片ETR值有所升高，较复水前增加6.03%，但仍低于对照。

表3-38   侧金盏花在不同水分处理下表观
光合电子传递速率的变化规律

处理时间	表观光合电子传递速率		
(d)	对照	干旱	复水
0	135.108 4±2.335 9a	130.816 0±4.350 4a	—
4	137.356 8±3.186 3a	114.464 0±2.372 7b	122.231 2±4.306 7a
8	133.882 0±3.009 7a	105.674 8±4.604 8c	117.530 0±2.153 5a
12	135.312 8±3.024 8a	99.134 0±1.830 2d	108.127 6±5.697 6b
16	133.268 8±4.296 4a	91.571 2±2.852 5e	97.090 0±3.024 8c

⑦不同水分处理对侧金盏花叶片光化学猝灭系数（qP）的影响

由表3-39可知，随干旱胁迫时间的延长，侧金盏花叶片qP呈减小趋势，且各处理差异显著（$P<0.05$），干旱4、8 d，侧金盏花叶片qP比对照低8.76%、22.70%，干旱12、16 d，qP值比对照低28.93%、36.38%，复水后qP值较干旱处理有所增加，干旱4 d复水后，qP值与对照相差不大，干旱8、12、16 d复水后，qP值与对照差异明显。

表 3 - 39　侧金盏花在不同水分处理下光化学猝灭系数的变化规律

处理时间 (d)	光化学猝灭系数		
	对照	干旱	复水
0	0.408 1±0.008 0a	0.412 3±0.002 4a	—
4	0.414 6±0.004 7a	0.378 3±0.006 4b	0.404 8±0.004 8a
8	0.418 5±0.004 0a	0.323 5±0.010 0c	0.381 4±0.008 4b
12	0.391 6±0.008 0b	0.278 3±0.006 3d	0.331 7±0.005 5c
16	0.387 8±0.005 4b	0.246 7±0.010 4e	0.301 5±0.012 4d

⑧不同水分处理对侧金盏花叶片非光化学猝灭系数（NPQ）的
影响

由表 3 - 40 可知，干旱胁迫下侧金盏花叶片 NPQ 呈逐渐上升
趋势，干旱 12 d 时，其 NPQ 比对照高 47.37%，高于对照组与复
水组，干旱 16 d 时，NPQ 值达到最大，比对照高 58.44%；复水
后侧金盏花叶片 NPQ 值有所恢复，且各处理间差异显著（$P <$
0.05），干旱 4 d 复水后，其 NPQ 值恢复至对照水平。

表 3 - 40　侧金盏花在不同水分处理下非光化学猝灭系数的变化规律

处理时间 (d)	非光化学猝灭系数		
	对照	干旱	复水
0	1.850 5±0.043 2a	1.848 1±0.034 4d	—
4	1.808 1±0.044 0a	2.131 4±0.117 0c	1.811 5±0.043 3d
8	1.881 2±0.077 4a	2.311 5±0.122 4b	2.059 8±0.048 9c
12	1.893 1±0.073 9a	2.789 8±0.118 1a	2.411 5±0.058 0b
16	1.832 8±0.084 6a	2.903 3±0.054 6a	2.664 8±0.028 5a

3.2.3　讨论

（1）不同水分处理对侧金盏花生长及复水后存活率的影响
在干旱处理下，侧金盏花的正常生命活动受到一定影响，其

叶片生长指标发生一系列变化，干旱时间低于 8 d 复水后，植株生长状况与对照无明显差异。生物量是植物生长的基本外部特征，徐苏男（2012）研究得出，干旱胁迫会导致植物生长速度变慢，其干物质量减少，本研究与其结果相一致。相关研究表明复水后存活率是衡量植株抗旱临界值的一个有效指标（雷蕾，2017），本研究得出，当干旱时间低于 8 d，土壤相对含水量不低于 29.9% 时进行复水，侧金盏花植株可恢复生长，其存活率为100%，干旱处理 16 d 时，植株出现死亡，复水后存活率显著下降。

（2）不同水分处理对侧金盏花生理指标的影响

干旱处理下，土壤主要以植物蒸腾、蒸发、渗漏散失水分（康雯等，2009），本研究中，干旱前 8 d，土壤相对含水量下降幅度较大，8 d 后下降幅度较小，这是由于在干旱初期土壤水分散失主要以蒸发和渗漏为主，导致土壤相对含水量下降速度较快，当土壤水分下降到一定程度，渗漏基本消除，土壤水分主要以蒸发和蒸腾散失，使土壤相对含水量下降速度减慢。

叶片相对含水量被认为是衡量植物脱水耐受性最有意义的指标（Pirzad et al.，2011；Anjum et al.，2011），干旱胁迫过程中，叶片相对含水量一般呈下降趋势（Jafari et al.，2019），本研究同样得出这一规律。MDA 被认为是质膜过氧化后的产物，其含量可反映植物在水分胁迫下的脂质过氧化程度（Zhang et al.，2018），本研究中，干旱胁迫时间越长，侧金盏花 MDA 含量越高，这表明其细胞膜脂过氧化越严重，使得质膜透性变大，进而细胞膜功能减弱，这与李文鹤（2011）对野菊在干旱胁迫下的生理特性研究结果相一致。相关研究表明，水分不足时，植物自由基会大量积累从而引起膜脂过氧化作用，对植物细胞膜结构产生破坏，导致其透性增大，进而引起植物细胞相对电导率增加（戴海根等，2021），本研究中，干旱胁迫 8 d，此时土壤相对含水量为 29.90%，侧金盏花叶片相对电导率上升幅度较小，干旱 8～16 d，土壤相对含水量由29.90% 降低至 20.40%，其相对电导率上升幅度增加，说明断水 8 d 之后膜系统开始受到严重破坏，复水后相对电导率有所降低，表明侧金盏花受害程度有所缓解，这与李博（2011）研究结果一致。

POD 是植物体内的一种重要保护酶，可防止活性氧对细胞膜结构造成伤害，还可将 H_2O_2 催化分解为 O_2 和 H_2O，使过氧化物转变为正常脂肪酸，以此来缓解植物脂质过氧化物积累而引起的细胞伤害（Peng et al.，1992；Martinez et al.，2000）。本试验表明，在干旱胁迫下，为抵御活性氧伤害，侧金盏花 POD 活力出现先升高后降低的现象，这与孙存华等（2005）的研究结果相似，侧金盏花随着干旱时间的延长，POD 活力在干旱处理第 8 天达到峰值，8 d 后土壤相对含水量低于 29.90% 时，其 POD 活力开始下降，表明此时胁迫程度超过侧金盏花自身协调阈值，对 POD 活力有所抑制。SOD 是植物体内第一条抗氧化防线，在干旱胁迫下，植物体内 SOD 活力与植物抗氧化能力一般呈正相关，因此 SOD 活力变化情况可反映植物的抗性强弱（刘晓东等，2011），本研究中，干旱 0～12 d，侧金盏花 SOD 活力不断上升，说明此时植物通过增强保护酶活力来清除活性氧自由基，从而维持细胞膜的稳定性和完整性，干旱处理超过 12 d，侧金盏花叶片 SOD 活力开始下降，表明侧金盏花自身的防御受到抑制，这与刘晓东等（2011）在研究干旱对诸葛菜（*Orychophragmus violaceus*）幼苗酶活力的影响时得出的结果相似。

叶绿素作为光能吸收的主要物质，直接影响植物光合作用的光能利用（毛伟等，2009）。研究表明，植物种类不同，其叶绿素对干旱胁迫的响应也有所差异，在干旱胁迫下，小叶锦鸡儿（*Caragana microphylla*）、柽柳（*Tamarix chinensis*）的叶绿素含量表现出先增加后下降的变化趋势（姜雪昊等，2013），而本研究中，侧金盏花叶绿素含量总体上不断降低，这与有些学者的研究结果相似。据报道，干旱处理下不同植物叶绿素含量变化不同，这种差异可能与植物本身的生物学特性有关（潘昕等，2014）。

Pro 是水溶性最大的氨基酸，其含量增加对细胞和组织的持水具有重要作用，可防止脱水，有助于植物抵抗干旱逆境（宋丽萍等，2007），本研究中，侧金盏花干旱处理 16 d，Pro 含量有所下降，推测可能是因植物已受害严重，使细胞原生质承受较大压力，造成原生质的损伤，使植物机能紊乱，复水后脯氨酸含量均有不同程度降低，表明侧金盏花通过增加渗透调节物质来使细胞液浓度增加，降低渗透势，抵抗干旱胁迫，复水处理后植物得到修复而使脯氨酸含量降低，这与雷蕾（2017）研究结果相一致。可溶性糖参与植物细胞的渗透调节，是植物适应环境的信号物质（Abdul et al.，2009），本试验得出，不同干旱胁迫下，侧金盏花叶片中可溶性糖含量持续上升，干旱 16 d，土壤相对含水量降至最低 20.40％时达到最大值，表明此时植物叶片受伤害程度最为严重，这与 Gao 等（2020）研究结果相一致，干旱 16 d 复水后，可溶性糖含量下降不明显，说明当植物受害严重时，即使胁迫解除，短期内也未能恢复。植物的可溶性蛋白具有亲水性，能够使植物细胞具备一定保水能力，植物可通过可溶性蛋白的合成与降解来进行渗透调节（张彦妮等，2015），本研究中，侧金盏花在土壤自然干旱胁迫下，其叶片中的可溶性蛋白质含量逐渐下降，表明植物的受害程度正在加深，复水过程中可溶性蛋白含量有所回升，表明植物正处于恢复之中，这与黄贝等（2021）的研究结果一致。

（3）不同水分处理对侧金盏花叶片光合参数的影响

　　干旱胁迫可对植物光合作用产生直接的影响，一般分为气孔限制和非气孔限制两种因素（Osakabe et al.，2014），Farquhar 等（1989）研究得出，当 Pn、Gs 和 Ci 变化规律一致时，Pn 的变化是由 Gs 导致，相反如果 Pn、Gs 和 Ci 的变化不相同，则 Pn 的改变是由植物叶肉细胞活性所决定，即非气孔限制，本试验结果表明，随胁迫时间的延长，侧金盏花叶片 Pn、Gs、Ci 变化趋势相同，均表现为下降趋势，说明侧金盏花叶片 Pn 下降是受气孔限制因素影响，复水后侧金盏花 Pn 值有所恢复，干旱 4 d 复水后，Pn

值恢复迅速，干旱 12、16 d 复水后，其 Pn 值恢复效果不明显，可能是由于植物受到严重胁迫后对光系统造成的伤害较为严重，这与张林春等（2010）的研究结果相似。干旱胁迫处理下，植物通过减小气孔开度从而使得 Tr 下降，这是植物重要的抗旱表现（Steduto et al.，1997），本研究结果表明，干旱胁迫下侧金盏花叶片 Tr 出现下降现象，类似的研究结果也在葡萄等植物上出现（李敏敏等，2019）。

（4）不同水分处理对侧金盏花叶片荧光参数的影响

研究表明，叶绿素荧光和光合作用有着密不可分的联系，叶绿素荧光可准确检测植物在干旱胁迫下其光合作用的真实反应（Li et al.，2006），据研究报道，PSⅡ天线色素的非光化学能量的消耗通常会导致 Fo 下降，但当 PSⅡ反应中心遭到破坏时，则会引起 Fo 上升（Björkman et al.，1987），本研究中，干旱时间延长使侧金盏花叶片 Fo 逐渐增加，且干旱时间越长，Fo 值越大，表明随干旱时间的延长，侧金盏花叶片的光合机构遭到一定破坏。针对不同植物在干旱胁迫下的研究发现，随着干旱程度的加剧，植物叶片 Fm 均呈下降走势（Mathobo et al.，2017），本研究与此结果相符合。本研究中，干旱胁迫使侧金盏花叶片 PSⅡ质子醌库容量变小，从而导致 Fv/Fo、Fv/Fm 均表现为下降走势，这与 Thomas 等（2001）的研究结果一致，复水过程中，侧金盏花叶片 Fv/Fo 和 Fv/Fm 有所回升，表明其受到的抑制得到缓解。qP 值的大小可反映 PSⅡ开放中心的数目和 PSⅡ原初电子受体初级醌受体的氧化还原状态（Van，1990；Cao，2006），而 NPQ 可反映 PSⅡ天线色素所吸收的光是否适合用于光合电子的传递（Li et al.，2006），本研究得出，在干旱处理下，侧金盏花叶片 qP 和 NPQ 变化呈相反趋势，qP 值表现为逐渐下降，NPQ 逐渐增加，且随干旱时间的延长，这种变化比较明显，表明干旱降低了 PSⅡ反应中心的开放度，使得 PSⅡ电子传递活性降低，复水过程中侧金盏花 qP 有所上升，NPQ 有所下降，表明其光合电子传递有一定程度的恢复，这与 Fernandez 等（1997）对苹果幼树的研究结果相符合。ETR 值的大小可反映出 PSⅡ反应中心电子捕获能力的强弱（Sun et al.，2009），本研究结果表明，侧金盏花叶片 ETR、ΦPSⅡ的变化与 qP 相同，整个干旱胁迫时期逐渐下降，复水过程中得以部分恢复，使光合电子可进行正常传递，表明侧金盏花具有一定适应干旱的能力。

3.2.4　结论

从侧金盏花的生长、光合参数、荧光参数和生理指标来看，当土壤自然干旱低于 8 d，土壤相对含水量不低于 29.90％时，各项指标变化幅度较小，复水后各指标恢复较为迅速，干旱超过 8 d，土壤相对含水量低于 29.90％时，各指标发生显著变化，表明侧金盏花的正常生长发育受到了明显抑制，复水后恢复速度较慢，恢复效果不明显。综合分析得出侧金盏花可承受持续 8 d（土壤相对含水量为 29.90％）的干旱胁迫。因此，侧金盏花在养护管理时，在干旱持续时间低于 8 d，土壤相对含水量不低于 29.90％（短期土壤失水）时，应及时对侧金盏花进行补水，持续干旱超过 8 d，土壤相对含水量低于 29.90％时，对侧金盏花造成不可逆的伤害。

3.3　PEG 处理对 3 种耧斗菜属植物种子萌发的影响

3.3.1　材料与方法

（1）试验材料

试验材料尖萼耧斗菜、小花耧斗菜、耧斗菜种子购于江苏省沭阳县思途园林绿化苗木场。

（2）试验方法

将 3 种耧斗菜种子用 0.1％高锰酸钾溶液浸泡消毒，消毒后用无菌水冲洗 3～5 次，至无高锰酸钾残留为止。室温下晾干备用。PEG - 6000 溶液设置 6 个浓度，分别为 0％（CK）、5％、10％、15％、20％、25％。选用 9 cm 的塑料培养皿，每个培养皿放置 2

层滤纸后加入 5 mL 的处理液。每个培养皿放入 30 粒种子，每品种每处理重复 3 次。

人工气候箱设置：白天/黑夜为 12 h/12 h，20℃恒温。每天用称重法补充蒸馏水。每隔 24 h 统计一次出芽率，以胚根长度≥种子直径的 2 倍作为发芽标准计数，以各处理的种子发芽数目连续 2 d 无变化时视为试验结束。

测定指标：发芽率、发芽势、发芽指数、活力指数、胚根长度、临界耐旱浓度和极限耐旱浓度。各项指标测定和计算公式如下。

发芽率（%）＝（萌发种子数/供试种子数）×100

发芽势（%）＝（种子发芽数达到高峰时正常发芽数/供试种子数）×100

发芽指数（GI）＝$\sum (G_t/D_t)$

式中 G_t 为第 t 天发芽的种子个数；D_t 为对应的发芽天数。

活力指数（VI）＝GI×Sl

式中 Sl 为胚根长度。

耐旱临界值：最终萌发率是对照处理 50%时的溶液浓度或处理梯度（程龙等，2015）。

耐旱极限值：最终发芽率为零时的溶液浓度或处理梯度（程龙等，2015）。

（3）数据处理

采用 IBM SPSS Statistics 20.0 进行数据统计分析，用单因素方差分析法和最小显著差异法，显著性水平 $P<0.05$。制图采用 Excel 2010。

通过模糊数学中隶属函数（牛冰洁等，2021）的方法，利用发芽率、发芽势、发芽指数、活力指数、胚根长度 5 项萌发指标对 3 种耧斗菜种子的抗性进行综合评价和比较，计算方法如下。

公式（3.1）为指标与抗性呈正比的计算公式，公式（3.2）为指标与抗性呈反比的计算公式，通过公式（3.1）和（3.2）计算出具体的隶属值。

$$Y_{ij} = (X_{ij} - X_{j\min})/(X_{j\max} - X_{j\min}) \qquad (3.1)$$
$$Y_{ij} = 1 - (X_{ij} - X_{j\min})/(X_{j\max} - X_{j\min}) \qquad (3.2)$$

式中 X_{ij} 为 i 品种 j 指标的测定值；$X_{j\min}$ 为所有供试品种中 j 指标中的最小值；$X_{j\max}$ 为所有供试品种中 j 指标中的最大值；Y_{ij} 为 i 品种 j 指标的抗性隶属值。

抗性隶属值的平均值计算公式如下。

$$\bar{Y}_{ij} = \sum Y_{ij}/n$$

式中 $\bar{Y}_{ij}$ 为平均抗性隶属值，平均抗性隶属值越大，抗性越强；n 为指标数量。

3.3.2 结果与分析

(1) PEG 处理对 3 种耧斗菜种子萌发进程的影响

由图 3-17 可知，不同浓度 PEG 处理均抑制 3 种耧斗菜种子的萌发，3 种耧斗菜种子发芽率下降，耧斗菜与小花耧斗菜的萌发起始时间延迟。对照组尖萼耧斗菜、耧斗菜的萌发高峰在 12～13 d，而小花耧斗菜的萌发高峰在 15 d 左右。在 5%～15% 的 PEG 处理下，3 种耧斗菜种子的发芽高峰均延迟。当 PEG 浓度达到 20% 时，小花耧斗菜和耧斗菜的萌发起始时间延迟 6 d。当 PEG 浓度为 25% 时，3 种耧斗菜种子均无法正常萌发。

(2) PEG 处理对 3 种耧斗菜种子发芽率和发芽势的影响

由图 3-18 可知，3 种耧斗菜种子在 PEG 处理下萌发均受到抑制，且不同品种对处理的响应程度不同。3 种耧斗菜的发芽率均随着 PEG 浓度的上升而下降，当 PEG 浓度为 5% 时，3 种耧斗菜种子发芽率相比对照组降幅从大到小依次为小花耧斗菜＞耧斗菜＞尖萼耧斗菜，分别下降了 41.50%、36.96% 和 29.78%。方差分析表明，在 5%PEG 处理下，3 种耧斗菜发芽率均与对照组差异显著。当 PEG 浓度为 25% 时，3 种耧斗菜种子均无法正常萌发。

由图 3-18 可知，随着 PEG 浓度的上升，3 种耧斗菜发种子的发芽势总体受到抑制。当 PEG 浓度为 10% 时，相比对照组，尖

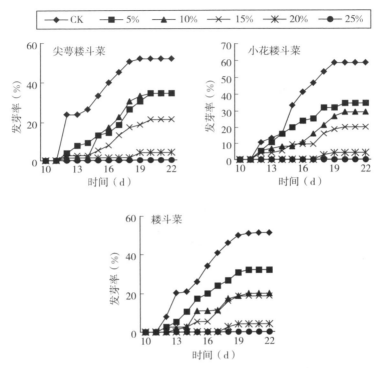

图 3-17　不同浓度 PEG 处理对 3 种耧斗菜种子萌发进程的影响

萼耧斗菜的发芽势增加了 16.65%，但方差分析表明此差异不显著；小花耧斗菜、耧斗菜的发芽势分别下降了 48.65%、44.45%。随着 PEG 浓度的不断上升，3 种耧斗菜种子的发芽势持续下降，其中只有耧斗菜的发芽势在 PEG 浓度为 0%～15%时变化不显著。当 PEG 浓度为 25%时，3 种耧斗菜种子的发芽势均为零。

(3) PEG 处理对 3 种耧斗菜种子发芽指数和活力指数的影响

由图 3-19 可知，3 种耧斗菜种子的发芽指数随着 PEG 浓度的升高而降低。当 PEG 浓度为 5%时，相比对照组，3 种耧斗菜种子发芽指数的降幅从大到小依次为尖萼耧斗菜＞小花耧斗菜＞耧斗菜，分别下降了 41.75%、40.17% 和 39.29%。方差分析表明，3

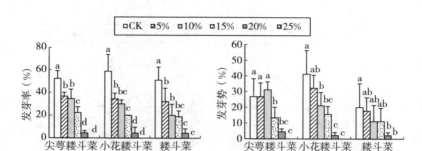

图 3-18　不同浓度 PEG 处理对 3 种耧斗菜种子发芽率、发芽势的影响

（标准差为 0 的不显示误差线，余同）

种耧斗菜种子在 5％处理下的发芽指数与对照组均存在显著差异。随着 PEG 浓度的升高，3 种耧斗菜种子发芽指数进一步下降。当 PEG 浓度为 25％时，3 种耧斗菜种子发芽指数均为零。

由图 3-19 可知，随着 PEG 浓度的增加，3 种耧斗菜种子活力指数均下降，且不同品种的下降幅度不同。当 PEG 浓度为 5％时，相比对照组，3 种耧斗菜种子活力指数降幅从大到小依次为小花耧斗菜＞尖萼耧斗菜＞耧斗菜，分别下降了 48.67％、42.13％和 38.85％。方差分析表明，尖萼耧斗菜和小花耧斗菜种子在 5％处理下的活力指数与对照组均存在显著差异。当 PEG 浓度为 25％时，3 种耧斗菜种子活力指数均为零。

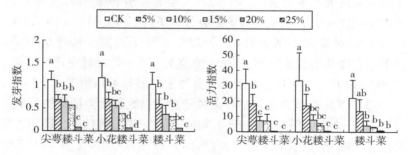

图 3-19　不同浓度 PEG 处理对 3 种耧斗菜种子

发芽指数、活力指数的影响

（4）PEG 处理对 3 种耧斗菜种子胚根长度的影响

由图 3-20 可知，随着 PEG 浓度的增加，3 种耧斗菜种子的胚根长度均发生不同程度的变化。当 PEG 浓度为 5%时，尖萼耧斗菜与小花耧斗菜的胚根长度均低于对照组，耧斗菜的胚根长度比对照组稍高，相比对照组，尖萼耧斗菜、小花耧斗菜胚根长度降幅分别为 9.19%和 11.74%，而耧斗菜则比对照组高 5.29%；方差分析表明尖萼耧斗菜和耧斗菜在 5%处理下的胚根长度与对照组均无显著差异。当 PEG 浓度为 25%时，3 种耧斗菜种子的胚根长度均为零。

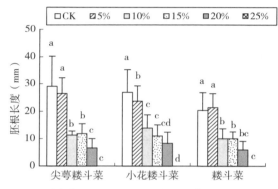

图 3-20　不同浓度 PEG 处理对 3 种耧斗菜种子胚根长度的影响

（5）3 种耧斗菜种子的耐旱临界浓度和极限浓度的确定

设 PEG 浓度（%）为自变量 x，种子最终发芽率为因变量 y 作回归分析，回归方程、耐旱临界浓度和耐旱极限浓度计算结果如表 3-41 所示。3 种耧斗菜发芽率与 PEG 浓度的回归方程 R^2 均＞0.8，拟合度高。3 种耧斗菜种子的耐旱临界浓度从大到小依次为尖萼耧斗菜＞小花耧斗菜＞耧斗菜，分别是 11.98%、10.36%和 10.21%；耐旱极限浓度从大到小依次为尖萼耧斗菜＞小花耧斗菜＞耧斗菜，分别是 24.33%、23.43%和 23.36%，其中尖萼耧斗菜的耐旱临界浓度、耐旱极限浓度均最高，而耧斗菜均最低。

表 3 - 41　不同浓度 PEG 与 3 种耧斗菜种子发芽率的回归方程

种类	回归方程	R^2	耐旱临界浓度（％）	耐旱极限浓度（％）
尖萼耧斗菜	$y = -2.114x + 51.433$	0.919	11.98	24.33
小花耧斗菜	$y = -2.254x + 52.803$	0.888	10.36	23.43
耧斗菜	$y = -1.943x + 45.395$	0.814	10.21	23.36

（6）3 种耧斗菜种子萌发抗旱性综合评价

3 种耧斗菜种子在不同浓度 PEG 处理下，各项萌发指标隶属函数值见表 3 - 42。尖萼耧斗菜、小花耧斗菜和耧斗菜的平均隶属函数值分别为 0.450、0.417 和 0.310，因此 3 种耧斗菜种子的抗旱性由强到弱依次为尖萼耧斗菜＞小花耧斗菜＞耧斗菜。

表 3 - 42　不同浓度 PEG 处理下 3 种耧斗菜
种子萌发指标的隶属函数值

指标	隶属函数值		
	尖萼耧斗菜	小花耧斗菜	耧斗菜
发芽率	0.421	0.424	0.356
发芽势	0.577	0.455	0.252
发芽指数	0.440	0.410	0.340
活力指数	0.323	0.314	0.217
胚根长度	0.488	0.480	0.387
平均值	0.450	0.417	0.310

3.3.3　讨论

PEG 本身无法渗入种子细胞，所以在不导致细胞质壁分离的前提下可达到模拟干旱的效果，因此采用 PEG - 6000 或 PEG - 8000

溶液作为植物耐旱性选择剂，具有条件可控、操作简单、易重复等优点，已有许多研究利用 PEG 处理种子来评价种子萌发期的抗旱性，如北方常见的 25 种花卉（车代弟等，2018）、荆芥（武曦，2019）等。

随着 PEG 浓度的升高，种子萌发期所能吸取到的水分减少，进而使萌发起始时间和发芽高峰时间滞后（王景伟等，2014）。本次试验中，3 种楼斗菜种子随着 PEG 浓度的升高，发芽起始时间均推迟，楼斗菜与小花楼斗菜的发芽高峰时间均延迟，这与对楼斗菜的矮重品种、矮化品种（郝丽等，2017）和东北地区 3 种楼斗菜（孟缘等，2020）的研究结果相似。而杜艳等（2017）的研究表明，低浓度的 PEG 溶液加快了白鹭楼斗菜的萌发进程，缩短到达萌发高峰的时间，本试验与其研究结果存在出入，可能是供试品种不同所致。

发芽率、发芽势反映种子萌发速度和幼苗生长的整齐度，是评价种子萌发的常用指标（任瑞芬等，2015）。本试验中，随着 PEG 浓度的升高，3 种楼斗菜种子的发芽率、发芽势均有不同程度的下降，表明 PEG 处理下 3 种楼斗菜种子的萌发均受到不同程度的抑制，这与郝丽等（2017）、孟缘等（2020）和 Hossein 等（2018）的研究结果相似。此外，也有研究表明低浓度的 PEG 促进种子萌发，如美国薄荷（车代弟等，2018）。由此可知，PEG 对种子萌发率的影响可能与植物品种自身特性相关。

发芽指数、活力指数反映种子活力水平，是种子发芽和出苗期间其内在活性及表现性能潜在水平的所有特性的总和（黄冬等，2015）。在本次试验中，3 种楼斗菜种子的发芽指数和活力指数均随着 PEG 浓度的升高而下降，表明 PEG 处理均抑制了 3 种楼斗菜种子的活力水平，这与对 5 种三叶草（屈璐璐等，2019）和细香葱（王营等，2019）的研究结论相似。

根系是植物吸收水分、养分及合成有机物的重要器官，根系的生长状况直接影响植物的生长（李志萍等，2013）。在 PEG 处理下，3 种楼斗菜种子的胚根长度均受到抑制，表明 3 种楼斗菜种子对干旱条件较为敏感，这与对芝麻（Harfi et al.，2016）的研究结果相似。此外，也有研究表明，随着 PEG 浓度的升高，赛菊芋（李芊夏等，2018）的胚根长度呈现先上升后下降的趋势。因此，PEG 处理下不同物种的不同响应与供试材料自身特性相关。

单用某一种指标来评价抗旱性往往难以全面、有效地评价品种间抗旱性的差异性，因此学者多采用抗旱性综合评价来筛选抗旱品种，其中模糊隶属函数为植物抗性综合评价的重要方法之一（牛冰洁等，2021）。本研究中，通过隶属函数计算得出 3 种耧斗菜种子的抗旱性由强到弱依次为尖萼耧斗菜＞小花耧斗菜＞耧斗菜。

3.3.4 结论

3 种耧斗菜种子萌发期对模拟干旱处理较为敏感，因此在栽培管理中，3 种耧斗菜种子萌发期应确保足够的水分供应。

回归分析得出尖萼耧斗菜、小花耧斗菜、耧斗菜的耐旱临界浓度分别为 11.98%、10.36% 和 10.21%，耐旱极限浓度分别为 24.33%、23.43% 和 23.36%。

通过隶属函数计算得出 3 种耧斗菜的萌发耐旱性由强到弱依次为尖萼耧斗菜＞小花耧斗菜＞耧斗菜。

3.4 不同水分处理对 3 种耧斗菜属植物生理特性的影响

近几年来，我国东北地区可利用水资源逐年下降（刘志娟等，2009；安刚等，2005），随着经济的迅速发展和人口的大幅度增长，东北地区生态环境持续恶化，三江平原湿地面积每年锐减 5 万 km²（赵秀兰，2010），导致东北地区经济作物、观赏植物面临的水资源短缺的挑战日益严峻。此外，东北地区的降水量时间空间分布不均，降水波动幅度自 20 世纪 80 年代末期气温突变后显著加大

（Novotny et al.，2008），其中 7 月为洪涝灾害或旱害的高发时段
（李叶妮等，2015）。基于东北地区的多变气候，确定观赏植物耐旱
耐涝极限以及筛选抗性植物材料对改善东北地区的生态环境具有重
要意义。

3.4.1　材料与方法

（1）试验材料

试验材料尖萼耧斗菜、小花耧斗菜、耧斗菜种子购于江苏省
沭阳县思途园林绿化苗木场。2019 年 4 月播种于穴盘内，基质
配比为泥炭：沙子＝3：1。当幼苗生长至四叶一心时，于 6 月 25
日选择株高冠幅一致、长势良好、健康无病虫害的正常幼苗植
株，移栽到 9 cm×8 cm 的营养钵中，基质配比为园土：泥炭：珍
珠岩＝3：2：1。每盆栽植 1 株，缓苗 1 周后开始进行不同水分
处理。

（2）试验方法

本试验将土壤相对含水量分为 4 个梯度：90％±5％（对照组
T1）、70％±5％（T2）、50％±5％（T3）和 30％±5％（T4）。
每品种每处理 30 盆。水分处理开始后，每天 18：00 称取土壤、
盆、托盘、植株的总重量，适量补充水分，维持各梯度土壤相对含
水量。在处理开始后每 5 d 记录 1 次生长参数，处理 10、15、20 d
（10 d 采样后对 T3 和 T4 组进行复水）时采收新鲜成熟叶片，测定
生理指标。每品种每处理重复 3 次。

（3）生长指标的测定

植株生长参数包括株高、冠幅，利用最小刻度为 1 mm 的直尺
测定。株高为从基质表面到植株最高点的距离；冠幅为植株在东
西、南北两个方向宽度的平均值。植株的外观评分参考 Niu 等
（2007）：5 分，未受损；4 分，轻微受损；3 分，轻度受损（受损
叶片＜50％）；2 分，中度受损（受损叶片占 50％～90％）；1 分，
重度受损（受损叶片＞90％）；0 分，植株死亡。每品种每处理重
复测定 3 次。

①光强-净光合速率响应的测定

于处理 10 d 后的晴朗无云无风的天气，选取第 3～4 片完整展开的叶片，于 9：00—11：00 采用 CIRAS - 2 便携式光合仪测定叶片净光合速率（Pn）。内置光源的光照强度依次设定为 2 000、1 800、1 600、1 400、1 200、1 000、800、600、400、200、100、50、0 μmol/(m^2 · s)。

②净光合速率日变化的测定

于处理 10 d 后的晴朗无云无风的天气，选取第 3～4 片完整展开的叶片，采用 CIRAS - 2 便携式光合仪测定叶片净光合速率。测定时间为 6：00—18：00，每 2 h 测定 1 次，每个处理重复 3 次。

③叶绿素荧光参数的测定

于处理 10 d 后的晴朗无云天气 8：00—11：00，采用 FMS - 2 脉冲调制式叶绿素荧光仪测定植株上部第 3～4 片完整展开的叶片。测定前首先将叶片暗适应 30 min，用 <0.05 μmol/(m^2 · s) 的检测光照射后得出初始荧光（Fo），随后用 15 000 μmol/(m^2 · s) 强饱和脉冲光照射测得最大荧光（Fm）。打开暗适应夹，用外界自然光照射得出稳态荧光（Fs），随后用强饱和脉冲光照射得出 Fm′，关闭光化光，同时打开远红光并测得最小荧光（Fo′）。潜在光化学效率（Fv/Fo）＝（Fm－Fo）/Fo；实际光化学效率（ΦPSⅡ）＝（Fm′－Fs）/Fm′；光化学猝灭系数（qP）＝（Fm′－Fs）/（Fm′－Fo′）；非光化学猝灭系数（NPQ）＝（Fm－Fm′）/Fm′。每品种每处理重复测定 3 次。

（4）生理指标的测定

①细胞膜透性的测定（测定指标为相对电导率）

参考第 3 章 3.1.1 的（3）的生理指标的测定。

②丙二醛含量的测定

参考第 3 章 3.1.1 的（3）的生理指标的测定。

③可溶性糖含量的测定

参考第 3 章 3.1.1 的（3）的生理指标的测定。

④可溶性蛋白含量的测定

参考第 3 章 3.1.1 的（3）的生理指标的测定。

⑤游离脯氨酸含量的测定

参考第 3 章 3.1.1 的（3）的生理指标的测定。

⑥叶绿素含量的测定

参考第 3 章 3.1.1 的（3）的生理指标的测定。

⑦花青素含量的测定

参考王贵等（2010）、刘立言（2017）的方法并做改进。取新鲜叶片 0.2 g，剪碎后放入锥形瓶中，加入 25 mL 0.1 mol/L 盐酸乙醇提取液，在 32℃恒温箱中避光浸提 4 h 以上。吸取上清液在 525 nm 和 657 nm 波长下测定吸光值（对照为空白提取液）。每品种每处理重复测定 3 次。

计算公式：花青素含量（$\mu g/g$）$=(A_{525}-0.25 \times A_{657})/Wf$

式中 Wf 为样品鲜重，g。

⑧超氧化物歧化酶（SOD）活力的测定

参考第 3 章 3.2.1 的（3）的生理指标的测定。

⑨过氧化物酶（POD）活力的测定

参考第 3 章 3.1.1 的（3）的生理指标的测定。

（5）数据处理

采用 IBM SPSS Statistics 20.0 进行数据统计分析，用单因素方差分析法和最小显著差异法，显著性水平 $P<0.05$。制图采用 Excel 2010。

①光响应模型拟合

光响应数据通过 IBM SPSS Statistics 20.0 采用叶子飘（2007）的直角双曲线改进模型（4.1）进行拟合。

$$Pn=Q \cdot (1-I \cdot \beta)/(1+\gamma \cdot I) \cdot I - Rd \quad (4.1)$$

式中 Pn 为净光合速率，I 为光强，Rd 为暗呼吸速率。Q、β、γ 是与光强无关参数。

②隶属函数计算

通过模糊数学中隶属函数（牛冰洁等，2021）的方法，利用叶绿素荧光参数、生长指标、外观评分、各项生理指标对 3 种楼斗菜幼苗的抗性进行综合评价和比较，计算方法同第 3 章 3.3.1的（3）。

3.4.2　结果与分析

（1）不同水分处理下 3 种楼斗菜幼苗的净光合速率日变化

不同水分处理下，3 种楼斗菜幼苗的净光合速率日变化见图 3-21。3 种楼斗菜 T2 组的日变化均呈双峰曲线，从 6：00 开始呈上升趋势，第一个峰值均出现在 8：00 左右，随后逐渐下降，在 12：00 左右出现明显的"午休"现象，随后再次上升，在 14：00—16：00 出现第二峰值，随后再次下降，在 18：00 降至最

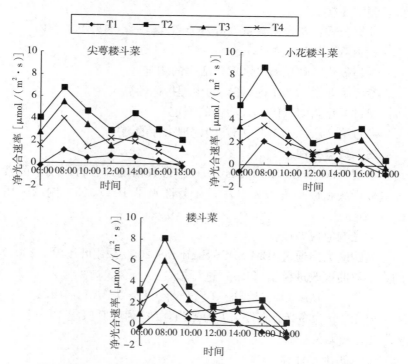

图 3-21　不同水分处理下 3 种楼斗菜幼苗净光合速率日变化

低值。T2 处理下，3 种楼斗菜幼苗的两次峰值和"午休"时的净
光合速率均高于其他 3 个处理。T4 处理下，尖萼楼斗菜和楼斗菜
的午休提前至 10：00 左右，第一峰值均低于 T3 组。T1 处理下，
3 种楼斗菜幼苗的光合峰值为 4 个处理的最低值，小花楼斗菜和楼
斗菜的净光合速率日变化均呈单峰曲线。

（2）不同水分处理对 3 种楼斗菜幼苗的光响应特性的影响

不同水分处理下，3 种楼斗菜幼苗对不同光强的响应如图 3 - 22
所示。在 T2 处理下，3 种楼斗菜幼苗在光合有效辐射（PAR）为 0～
400 $\mu mol/(m^2 \cdot s)$ 时，Pn 值迅速增加，当 PAR＞400 $\mu mol/(m^2 \cdot s)$，

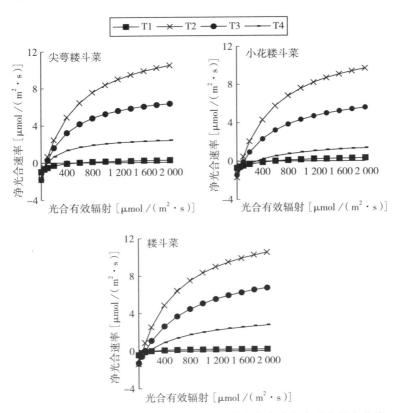

图 3 - 22　不同水分处理下 3 种楼斗菜幼苗净光合速率光响应拟合曲线

Pn 上升幅度逐渐减缓，趋于平稳。不同水分处理下的最大净光合速率（Pmax）、光饱和点（LSP）、表观量子效率（AQY）、暗呼吸速率（Rd）从大到小依次为 T2＞T3＞T4＞T1；光补偿点（LCP）从大到小依次为 T1＞T4＞T3＞T2（根据拟合曲线参数计算得出）。相比 T2 组，T3 组 AQY 增幅从大到小依次为耧斗菜＞小花耧斗菜＞尖萼耧斗菜，分别增加了 39.49%、36.22%和 19.05%；相比 T2 组，T3 组 LCP 增幅从大到小依次为耧斗菜＞小花耧斗菜＞尖萼耧斗菜，分别上升了 60.22%、36.28%和 2.49%。相比 T2 组，T3 组 Rd 降幅从大到小依次为小花耧斗菜＞耧斗菜＞尖萼耧斗菜，分别下降了 29.57%、3.04%和 2.47%。在 T1 处理下，3 种耧斗菜幼苗的净光合速率均在－0.9～0.3 $[\mu mol/(m^2 \cdot s)]$ 之间波动，光合作用微弱。

（3）不同水分处理对 3 种耧斗菜幼苗叶绿素荧光参数的影响

①不同水分处理对 Fo 和 Fm 的影响

3 种耧斗菜幼苗的 Fo 变化如图 3-23 所示。随着土壤含水量的下降，Fo 均先降低后增加，T2 组 Fo 均显著低于其他处理组，T1 组 Fo 为最大值。相比 T1 组，T2 组 Fo 降幅从大到小依次为小花耧斗菜＞耧斗菜＞尖萼耧斗菜，分别下降了 51.82%、46.84%和 45.97%。

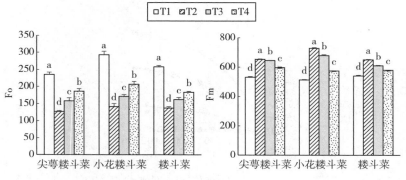

图 3-23　不同水分处理对 3 种耧斗菜 Fo 和 Fm 的影响

由图 3－23 可知，3 种耧斗菜幼苗随着土壤含水量的减少，Fm 均先升高后下降。T2 组 Fm 均显著高于其他处理组，T1 组 Fm 均为最小值。相比 T1 组，T2 组增幅从大到小依次为小花耧斗菜＞尖萼耧斗菜＞耧斗菜，分别上升了 42.07％、22.71％ 和 20.12％。

②不同水分处理对 Fv/Fo 和 ΦPSⅡ的影响

随着土壤相对含水量的减少，3 种耧斗菜幼苗的 Fv/Fo 的变化如图 3－24 所示，Fv/Fo 均先升高后降低，T2 组 Fv/Fo 均显著大于其他处理组，T1 组 Fv/Fo 均为最小值。相比 T1 组，T2 组增幅从大到小依次为小花耧斗菜＞尖萼耧斗菜＞耧斗菜，分别上升了 235.99％、157.63％和 146.84％。

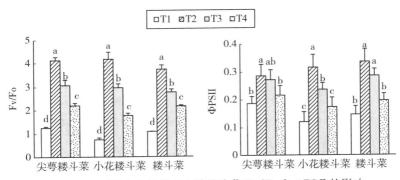

图 3－24　不同水分处理对 3 种耧斗菜 Fv/Fo 和 ΦPSⅡ的影响

由图 3－24 可知，随着土壤含水量的降低，3 种耧斗菜幼苗的 ΦPSⅡ均先升高后降低，T2 组 ΦPSⅡ均高于其他处理组，最小值出现在 T1 组。相比 T1 组，T2 组的增幅从大到小依次为小花耧斗菜＞耧斗菜＞尖萼耧斗菜，分别上升了 163.89％、124.44％ 和 50.87％。

③不同水分处理对 qP 和 NPQ 的影响

不同水分处理下 3 种耧斗菜幼苗的 qP 变化如图 3－25 所示。随着土壤相对含水量的降低，3 种耧斗菜幼苗的 qP 均先升高后降低，T2 组 qP 均高于其他处理组，T3 组虽低于 T2 组但差异不显著。相比 T1 组，T2 组的增幅从大到小依次为楼斗菜＞小花楼斗菜＞尖萼楼斗菜。尖萼楼斗菜 T2、T3 和 T4 组的 qP 值虽比对照组有所增加，但无显著差异。

由图 3-25 可知，3 种楼斗菜幼苗的 NPQ 均随着土壤含水量的下降呈先下降后上升趋势，T1 组 NPQ 均显著高于其他处理组，T2 组均为最低值。相比 T1 组，T2 组降幅从大到小依次为小花楼斗菜＞尖萼楼斗菜＞楼斗菜，分别下降了 28.40%、23.35% 和 19.48%。

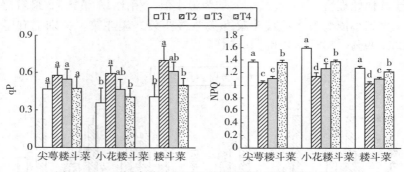

图 3-25　不同水分处理对 3 种楼斗菜 qP 和 NPQ 的影响

（4）不同水分处理对 3 种楼斗菜生长状态的影响

在不同水分处理下，3 种楼斗菜幼苗形态特性发生了不同的变化，在试验过程中，处理组 T2、T3 幼苗长势良好，叶片翠绿、叶柄挺立。T4 处理 5 d 时老叶褪绿；10 d 时幼叶萎缩，老叶枯黄，复水后长势有一定程度的恢复。T1 处理 5 d 时叶缘变黄；10 d 时叶片中心枯黄、边缘紫红色，植株整体萎蔫；20 d 时叶片脆弱易碎，严重时全株腐烂死亡。因此，T4 处理下 3 种楼斗菜受到旱害损伤，T1 处理下 3 种楼斗菜受到涝害损伤。由图 3-26 可知，处理过程中 T2 组外观评分最大，随着试验的进行，T3、T4 处理组的外观评分均随之降低，处理10 d 时，相比 0 d T4 降幅从大到小依次为小花楼斗菜＞楼斗菜＞尖萼楼斗菜，分别下降了 40.00%、38.80% 和 26.66%

（图版Ⅴ）。T3、T4 组复水后外观评分均有一定程度的回升（图版Ⅵ）。试验过程中 T1 组外观评分均持续降低，耧斗菜在处理 20 d 时幼苗腐烂死亡。

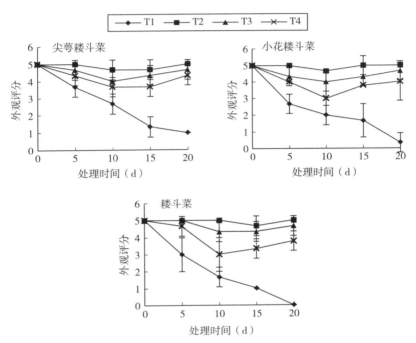

图 3-26　不同水分处理及复水对 3 种耧斗菜幼苗外观评分的影响

由图 3-27 可知，试验过程中 3 种耧斗菜的株高、冠幅随着不同水分处理而出现不同程度的变化。0 d 时各处理株高、冠幅接近，随着处理的进行，对照组株高、冠幅明显低于其他处理组。试验过程中 T2 组株高、冠幅保持上升趋势，且为 4 组处理中的最高值。相比对照组，10 d 时 T2 组各品种株高的增幅从大到小依次为小花耧斗菜＞耧斗菜＞尖萼耧斗菜，分别高出 120.06％、98.87％和 52.25％。复水后 T3、T4 组的株高及冠幅有所升高，但是与 T2 组仍存在一定差距。

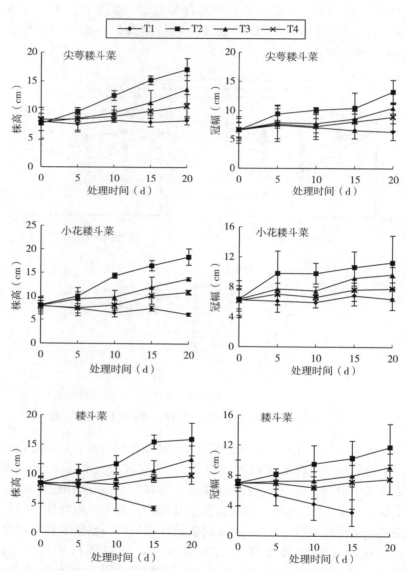

图 3 - 27 不同水分处理及复水对 3 种耧斗菜幼苗株高、冠幅的影响

(5) 不同水分处理对 3 种耧斗菜细胞膜透性和丙二醛含量的影响

由表 3 - 43 可知，随着土壤水分含量的下降，处理 10 d 时 3 种耧斗菜的细胞膜透性呈先降低后升高趋势，T2 细胞膜透性均为 4 个处理的最低值。相比对照组，下降幅度从大到小依次为小花耧斗菜＞耧斗菜＞尖萼耧斗菜，分别下降了 75.24%、72.87% 和 71.17%，T3 组比 T2 组数值稍大但差异不显著。复水后 T4 组细胞膜透性值恢复至 T2 水平。

3 种耧斗菜的丙二醛含量变化如表 3 - 43 所示。处理 10 d 时，随着土壤相对含水量的降低，丙二醛含量先下降后上升，T2 组均低于其他处理组，T3 处理组较 T2 组略高但差异不显著。相比对照组，T2 的下降幅度从大到小依次为耧斗菜＞小花耧斗菜＞尖萼耧斗菜，分别下降了 83.33%、79.31% 和 77.33%。复水后，尖萼耧斗菜、小花耧斗菜 T4 组的丙二醛含量均有所下降。

表 3 - 43 不同水分处理及复水对 3 种耧斗菜幼苗
细胞膜透性和丙二醛含量的影响

种类	处理	细胞膜透性（%）			丙二醛含量（μmol/g）		
		10 d	15 d	20 d	10 d	15 d	20 d
尖萼耧斗菜	T1	25.67±4.64a	35.27±4.51a	39.17±1.16a	0.075±0.007a	0.099±0.016a	0.215±0.027a
	T2	7.40±1.61c	5.87±1.81c	7.23±0.35b	0.017±0.009c	0.024±0.011b	0.025±0.008b
	T3	7.67±0.87c	5.40±0.78c	7.60±1.53b	0.018±0.009c	0.025±0.010b	0.026±0.010b
	T4	13.07±0.76b	11.23±1.99b	8.33±2.11b	0.037±0.009b	0.026±0.007b	0.017±0.010b
小花耧斗菜	T1	32.43±2.86a	33.40±3.25a	56.30±3.66a	0.087±0.020a	0.075±0.006a	0.123±0.037a
	T2	8.03±1.29c	8.27±0.90c	8.90±1.32b	0.018±0.008c	0.020±0.006c	0.009±0.006b
	T3	14.23±3.29c	9.70±1.90bc	7.03±1.36b	0.035±0.010bc	0.024±0.009c	0.016±0.009b
	T4	18.73±1.14b	13.03±1.59b	10.33±0.91b	0.054±0.009b	0.047±0.004b	0.025±0.008b
耧斗菜	T1	24.33±2.61a	45.90±2.69a	—	0.102±0.014a	0.101±0.012a	—
	T2	6.60±1.08c	6.53±2.10b	9.60±2.05a	0.017±0.008b	0.027±0.006b	0.019±0.007a
	T3	9.00±1.15c	7.93±1.53b	8.60±0.90a	0.021±0.004b	0.024±0.009b	0.016±0.011a
	T4	16.73±3.31b	9.87±1.35b	8.13±1.16a	0.025±0.010b	0.036±0.009b	0.025±0.013a

（6）不同水分处理对 3 种耧斗菜的渗透调节物质含量的影响

处理 10 d 时，3 种耧斗菜幼苗的可溶性糖含量变化如表 3－44 所示。随着土壤含水量的减少，可溶性糖含量均先降低后上升，T2 组为 4 个处理的最低值，相比对照组，降幅从大到小依次为尖萼耧斗菜＞小花耧斗菜＞耧斗菜，分别下降了 74.65％、69.92％ 和 59.13％。复水 5 d 后，T3、T4 组的可溶性糖含量均有所降低，复水 10 d 后，小花耧斗菜 T3 处理的可溶性糖含量低于 T2 处理 26.59％，而耧斗菜 T4 处理比 T2 低 14.04％。

3 种耧斗菜幼苗的可溶性蛋白含量变化如表 3－44 所示。处理 10 d 时，3 种耧斗菜的可溶性蛋白含量均先升高后降低，T2 组为 4 个处理的最大值，相比对照组，增幅从大到小依次为耧斗菜＞小花耧斗菜＞尖萼耧斗菜，分别增加了 71.73％、47.17％和 16.86％。复水 10 d 后，除尖萼耧斗菜之外，其他两种的可溶性蛋白含量均有一定程度的回升。

处理 10 d 时，3 种耧斗菜幼苗脯氨酸含量均先下降后上升（表 3－45），最小值出现在 T2 组，相比对照组，降幅从大到小依次为小花耧斗菜＞尖萼耧斗菜＞耧斗菜，分别下降了 92.31％、78.60％和 59.45％。复水 5 d 后，T4 处理组的脯氨酸含量均有所回落（小花耧斗菜除外），但仍与 T2 组存在显著差异。

表 3－44　不同水分处理及复水对 3 种耧斗菜幼苗
可溶性糖和可溶性蛋白含量的影响

种类	处理	可溶性糖含量（％）			可溶性蛋白含量（mg/g）		
		10 d	15 d	20 d	10 d	15 d	20 d
尖萼耧斗菜	T1	13.41±0.16a	8.11±0.16a	13.54±0.17a	7.95±0.91c	3.26±0.28c	1.60±0.17b
	T2	3.40±0.49d	3.23±0.16c	2.41±0.07bc	9.29±0.25a	8.78±0.23ab	8.73±0.17a
	T3	5.55±0.29c	3.14±0.07c	2.18±0.05c	8.96±0.07b	8.54±0.10b	8.83±0.18a
	T4	6.70±0.29b	5.60±0.20b	2.23±0.10bc	6.12±0.11d	8.94±0.10a	8.24±0.65a
小花耧斗菜	T1	7.68±0.12a	8.26±0.23a	9.07±0.26a	7.06±0.09b	4.43±0.21d	2.06±0.09c
	T2	2.31±0.18d	3.05±0.08b	2.67±0.12b	10.39±0.15a	10.94±0.06a	10.56±0.09a
	T3	5.24±0.10c	2.59±0.19c	1.96±0.08c	6.43±0.07c	9.84±0.17b	10.43±0.21a
	T4	5.64±0.21b	3.06±0.09b	1.97±0.09c	5.76±0.11d	6.56±0.09c	9.06±0.22b

（续）

种类	处理	可溶性糖含量（%）			可溶性蛋白含量（mg/g）		
		10 d	15 d	20 d	10 d	15 d	20 d
楼斗菜	T1	8.54±0.22a	9.30±0.16a	—	6.19±0.17d	2.27±0.29d	—
	T2	3.49±0.18c	3.25±0.10c	2.85±0.15a	10.63±0.08a	10.08±0.07a	9.90±0.14a
	T3	3.81±0.27c	3.27±0.20c	2.64±0.28ab	8.65±0.10b	9.26±0.19b	9.53±0.12b
	T4	6.57±0.33b	5.61±0.17b	2.45±0.16b	6.66±0.10c	8.05±0.09c	9.66±0.21ab

表 3 - 45　不同水分处理及复水对 3 种楼斗菜
幼苗游离脯氨酸含量的影响

种类	处理	游离脯氨酸含量（μg/g）		
		10 d	15 d	20 d
尖萼楼斗菜	T1	9.02±0.05a	20.09±0.23a	22.08±0.08a
	T2	1.93±0.08d	1.35±0.15d	1.65±0.11b
	T3	2.27±0.17c	1.90±0.17c	1.45±0.12bc
	T4	5.02±0.14b	4.06±0.06b	1.34±0.22c
小花楼斗菜	T1	8.45±0.23a	13.90±0.19a	15.92±0.12a
	T2	0.65±0.10d	1.11±0.14d	1.12±0.11c
	T3	3.54±0.13c	2.79±0.25c	1.05±0.05c
	T4	4.31±0.17b	4.84±0.18b	1.44±0.21b
楼斗菜	T1	4.76±0.11b	14.09±0.11a	—
	T2	1.93±0.17d	1.23±0.01d	1.36±0.18a
	T3	4.09±0.12c	3.78±0.22c	1.11±0.11b
	T4	5.86±0.18a	4.51±0.08b	0.95±0.07b

（7）不同水分处理对 3 种楼斗菜叶绿素和花青素含量的影响

3 种楼斗菜的叶绿素总量变化如表 3 - 46 所示。处理 10 d 时，随着土壤相对含水量的减少，3 种楼斗菜的叶绿素总量均先升高后降低，T2 组为 4 个处理的最大值，相比对照组，增幅从大到小依次为尖萼楼斗菜>小花楼斗菜>楼斗菜，分别增加了 85.98%、53.67%

和 9.59%；与 T2 组相比，T4 组降幅从大到小依次为小花耧斗菜＞耧斗菜＞尖萼耧斗菜，分别降低了 48.96%、27.00% 和 14.43%。复水后 T3、T4 组的叶绿素总含量均有所升高，且小花耧斗菜、耧斗菜的 T3 处理组的总叶绿素含量在复水 10 d 后分别超出 T2 组 9.37%、10.96%，尖萼耧斗菜 T4 组的叶绿素总含量超出 T2 组 18.47%。

处理 10 d 时，随着土壤相对含水量的不断减少，3 种耧斗菜的花青素含量均先下降后上升（表 3 - 46），T2 组为 4 个处理的最低值，相比对照组，降幅从大到小依次为小花耧斗菜＞尖萼耧斗菜＞耧斗菜，分别下降了 88.41%、87.54% 和 86.92%。复水 10 d 后，小花耧斗菜、耧斗菜 T4 处理组的花青素含量虽有所回落，但仍与 T2 组差异显著。

表 3 - 46　不同水分处理及复水对 3 种耧斗菜幼苗色素含量的影响

种类	处理	叶绿素总含量（mg/g）			花青素含量（μg/g）		
		10 d	15 d	20 d	10 d	15 d	20 d
尖萼耧斗菜	T1	1.64±0.61c	1.51±0.01c	0.63±0.12d	2.89±0.15a	4.03±0.06a	8.78±0.25a
	T2	3.05±0.11a	3.10±0.13a	3.14±0.07b	0.36±0.01d	0.41±0.02c	0.57±0.06b
	T3	2.75±0.23ab	2.96±0.17a	3.06±0.10b	1.35±0.08c	0.39±0.02c	0.49±0.05b
	T4	2.61±0.25b	2.57±0.10b	3.72±0.02a	2.08±0.17b	1.52±0.13b	0.64±0.08b
小花耧斗菜	T1	2.18±0.04d	1.88±0.82b	1.17±0.04d	3.45±0.09a	5.00±0.15a	5.90±0.12a
	T2	3.35±0.02a	3.55±0.16a	3.63±0.06b	0.40±0.01c	0.47±0.02d	0.34±0.04c
	T3	2.27±0.22b	3.26±0.10a	3.97±0.09a	2.67±0.05b	1.21±0.14c	0.31±0.02c
	T4	1.71±0.37c	2.04±0.06b	3.72±0.04b	2.62±0.10b	1.99±0.10b	0.53±0.03b
耧斗菜	T1	3.65±0.43b	1.21±0.12c	—	5.20±0.19a	6.59±0.15a	—
	T2	4.00±0.08a	3.77±0.06a	3.56±0.06b	0.68±0.03c	0.53±0.02b	0.39±0.03c
	T3	3.33±0.27b	3.69±0.10a	3.95±0.06a	0.97±0.04b	0.55±0.06b	0.59±0.01b
	T4	2.92±0.07b	3.01±0.10b	3.41±0.31b	1.08±0.13b	0.57±0.10b	0.69±0.01a

（8）不同水分处理对 3 种耧斗菜抗氧化酶活力的影响

由表 3 - 47 可知，处理 10 d 时，随着土壤相对含水量的下降，3 种耧斗菜幼苗的 SOD 活力均先降低后升高，T1 处理的 3 种耧斗菜幼苗的 SOD 活力为 4 个处理的最大值，T2 或 T3 处理组为 4 个处理的最小值。T2 组与对照相比，下降幅度从大到小依次为耧斗菜＞小花耧斗菜＞尖萼耧斗菜，分别下降了 23.85％、21.26％ 和 20.48％。复水 10 d 后，尖萼耧斗菜、小花耧斗菜的 SOD 活力有所下降。

处理 10 d 时，随着土壤相对含水量的减少，3 种耧斗菜幼苗的 POD 活力均先降低后升高（表 3 - 47），POD 活力最大值出现在 T1 组或 T4 组，最小值出现在 T2 组或 T3 组；相比对照，T2 组降幅从大到小依次为尖萼耧斗菜＞小花耧斗菜＞耧斗菜，分别下降了 48.27％、36.49％ 和 8.34％。复水 10 d 后，小花耧斗菜 T3、T4 组 POD 活力相比 T2 组低 8.10％、16.31％；尖萼耧斗菜与耧斗菜的 T3、T4 组在复水后仍与 T2 组存在显著差异。

表 3 - 47　不同水分处理及复水对 3 种耧斗菜幼苗抗氧化酶活力的影响

种类	处理	SOD 活力（U/g）			POD 活力（U/g）		
		10 d	15 d	20 d	10 d	15 d	20 d
尖萼耧斗菜	T1	120.55±0.10a	115.27±0.23b	90.27±12.84b	868.19±0.26a	598.81±0.04a	898.19±0.11a
	T2	95.86±0.13d	102.85±0.14d	110.31±0.18a	449.13±0.08b	429.34±0.24d	428.75±0.12d
	T3	106.56±0.19c	109.87±0.30c	100.10±0.20ab	389.19±0.13d	508.60±0.52c	488.85±0.06b
	T4	116.64±0.09b	115.94±0.13a	105.16±0.15a	419.13±0.13c	568.85±0.14b	438.93±0.07c
小花耧斗菜	T1	129.73±0.16a	87.25±0.69d	79.63±0.81c	628.73±0.16a	538.92±0.08a	762.14±1.31a
	T2	102.15±0.08d	113.63±0.08b	111.50±0.15a	399.32±0.07d	349.11±0.11d	488.64±0.12b
	T3	105.67±0.22c	116.85±0.09a	105.53±0.12b	499.12±0.09b	448.79±0.12c	449.04±0.05c
	T4	124.25±0.11b	97.92±0.19c	112.06±0.07a	479.08±0.09c	469.17±0.17b	408.95±0.07d
耧斗菜	T1	124.94±0.06a	69.94±0.11d	—	359.23±0.10b	808.43±0.08a	
	T2	95.14±0.09c	107.34±0.10b	123.38±0.17a	329.26±0.10c	368.86±0.07d	428.75±0.06c
	T3	91.96±0.10d	102.94±0.06c	115.52±0.11c	359.26±0.09b	479.05±0.06c	489.23±0.14a
	T4	110.37±0.14b	108.88±0.22a	117.24±0.57b	449.05±0.05a	538.92±0.08b	458.68±0.12b

（9）3 种耧斗菜抗性综合评价

为评价 3 种耧斗菜幼苗在复水前的抗性，采用处理 10 d 时的叶绿素荧光参数以及各项形态、生理数据。各项指标的隶属函数值见表 3 - 48。尖萼耧斗菜、小花耧斗菜、耧斗菜的平均隶属函数值分别为 0.527、0.443 和 0.495，3 种耧斗菜幼苗的抗性从大到小依次为尖萼耧斗菜＞耧斗菜＞小花耧斗菜。

表 3－48 不同水分处理下 3 种耧斗菜幼苗各指标的隶属函数值

指标	隶属函数值		
	尖萼耧斗菜	小花耧斗菜	耧斗菜
初始荧光	0.701	0.543	0.651
最大荧光	0.432	0.513	0.377
潜在光化学效率	0.549	0.442	0.518
实际光化学效率	0.557	0.422	0.561
光化学猝灭系数	0.476	0.292	0.541
非光化学猝灭系数	0.653	0.436	0.774
株高	0.446	0.409	0.320
冠幅	0.656	0.547	0.446
外观评分	0.625	0.525	0.550
细胞膜透性	0.734	0.544	0.707
丙二醛含量	0.773	0.630	0.711
可溶性糖含量	0.447	0.262	0.297
可溶性蛋白含量	0.476	0.339	0.466
游离脯氨酸含量	0.468	0.429	0.420
叶绿素含量	0.375	0.317	0.786
花青素含量	0.270	0.396	0.335
超氧化物歧化酶活力	0.475	0.622	0.361
过氧化物酶活力	0.375	0.297	0.083
平均值	0.527	0.443	0.495

3.4.3 讨论

（1）3 种耧斗菜光合特性在不同水分处理下的响应

表观量子效率是反映植物光能利用效率的光合指标，反映植物对弱光的利用效率，表观量子效率越高的品种光能转化效率越高（苏华等，2012）。本试验中，3种耧斗菜表观量子效率最大值均出现在T2组，最小值均出现在T1组，表明在T2处理下，3种耧斗菜幼苗对弱光的利用能力均最强，在T3、T4处理下，3种耧斗菜幼苗的弱光利用能力均受到抑制，而T1处理最不利于3种耧斗菜幼苗在弱光下的生长。

暗呼吸是指将有机物氧化还原为水和二氧化碳，为植物提供生理活动必需能量的过程，与光呼吸相对应（王红梅等，2013）。研究表明，逆境条件下，植物生理活性降低，对呼吸产能和中间产物的需求量减少，从而导致植物暗呼吸速率下降（孙金伟等，2013）。本次试验中，3种耧斗菜幼苗在T2处理下，暗呼吸速率为最大值，表明T2处理下3种耧斗菜生理活性较高，相对更适合3种耧斗菜的生长。

光补偿点和光饱和点反映植物的光能利用特性，光补偿点反映植物对弱光的利用程度，光补偿点低的物有利于在弱光下进行光合作用和有机物的积累；光饱和点反映植物对强光的利用程度，光饱和点高则有利于在强光下进行光合作用（黄印冉等，2019）。本次试验中，3种耧斗菜幼苗T1处理光补偿点均高于其他处理，T2、T3处理均低于其他处理，表明T2、T3处理下，3种耧斗菜幼苗对弱光的利用能力较强，而T1处理下，3种耧斗菜幼苗对弱光的利用能力均较弱。T2处理下，3种耧斗菜幼苗的光饱和点均高于其他处理组，而T1处理的光饱和点均低于其他处理组，表明T2处理下，3种耧斗菜对强光的利用能力最强，而T1处理则抑制了3种耧斗菜在强光下的光合能力。因此，T1处理相对其他处理更不利于3种耧斗菜对光能的利用。

最大净光合速率是植物叶片的最大光合能力，最大净光合速率越高的品种越不易发生光抑制（吴爱姣等，2015）。研究表明，逆境条件下气孔阻力升高，叶绿体和光合机构受损，同时因组织失水导致叶片萎蔫，有效光合面积缩小，最终使植物的净光合速率下降，在对芦苇（Zhang et al.，2019）的研究中得到相似的结果。

在本次试验中，T2 处理下 3 种耧斗菜幼苗的最大净光合速率均高于其他处理组，而 T1 处理下的各品种的最大净光合速率均低于其他处理组，表明 T1 处理抑制了 3 种耧斗菜的光合能力，不利于干物质的积累，而 T2 处理相比其他处理更有利于 3 种耧斗菜幼苗的光合作用。

水分胁迫导致植物气孔导度下降或气孔闭合，影响植物的气体交换过程以及光合日变化规律，致使日变化曲线发生一定程度的变化（孙景宽等，2009）。本次试验中，T3 处理下的峰值和午休值与 T2 处理相比均下降；T4 处理下，尖萼耧斗菜和耧斗菜的午休提前；T1 处理下，小花耧斗菜和耧斗菜的净光合速率日变化均由双峰曲线变为单峰曲线。T2 处理下，各时段的净光合速率均为最大值，表明 T2 处理最适合 3 种耧斗菜的生长；T1 处理下的各时间的净光合速率均为最小值，表明 T1 处理相比其他处理更不利于 3 种耧斗菜的光合作用，抑制干物质的合成与积累。

叶绿素是植物光合作用的基础，研究表明，水分胁迫阻碍了原叶绿素酸酯的形成和叶绿素的积累，导致了叶绿素含量的下降（许雯博，2014），使叶片光合作用受阻，因而叶绿素含量的变化反映植物受损情况，叶绿素含量的变化幅度反映植物抗旱能力的大小（柴春荣等，2012）。本试验中，T2 组叶绿素含量为 4 组处理中的最大值，表明 T2 处理更适合 3 种耧斗菜幼苗进行光合作用，其中以耧斗菜的叶绿素含量变化幅度最小，表明耧斗菜对不同水分处理有较强的抗性。

（2）3 种耧斗菜叶绿素荧光参数在不同水分处理下的响应

Fo 表示初始荧光，是指 PSⅡ反应中心经暗反应之后在完全开放状态时的荧光产量，它反映了 PSⅡ天线色素激发后的电子密度。逆境条件下，Fo 值的增加表明 PSⅡ反应中心受到可逆失活或破坏（李晓等，2006；柴胜丰等，2015）。在本次试验中，随着土壤相对含水量的减少，3 种耧斗菜幼苗的 Fo 均先降低后升高，最小值均在 T2 处理组，最高值均在 T1 处理组，表明 T2 处理下 PSⅡ反应中心受到的破坏最小，因此 T1、T3 和 T4 处理对于 3 种耧斗菜来说是相对逆境状态，其中 T1 组最不适宜 PSⅡ反应中心进行光合作用。

Fm 表示最大荧光，反映了 PSⅡ反应中心完全关闭时的荧光产量和 PSⅡ反应中心的电子传递情况（李晓等，2006）。逆境胁迫下，植物叶片 Fm 值往往下降，对大丽花（范苏鲁等，2011）的研究印证了此观点。在本次试验中，3 种耧斗菜在 T2 组的 Fm 值均为 4 组处理中的最大值，表明在 T2 处理下，3 种耧斗菜受到的胁迫较小，因此 T2 处理相对更适合 3 种耧斗菜幼苗的生长。Fv/Fo 表示潜在光化学效率，PSⅡ反应中心潜在光化学效率与活性反应中心数量呈正比。本次试验中，3 种耧斗菜幼苗在逆境下 Fv/Fo 均高于对照，表明水分胁迫没有使 3 种耧斗菜幼苗的 PSⅡ潜在光化学效率受到抑制，这与对两种牧草（Siddiqui et al.，2016）的研究结果不一致。

ΦPSⅡ表示 PSⅡ的实际光能转化效率，等于 PSⅡ光合反应中心在部分关闭情况下的实际光能捕获效率（Bilger et al.，1990）。逆境胁迫下 PSⅡ反应中心的开放程度下降，原初光能捕获效率下降，ΦPSⅡ下降，在对突尼斯两种宿根草本（Amari et al.，2017）的研究中得到印证。本次试验中，3 种耧斗菜幼苗的 ΦPSⅡ均先升高后降低，T2 组 ΦPSⅡ均为最大值，因此 T2 处理下，3 种耧斗菜幼苗 PSⅡ反应中心的实际原初光能捕获效率最大，表明 T2 处理相对其他处理更适合 3 种耧斗菜进行光合作用。

qP 表示光化学猝灭系数，体现了 PSⅡ所吸收光能用于光化学电子传递的比例的大小，当 PSⅡ反应中心处于开放状态时，光化学猝灭系数较高，因此光化学猝灭系数反映了 PSⅡ反应中心的开放程度（冯建灿等，2002）。干旱胁迫下，PSⅡ开放程度下降，吸收光能用于电子传递的比例下降，qP 值降低，在对两种牧草（Siddiqui et al.，2016）的研究中得到相似结果。本试验中，3 种耧斗菜在 T2 处理下的 qP 值最高，表明在 T2 处理下，3 种耧斗菜的 PSⅡ反应中心开放程度最高，因此 T2 处理相比其他处理更适合 3 种耧斗菜属植物进行光合作用；同时，尖萼耧斗菜的 qP 值虽有所波动但是处理间无显著差异，表明尖萼耧斗菜对不同水分处理具有相对较好的耐受性。

NPQ 表示非光化学猝灭系数，体现了以热能形式耗散的光能占 PSⅡ 光合反应中心所吸收光能的比重。当 PSⅡ 天线色素吸收的光能过剩时，为防止对光合机构产生破坏，需要将不可利用的光能及时以热能形式耗散掉，是一种光合机构的自我保护机制（李晓等，2006）。水分胁迫下，PSⅡ 反应中心受到损害，使 PSⅡ 原初光能转换效率、光合电子传递和光合原初反应过程受限，进而以热能形式耗散的光能份额增加，在对草莓（吴甘霖等，2010）的研究中得到相似结果。本次试验中，T2 组的非光化学猝灭系数最低，表明在 T2 处理下，3 种耧斗菜的 PSⅡ 反应中心受到的抑制相对其他处理更小；3 种耧斗菜在 T1 处理下，NPQ 相比 T2 组均大幅增加，表明在 T1 处理下，PSⅡ 反应中心严重受损。

（3）3 种耧斗菜幼苗生长在不同水分处理下的响应

园林地被植物的筛选条件即覆盖地表能力强，防止水土流失，同时具有良好的观赏特性，因此在保证基本生长量和观赏价值的基础上，探索水分阈值及复水后的生长恢复力对筛选抗旱草本植物具有重要意义（王莺璇，2012）。水分亏缺所引发的胁迫最关键的问题是细胞原生质的脱水，由于土壤水分含量的下降，根系所能吸收的水量受限，无法与蒸腾作用所耗散的水分相平衡，导致细胞原生质大量脱水，原生质中溶质浓度上升，细胞水势下降，细胞皱缩，最直观的表象是叶片的萎蔫（王三根等，2015）。水涝条件下，土壤基质中厌氧细菌活性增强，代谢产生二氧化碳和大量毒害物质，如硫化氢、丁酸等物质，直接毒害植物根系，影响植物生长，最终导致植株腐烂死亡；同时，水涝导致土壤基质中二氧化碳浓度升高，致使原生质膜透水性下降，加之氧气浓度下降所导致 ATP 供应不足，根系吸水过程受到抑制，植物生长受到抑制（王三根等，2015）。

在本试验中，T2 处理下 3 种耧斗菜幼苗的长势最佳，株高、冠幅、外观评分均最高，因此 T2 处理为 3 种耧斗菜幼苗的最佳水

分管理模式；T3 处理下，3 种耧斗菜幼苗株高、冠幅均较 T2 组
小，表明在 T3 处理下，3 种耧斗菜幼苗生长轻微受阻，但 T3 组
植株生长状态较好，复水后可较快恢复，因此考虑节水因素时，
T3 处理也能维持 3 种耧斗菜的正常生长。T1 组从外观上出现了涝
害症状，T4 组则出现旱害症状，T4 组复水后虽然外观评分有所恢
复，但是株高、冠幅与 T2 差距过大，因此 T1、T4 条件均不适合
3 种耧斗菜幼苗的生长。

（4）3 种耧斗菜膜系统及抗氧化系统在不同水分处理下的响应

水分胁迫对植物的伤害最先表现为膜的受损及膜脂过氧化。胁
迫下产生的活性氧自由基与磷脂双分子层中的不饱和脂肪酸发生氧
化反应，产生脂质过氧化物。膜脂过氧化产物 MDA 与膜蛋白质结
合使其空间构型发生变化，最终导致膜的结构变化，改变其透性
（王三根等，2015）。因此 MDA 的含量反映细胞膜受损程度和膜脂
过氧化程度，细胞膜透性是反映植物细胞膜受损程度的指标（彭远
英等，2011）。MDA、细胞膜透性波动幅度小的植物的抗性更强
（万里强等，2010）。本次试验中不同品种之间，尖萼耧斗菜的
MDA 含量、细胞膜透性变化幅度均最小，表明膜系统受损程度较
低，植物体内已经产生了有效的防御机制。在对青藏高原 6 种植物
（潘昕等，2014）的研究中得到相似的结果。在不同处理组之间，
各品种 T1 处理组 MDA 含量以及细胞膜透性值为 4 个处理的最大
值，表明 T1 处理已经对 3 种耧斗菜的膜系统造成严重损害。

水分胁迫下，植物细胞内产生活性氧自由基，当自由基超过一
定限度时会打破细胞内自由基代谢平衡，而保护酶活力的升高可以
有效清除自由基使代谢恢复平衡（张迎新等，2013），因此水分胁
迫促使细胞保护酶活力的升高。本试验中，T2 组的 SOD 活力和
POD 活力均较低，表明 3 种耧斗菜在 T2 处理下受到的胁迫较小。
3 种耧斗菜幼苗的抗氧化酶活力均随着土壤相对含水量的下降先降
低后升高，这与华北耧斗菜（李森等，2015）在干旱胁迫下的响应
相似。处理后期 T1 组的 SOD 活力降低，表明植物体受到严重胁
迫产生了过量的自由基，超出了防御系统的清除能力，自由基代谢

失衡，在对中国石竹和狭苞石竹（王军娥等，2018）的研究中得到相似的结论。此外，曲涛等（2008）在对牧草的研究中发现，活性氧的清除是 SOD、POD 及 CAT 等抗氧化酶的协同作用结果，本试验中，尖萼耧斗菜与小花耧斗菜在处理前期，T1、T3、T4 组 SOD 活力均高于 T2 组，小花耧斗菜与耧斗菜在处理前期，T1、T3、T4 组 POD 活力均高于 T2 组，表明清除细胞内活性氧主要依靠两种酶的协同作用；而处理末期，尖萼耧斗菜与小花耧斗菜的 T1 组 SOD 活力比 T2 组低，而 POD 活力则高于 T2 组，表明试验末期 POD 可能发挥更重要的作用。

（5）不同水分处理下 3 种耧斗菜渗透调节系统的响应

为了保证植物体生理过程正常进行，在逆境条件下，植物体内的渗透调节物质含量增加，如可溶性糖、可溶性蛋白、脯氨酸等，使细胞渗透势下降，维持细胞膨压（高照全等，2004）。在本次试验中，逆境条件下 3 种耧斗菜的可溶性糖和游离脯氨酸含量增加，表明这两种物质在 3 种耧斗菜的抗逆过程中具有重要的作用，这与郑德承（2009）和王金耀等（2018）的研究结论相似。在逆境条件下，供试的 3 种耧斗菜可溶性蛋白含量均下降，这与大花耧斗菜（Merritt et al.，1997）在干旱下可溶性蛋白含量的变化存在出入，可能是品种或苗龄的不同所导致，也有可能在本试验所设定的梯度下，3 种耧斗菜的渗透调节过程中可溶性蛋白未发挥主要作用（王军娥等，2018），可溶性蛋白在耧斗菜属植物抗逆过程中的作用还需进一步探究。权文利等（2016）在对紫花苜蓿的研究中发现，高浓度的脯氨酸与可溶性糖可维持膜系统的稳定性，使细胞膜透性变化幅度较小。本试验中，相对耐盐的尖萼耧斗菜细胞膜透性变化幅度较小，可能与其脯氨酸和可溶性糖的大量积累相关。渗透调节物质的合成虽然可保持细胞膨压，维持在逆境下的各生理过程的稳定性，但同时也消耗大量能源物质，限制植物的生长速度（Chaves et al.，2003），因此在 T3 处理下，3 种耧斗菜株高、冠幅生长减慢可能与渗透调节物质大量合成相关。

花青素属亲水化合物，在高温、干旱、水涝等逆境下，花青素合成相关酶将被激活，诱导糖类转化成花青素，降低细胞水势进而抵御逆境的胁迫（张佩佩等，2014；胡可等，2010），也有研究表明花青素与胶原蛋白有较强的亲和力，形成抗氧化膜，保护细胞不受自由基损害（王子凤，2009）。在本试验中，3种耧斗菜的花青素含量均随着土壤含水量的下降而发生显著变化，各品种在试验过程中，T1组的花青素含量均高于其他处理组。叶片因受到胁迫，边缘变为紫红色，可能与花青素的含量变化相关（宋明等，2012）。

单用某一种指标来评价抗性往往难以全面、有效地评价品种间的抗性，通过综合评价可以更全面、客观地反映植物抗性，其中模糊隶属函数为植物抗性综合评价的重要方法之一。通过隶属函数计算得出3种耧斗菜幼苗的抗性由强到弱依次是尖萼耧斗菜＞耧斗菜＞小花耧斗菜，与实际观测结果相一致。

3.4.4　结论

过高或过低的土壤相对含水量都会对3种耧斗菜属植物幼苗光合、生长及生理造成损害，70%±5%的土壤相对含水量为3种耧斗菜属植物幼苗的最适生长条件，若考虑节水因素最低可降至50%±5%。

可溶性蛋白在3种耧斗菜属植物渗透调节中的作用还有待进一步研究。

通过隶属函数值得出3种耧斗菜属植物抗性由强到弱依次是尖萼耧斗菜＞耧斗菜＞小花耧斗菜。

第 4 章 ···
北方地区特色宿根花卉对不同盐分处理的响应研究

4.1 不同盐分处理对侧金盏花生理特性的影响

4.1.1 材料与方法

(1) 试验材料

供试材料为野生引种侧金盏花植株，选取没有开花、生长高度一致、叶片数为 4～5 片的植株，于 2019 年 4 月 5 日将引种后的侧金盏花植株移栽到花盆规格为盆高 28 cm，上口径 26 cm，下口径 24 cm 的塑料花盆内，每个花盆底部配有托盘，栽培基质为体积比为园土：泥炭：沙子＝3：2：1 的混合基质，置于吉林农业大学园林试验基地温室内生长，并根据温室的条件进行正常肥水管理。

(2) 试验方法

本试验在吉林农业大学园林基地温室大棚内进行，试验期间，大棚内白天、夜间的均温分别为 22℃ 和 13℃，平均相对湿度为 37％。待侧金盏花叶片全部展开，于 2019 年 5 月 6 日选取平均苗高为 13.5 cm、叶片数为 6～8 片的生长良好的植株盆栽开始进行不同盐分处理，试验设计为 5 个处理，盐溶液配比参考 Sun 等 (2015)；采用 NaCl、$CaCl_2$，二者物质的量浓度比为 2：1。考虑到实际应用，用自来水分别将溶液电导率 (EC) 调至 0.3 dS/m (对照组，CK)、3 dS/m (EC3)、6 dS/m (EC6)、9 dS/m (EC9)、12 dS/m (EC12)，所有处理 pH 均调至 5.8±

0.2。每个处理 10 盆，重复 3 次。试验期间每 5 d 浇一次盐溶液
（盐溶液量固定为 400 mL），保证浇透后渗出少量液，若试验期
间栽培基质缺水则补充 150 mL 水分。试验期间在盆底放置托盘，
将渗出溶液回倒至土壤中，以防止水分和盐分的流失。浇过处理
液 5、10、15、20 d 后，进行形态及生理指标的测定；盐分处理
10 d 后，进行光合作用参数、荧光参数的测定，在整个试验结束
的最后一天取各处理植株测定植株干鲜重，每处理重复测定
3 次。

（3）测定项目及方法

参考第 3 章 3.2.1 的（3）。

（4）数据处理

参考第 3 章 3.2.1 的（4）。

4.1.2　结果与分析

（1）不同盐分处理对侧金盏花形态及生长的影响

①不同盐分处理对侧金盏花形态的影响

由图版Ⅳ可知，盐处理 5、10 d，盐溶液电导率为 3、6 dS/m
时，侧金盏花生长状况良好；处理 10 d，盐溶液电导率为
9 dS/m，叶片出现轻微卷曲，生长状况欠佳；盐溶液电导率为
12 dS/m，处理 10 d 时，叶片有明显的卷曲现象，盐处理 15 d 时，
叶片脱落严重，处理 20 d，侧金盏花植株基本停止生长，植株出
现枯萎死亡。

②不同盐分处理对侧金盏花地上与地下部分干鲜重的影响

由表 4−1 可知，侧金盏花植株地上与地下部分鲜重随盐溶液
电导率的增加而逐渐下降，且均与对照（CK）有显著差异（$P<$
0.05），在盐溶液电导率为 12 dS/m 时，其地上与地下部分鲜重出
现最小值，分别为 1.19、5.36 g，与 CK 相比分别下降 58.50%、
43.95%；同时，随盐溶液电导率的上升，各处理侧金盏花植株
地上和地下部分干重均逐渐降低，盐溶液电导率为 12 dS/m 时，
地上部分与地下部分干重分别比 CK 显著降低 50.16%、48.64%

（$P<0.05$），此时观察到植株叶片几乎全部变黄脱落，植株出现死亡。

表 4-1 不同盐分处理对侧金盏花干鲜重的影响

处理	鲜重（g）		干重（g）	
	地上部	地下部	地上部	地下部
CK	2.863 3±0.098 5a	9.562 0±0.249 0a	0.419 3±0.044 8a	3.597 0±0.209 5a
EC3	1.931 3±0.055 7b	7.458 3±0.507 3b	0.381 0±0.058 9ab	2.831 7±0.150 8b
EC6	1.815 7±0.097 0b	7.221 3±0.324 2b	0.264 7±0.013 0bc	2.623 3±0.104 2b
EC9	1.281 3±0.054 9c	5.738 0±0.154 8c	0.224 7±0.080 8c	1.868 3±0.057 9c
EC12	1.188 3±0.066 4c	5.359 7±0.251 0c	0.209 0±0.092 1c	1.847 3±0.057 0c

注：表中数据为平均值±标准差；同列不同小写字母表明不同处理同一指标差异显著（$P<0.05$）；下同。

③不同盐分处理对侧金盏花株高的影响

如图 4-1 所示，侧金盏花植株株高随盐分处理时间的延长和盐溶液电导率的升高呈下降趋势，其中对照组变化不明显，其变化范围为 16.63～16.90 cm，盐处理 5、10 d 后，各处理株高下降趋势不明显，当盐溶液电导率为 12 dS/m 时，与对照相比，其株高分别下降 10.83%、16.65%，但无显著差异（$P>0.05$）；处理 15 d，盐溶液电导率达到 12 dS/m 时，其株高显著低于对照（$P<0.05$），与对照相比下降 26.33%；处理 20 d，盐溶液电导率为 9、12 dS/m 时，侧金盏花株高显著低于对照（$P<0.05$），与对照相比下降 26.70%、35.24%。

（2）不同盐分处理对侧金盏花叶片生理指标的影响

①不同盐分处理对侧金盏花叶片相对含水量的影响

由图 4-2 可知，侧金盏花叶片相对含水量随盐溶液电导率的升高和处理时间的延长呈下降趋势，当盐溶液处理 5 d，盐溶液电导率为 12 dS/m 时，其叶片相对含水量显著低于对照（$P<0.05$），较对照下降 13.84%；当处理 10 d，盐溶液电导率为 12 dS/m 时，

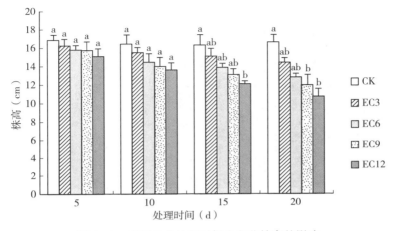

图 4-1　不同盐分处理对侧金盏花株高的影响

其叶片相对含水量比对照显著下降 28.82%（$P < 0.05$）；处理 15 d时，各处理与对照均有显著差异（$P < 0.05$），比对照分别下降16.88%、20.57%、30.02%、38.64%；处理 20 d 时，其叶片相对含水量继续下降，当盐溶液电导率为 12 dS/m 时，达到最小值，比对照显著下降 47.74%（$P < 0.05$）。

②不同盐分处理对侧金盏花叶片 MDA 含量的影响

由图 4-3 可知，侧金盏花对照组 MDA 含量变化趋势不明显，随盐溶液电导率的升高和处理时间的加长，侧金盏花叶片 MDA 含量有所上升，其中，盐处理不超过 10 d 时，其含量上升速度较慢；当处理时间达到 15 d 时，随盐溶液电导率的增加，MDA 含量迅速上升，各处理均显著高于对照（$P < 0.05$），在盐溶液电导率为9 dS/m 和 12 dS/m 时，MDA 含量是对照的 1.78 倍和 1.97 倍；当处理时间达 20 d 时，9 dS/m 和 12 dS/m 处理 MDA 含量达到最大值，分别是对照的 2.14 倍和 2.43 倍，且两处理差异显著（$P < 0.05$）。

③不同盐分处理对侧金盏花叶片相对电导率的影响

由图 4-4 可知，对照组中侧金盏花叶片相对电导率相对稳定，

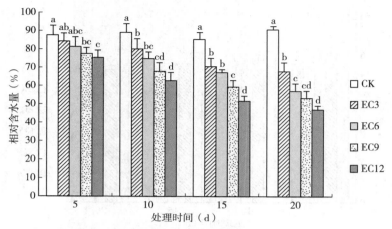

图 4 - 2　不同盐分处理对侧金盏花叶片相对含水量的影响

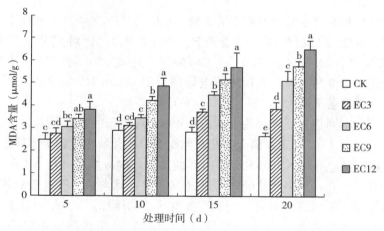

图 4 - 3　不同盐分处理对侧金盏花叶片 MDA 含量的影响

基本无明显变化，处理组中随盐溶液电导率的升高和处理时间的延长，其叶片相对电导率变化速度不断增加。当盐处理 5 d 时，对照组中侧金盏花叶片相对电导率为 21.30%，随盐溶液电导率的升高，相对电导率逐渐增加；当处理时间为 20 d，盐溶液电导率为 12 dS/m 时，其相对电导率达到最大值，为 62.23%，是对照组的

2.50 倍，显著高于对照（$P<0.05$）。

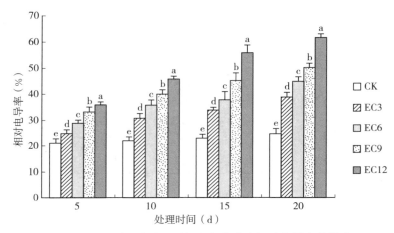

图 4-4 不同盐分处理对侧金盏花叶片相对电导率的影响

④不同盐分处理对侧金盏花叶片 POD 活力的影响

由图 4-5 可知，对照组侧金盏花叶片的 POD 活力基本处于同一水平，在不同盐分处理下，随盐溶液电导率的升高，侧金盏花叶片 POD 活力均增大，在 15 d 时出现最高峰，且各处理差异显著（$P<0.05$）；当盐溶液电导率为 3 dS/m，处理 5 d 后，POD 活力较对照组略高，随着处理时间的延长，其活力表现为先上升后下降；处理 15 d，在盐溶液电导率为 12 dS/m 时，其 POD 活力达到最大值，与对照相比显著升高（$P<0.05$），是对照的 2.7 倍，之后出现下降趋势，但 POD 活力仍显著高于对照（$P<0.05$）。

⑤不同盐分处理对侧金盏花叶片 SOD 活力的影响

SOD 是一种清除超氧阴离子自由基的酶，是植物细胞体内第一条抗氧化防线。由图 4-6 可知，对照组中侧金盏花 SOD 活力基本保持不变，但随盐溶液电导率的升高和处理时间的延长，侧金盏花 SOD 活力呈先升高后降低的趋势。盐处理 15 d 时，侧金盏花叶片 SOD 活力均显著高于对照（$P<0.05$），盐

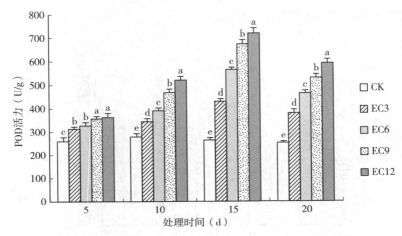

图 4-5 不同盐分处理对侧金盏花叶片 POD 活力的影响

溶液电导率低于 9 dS/m 时，各处理具有显著差异（$P<0.05$），当盐溶液电导率为 9 dS/m 时，侧金盏花叶片 SOD 活力达到峰值，与 CK 相比显著上升（$P<0.05$），是对照的 1.55 倍；盐处理 20 d 时，侧金盏花叶片 SOD 活力有所下降，但均显著高于对照（$P<0.05$）。

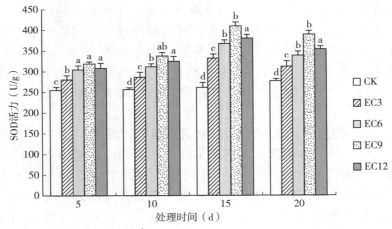

图 4-6 不同盐分处理对侧金盏花叶片 SOD 活力的影响

⑥不同盐分处理对侧金盏花叶片叶绿素含量的影响

由图 4-7 可知，随着盐溶液电导率的升高及处理时间的延长，侧金盏花叶片叶绿素 a 含量总体上逐渐下降。盐处理 5、10 d，在盐溶液电导率为 3 dS/m 时，其叶绿素 a 含量分别比对照下降 6.68％、19.04％，下降速度较慢；在盐溶液电导率为 12 dS/m 时，与对照相比，叶绿素 a 含量在盐处理 15 d 和 20 d 时下降幅度大，较对照分别下降 81.22％和 79.33％，显著低于对照（$P<0.05$）。

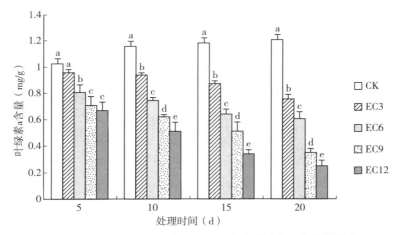

图 4-7　不同盐分处理对侧金盏花叶片叶绿素 a 含量的影响

由图 4-8 可知，随处理时间的延长，侧金盏花叶片叶绿素 b 含量逐渐降低。盐处理 5 d 后，各处理叶绿素 b 含量下降速度较慢；处理 10、15、20 d 时，其下降速度有所增加，当盐溶液电导率为 12 dS/m 时，与对照相比，叶绿素 b 含量下降幅度最大，分别下降 58.89％、65.22％、64.89％，均显著低于对照（$P<0.05$）。

由图 4-9 可知，随处理时间的延长及盐溶液电导率的升高，侧金盏花叶片叶绿素总量呈逐渐下降趋势，盐处理 5、10 d，盐溶液电导率为 3 dS/m 时，其叶绿素总量比对照下降 4.60％、14.66％，下降速度较慢；当盐处理 15 d 和 20 d，与对照相比，12 dS/m 处理

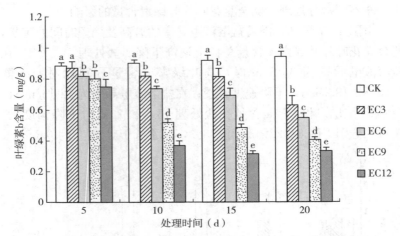

图 4-8 不同盐分处理对侧金盏花叶片叶绿素 b 含量的影响

叶绿素总量下降幅度达到最大，分别下降 68.58% 和 70.02%，均显著低于对照（$P<0.05$）。

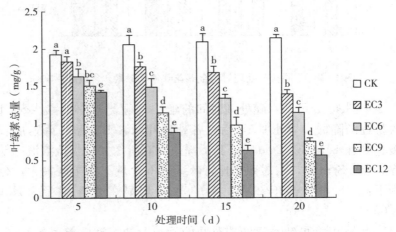

图 4-9 不同盐分处理对侧金盏叶片叶绿素总量的影响

⑦不同盐分处理对侧金盏花叶片脯氨酸（Pro）含量的影响

由图 4-10 可知，随处理时间的延长和盐溶液电导率的升高，侧金盏花叶片中 Pro 含量呈上升趋势，处理 10、15、20 d 时，各处理下叶片 Pro 的含量均有显著差异（$P<0.05$）；处理 15、20 d，在盐溶液电导率为 12 dS/m 时，与对照相比，其 Pro 含量增加幅度达到最大，分别为对照的 2.86 倍、3.47 倍，均显著高于对照（$P<0.05$），表明随处理时间的延长，各处理 Pro 含量均比处理初期大幅度上升，以适应长期盐分处理下的逆境环境。

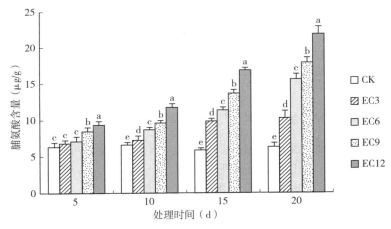

图 4-10　不同盐分处理对侧金盏花叶片脯氨酸含量的影响

⑧不同盐分处理对侧金盏花叶片可溶性糖含量的影响

由图 4-11 可知，对照组中侧金盏花叶片可溶性糖含量基本平稳，无明显改变，经不同盐分处理，可溶性糖含量逐渐上升，且随着盐溶液电导率的升高和处理时间的延长，可溶性糖的含量由原来的 0.75% 上升至 1.66%，是盐分处理前的 2.21 倍，显著高于对照（$P<0.05$），在盐溶液电导率为 12 dS/m 时，其叶片可溶性糖含量在处理 5、10、15 d 时，分别比对照显著上升 22.67%、43.01%、80.76%（$P<0.05$）。

⑨不同盐分处理对侧金盏花叶片可溶性蛋白含量的影响

由图 4-12 可知，随盐溶液电导率的升高，侧金盏花叶片可溶性蛋白含量呈逐渐增加趋势。处理 5 d 时，各处理可溶性蛋白含量

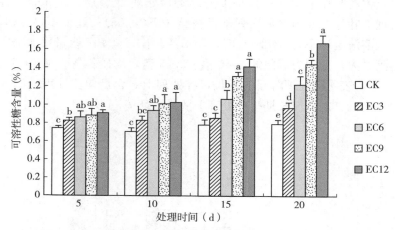

图 4-11　不同盐分处理对侧金盏花叶片可溶性糖含量的影响

上升速度较为缓慢；处理 10、15、20 d 时，各处理可溶性蛋白含量增加速度开始上升，各处理差异显著（$P<0.05$），在盐溶液电导率为 12 dS/m 时，可溶性蛋白含量显著高于对照（$P<0.05$），分别是对照的 2.30 倍、2.77 倍、3.10 倍。

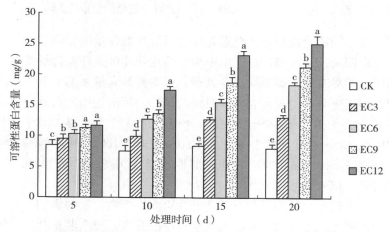

图 4-12　不同盐分处理对侧金盏花叶片可溶性蛋白含量的影响

(3) 不同盐分处理对侧金盏花叶片光合作用参数的影响

从表 4-2 可以看出，随盐溶液电导率的升高，侧金盏花叶片
Pn、Gs、Tr 变化规律一致，均呈逐渐下降趋势，而 Ci 则呈先上
升后下降趋势；除盐溶液电导率为 3 dS/m 的处理外，其余处理的
Pn 值明显低于对照，且各处理差异显著（$P<0.05$）；盐溶液电导
率为 9 dS/m 和 12 dS/m 的处理，侧金盏花叶片 Gs 分别比对照下降
72.91% 和 83.37%，Tr 分别比对照下降 54.05% 和 68.80%，均显
著低于对照（$P<0.05$）；除盐溶液电导率为 3 dS/m 处理的 Ci 略
高于对照外，其余各处理均随盐溶液电导率的升高而呈下降现象，
且各处理差异显著（$P<0.05$），盐溶液电导率为 9 dS/m 和
12 dS/m 的处理，Ci 比对照分别下降 10.12% 和 14.17%，均显著
低于对照（$P<0.05$）。

表 4-2 不同盐分处理对侧金盏花叶片光合作用参数的影响

处理	Pn [μmol/(m² · s)]	Gs [mmol/ (m² · s)]	Ci (μmol/mol)	Tr [mmol/(m² · s)]
CK	8.40±0.44a	270.67±5.13a	329.33±1.15a	4.07±0.15a
EC3	8.20±0.26a	223.00±4.36b	340.33±2.08b	3.03±0.11b
EC6	4.57±0.21b	148.67±4.04c	312.33±2.51c	2.20±0.10c
EC9	3.97±0.31c	73.33±3.51d	296.00±5.57d	1.87±0.06d
EC12	2.00±0.10d	45.00±3.46e	282.67±3.79e	1.27±0.05e

(4) 不同盐分处理对侧金盏花叶片荧光参数的影响

由表 4-3 可知，随盐溶液电导率的升高，侧金盏花叶片 Fo 和
Fm 均呈先升高后下降的趋势。各处理侧金盏花叶片的 Fo 值均高
于 CK，且各处理间差异显著（$P<0.05$），当盐溶液电导率为
6 dS/m 时，Fo 值最大，与对照相比增加 30.24%；盐溶液电导率
为 3、6 dS/m 时，Fm 上升，且均显著高于对照（$P<0.05$），比对
照分别上升 8.47%、16.87%，之后开始下降，在盐溶液电导率为

12 dS/m 时 Fm 出现最小值，比对照显著降低 26.63％（$P<0.05$）；在不同盐分处理下，侧金盏花叶片 Fv/Fm 和 Fv/Fo 均随着盐溶液电导率的升高而降低，当盐溶液电导率为 12 dS/m 时，达到最小值，分别比对照下降 22.74％、49.44％，均显著低于对照（$P<0.05$）。

表 4-3　不同盐分处理对侧金盏花叶片荧光参数的影响

处理	Fo	Fm	Fv/Fm	Fv/Fo	ΦPSⅡ	qP	NPQ	ETR
CK	140.000 0± 3.000 0e	440.666 7± 3.214 6c	0.731 3± 0.003 1a	2.148 6± 0.079 0a	0.122 3± 0.002 3c	0.274 1± 0.006 0d	2.397 2± 0.056 6b	75.014 8± 1.416 1c
EC3	159.333 3± 2.081 7c	478.000 0± 2.645 8b	0.711 0± 0.007 6b	2.000 3± 0.033 5b	0.137 3± 0.008 6b	0.353 4± 0.009 6bc	2.446 5± 0.033 9b	84.212 8± 1.500 9b
EC6	182.333 3± 2.309 4a	515.000 0± 6.557 4a	0.674 7± 0.008 4c	1.824 5± 0.014 0c	0.153 3± 0.003 2a	0.424 3± 0.013 4a	2.600 4± 0.068 1a	94.024 0± 1.971 1a
EC9	167.666 7± 1.527 5b	438.333 3± 3.055 1c	0.631 3± 0.006 8d	1.614 3± 0.005 6d	0.120 3± 0.007 5c	0.371 7± 0.014 6b	1.842 8± 0.018 5c	73.788 4± 2.301 2c
EC12	155.000 0± 1.732 1d	323.333 3± 4.932 9d	0.565 0± 0.003 5e	1.086 3± 0.049 1e	0.086 0± 0.002 6d	0.346 9± 0.017 8c	1.258 8± 0.071 3d	52.735 2± 1.622 4d

　　由表 4-3 可知，侧金盏花叶片 ΦPSⅡ随盐溶液电导率的升高呈先上升后下降的趋势，当盐溶液电导率为 6 dS/m 时，侧金盏花叶片 ΦPSⅡ达到最大，比对照显著上升 25.35％（$P<0.05$），在盐溶液电导率为 9 dS/m 和 12 dS/m 时，侧金盏花叶片 ΦPSⅡ呈下降趋势，均低于对照，分别比对照下降 1.64％和 29.68％；在不同盐分处理下，侧金盏花叶片 qP、NPQ 和 ETR 随着盐溶液电导率的升高呈先升高后下降的趋势，在盐溶液电导率为 6 dS/m 时，达到最大值，较对照上升 54.80％、8.48％和 25.34％，均显著高于对照（$P<0.05$），盐溶液电导率高于 6 dS/m 时，侧金盏花叶片 qP、NPQ 和 ETR 开始下降。

4.1.3 讨论

(1) 不同盐分处理对侧金盏花生长的影响

通常，植物对环境所做出的反应既受植物本身所处的生活条件和生长状况的约束，又受基因的控制（邱收，2008）。由于维持生长能耗、渗透调节能耗增加和碳同化量减少等因素，大部分植物在盐胁迫环境下的生长会受到明显的抑制（陈晓亚等，2007）。本研究中，随着盐溶液电导率的升高，侧金盏花植株株高、地上及地下部分干鲜重均呈下降现象，这说明盐分处理抑制了侧金盏花植株的正常生长发育。

(2) 不同盐分处理对侧金盏花生理指标的影响

叶片相对含水量是反映植物组织水分情况的重要参考指标，直接影响到植物自身的代谢强度，据报道，植物叶片相对含水量值越大，其代谢强度越强（郑丽锦，2003）。本研究中，侧金盏花叶片在盐处理 20 d，盐溶液电导率为 12 dS/m 时，叶片相对含水量下降幅度最大，表明侧金盏花此时受伤害程度最大，与贾茵等（2020）的研究结果相符合。

MDA 不仅是植物体内膜脂过氧化的最终产物，也是膜系统受伤害程度的重要指标之一，相对电导率也是反映细胞膜渗透率的重要参考指标（孔强等，2019）。本研究发现，在盐溶液电导率低于 6 dS/m 且处理时间不超过 10 d 时，侧金盏花体内的 MDA 含量与对照相比变化不明显，这表明此时侧金盏花细胞膜并未受到严重伤害，但随盐溶液电导率的升高和处理时间的延长，其叶片 MDA 含量和相对电导率与对照相比显著上升，表明此时的盐分处理对侧金盏花植株产生了明显伤害，这与钱琼秋等（2016）的研究结果相似。

在植物体中，POD、SOD 是起到一定保护作用的酶，有清除生物自由基的功能，其中通过 SOD 可将 O_2^- 转化为 H_2O_2，进而 POD 将 H_2O_2 进一步清除产生 H_2O，二者在共同作用下可使自由基处于较低含量，从而避免植物细胞膜受到伤害（Munné - Bosch et al.，2003），本试验研究表明，随盐分处理时间的不断延长，POD 和 SOD 活力呈先上升后下降的趋势，这与郝玉杰（2017）研究结果相符合。当处理 15 d 时，两种酶活力均达到最大值，说明此时侧金盏花主要通过 POD 和 SOD 的共同作用来消除氧自由基，减轻植物受害程度。当处理时间超过 15 d，盐溶液电导率为 12 dS/m 时，POD 和 SOD 酶活力有所下降，表明此时盐分处理对侧金盏花造成的伤害较为严重，导致这两种酶无法维持较高的活力。

植物叶片中叶绿素含量直接反映植物的光合能力（Nxele et al.，2017）。相关研究发现，许多植物在盐分胁迫下叶绿素含量下降是由于植物叶片中叶绿素酶活力提高，叶绿素酶促进了植物叶片叶绿素的降解（束胜等，2012）。本研究中，侧金盏花叶片叶绿素 a 含量、叶绿素 b 含量和叶绿素总量在盐溶液电导率低于 9 dS/m，处理 5 d 时波动较小，当盐溶液电导率高于 9 dS/m 且处理 15、20 d 时，其下降速度加快，说明高盐胁迫条件下，植物叶绿素的合成受到显著抑制作用，导致其含量显著下降。

一般情况下，渗透调节物质的积累也是植物体缓解盐分胁迫对本身伤害的一种自我调节方式，Pro、可溶性糖、可溶性蛋白在渗透调节过程中具有重要作用，可溶性蛋白含量较高时可维持植物细胞的低渗透势，从而抵抗逆境带来的胁迫作用（史军辉等，2014；王若梦等，2014）。

Pro 参与保护酶的活力和维持蛋白质的稳定等生理活动，在盐分胁迫的情况下，其含量的多少反映植物在盐分胁迫处理下的生理活动（于畅等，2014）。本试验研究结果表明，随盐溶液电导率的升高和处理时间的延长，侧金盏花的可溶性糖含量、可溶性蛋白含量、Pro 含量总体呈现上升趋势，其最大值均出现在处理 20 d，盐溶液电导率为 12 dS/m 条件下，说明此时侧金盏花细胞质膜受到破坏，膜透性增加，渗透平衡被打破，表明植物为维持正常的生命活动需要在细胞液中合成有机渗透物质进行渗透调节以避免或减轻伤害（张亚冰等，2006）。

(3) 不同盐分处理对侧金盏花光合作用参数的影响

盐分胁迫对植物代谢和生长的影响是多方面的，尤其对光合作用的影响最为突出（Winter et al.，1986）。本试验中，在盐溶液电导率为 3 dS/m 处理下，Pn 降低不明显，随着盐溶液电导率的增加，侧金盏花叶片 Pn、Gs 和 Tr 均呈明显下降趋势，在盐溶液电导率为 12 dS/m 处理下，侧金盏花叶片 Ci 随 Gs 减小而明显降低，其 Pn 亦明显降低，这可能是由于盐分胁迫刺激引起渗透胁迫，导致气孔关闭，这与 Wu 等（2012）对非盐土植物茄子（*Solanum melongena*）及 Feng 等（2014）对榆树（*Ulmus pumila* L.）耐盐性研究得出的结果相似。

(4) 不同盐分处理对侧金盏花荧光参数的影响

叶绿体是植物光合作用的主要场所，对盐分胁迫反应比较敏感（Hendrickson et al.，2004），盐分胁迫会使植物的 RuBP 羧化酶活力与含量下降，进而阻碍 RuBP 再生（Zhu，2001），并对叶绿体捕光色素的能量转换系统造成一定影响，从而引起植物光合能力的下降（Centritto et al.，2003）。本研究发现，侧金盏花叶片 Fo、Fm 在盐溶液电导率为 6 dS/m 时达到最大值，当盐溶液电导率大于 6 dS/m 时，各荧光指标均出现下降现象，当盐溶液电导率为 12 dS/m 时，侧金盏花叶片 Fv/Fm 和 Fv/Fo 均显著下降，这与杜美娥等（2019）研究结果相似，表明盐分较高时侧金盏花的光能转换效率下降，电子传递能力降低，导致用于 CO_2 同化的能量减少，使得植株发生明显的光抑制，生长受到抑制。

4.1.4 结论

通过对侧金盏花在不同盐分处理下生长、生理、光合指标的分析比较，发现不同盐分处理对侧金盏花的生长具有显著影响，当盐溶液电导率不高于 6 dS/m，处理时间为 5、10 d 时，各指标变化速度较慢，当盐溶液电导率为 6、9 dS/m，且处理时间超过 10 d 时，侧金盏花各指标发生显著变化，侧金盏花生长受到明显抑制，当盐溶液电导率为 12 dS/m，处理 20 d 时，侧金盏花难以维持正常生长，出现死亡。

4.2 不同盐分处理对 3 种耧斗菜属植物种子萌发的影响

目前，我国盐渍土总面积达 3 600 万 hm^2，严重制约我国农业生产（李珍等，2019），加之北方冬季大量施用以 NaCl 和 $CaCl_2$ 为主要成分的氯盐类融雪剂（张淑茹等，2009），导致地下水及土壤含盐量逐年上升（Novotny et al.，2008）。此外，过度放牧、工业污染、化肥的不当使用以及过度开垦等因素加剧土壤盐渍化程度。因此，对于以播种繁殖为主要繁殖途径的植物来讲，在盐分处理下对受损情况以及萌发阈值进行探究，并对耐盐材料进行比较和筛选，对改善土壤盐渍化问题日益严重的生态环境具有重要意义。

4.2.1 材料与方法

（1）试验材料

试验材料同第 3 章 3.3.1 的（1）。

（2）试验方法

3 种耧斗菜种子用 0.1‰高锰酸钾溶液浸泡消毒，消毒后用无菌水冲洗 3～5 次，至无高锰酸钾残留为止。室温下晾干备用。盐溶液配比参考 Sun 等（2015），NaCl、$CaCl_2$ 物质量浓度比为 2∶1，以蒸馏水为对照（CK），根据预实验结果，将盐处理梯度设为电导率 1 dS/m（EC1）、2 dS/m（EC2）、3 dS/m（EC3）、4 dS/m（EC4）、5 dS/m（EC5）、6 dS/m（EC6）。试验选用 9 cm 塑料培养皿进行发芽试验，每个培养皿中放入两层滤纸，加入 5 mL 处理液，每个培养皿中放入 30 粒种子。在 20℃、白天/黑夜为 12 h/12 h 的人工气候箱中培养。每个品种每个处理重复 3 次。试验期间每 2 d 更换一次滤纸以保持溶液电导率不变。每隔 24 h 统计一次出芽率，

以胚芽长度≥种子直径的 2 倍作为发芽标准计数，以各处理的种子
发芽数目连续 2 d 无变化时视为试验结束。

人工气候箱设置：白天/黑夜为 12 h/12 h，20℃恒温。每天用
称重法补充蒸馏水。

测定指标和计算公式参考第 3 章 3.3.1 的（2）。

（3）数据处理

参考第 3 章 3.3.1 的（3）。

4.2.2　结果与分析

（1）不同盐分处理对 3 种耧斗菜种子萌发进程的影响

由图 4 - 13 可知，不同电导率的盐溶液处理下，3 种耧斗菜种
子萌发均受到抑制，随着盐溶液电导率的升高，3 种耧斗菜种子发

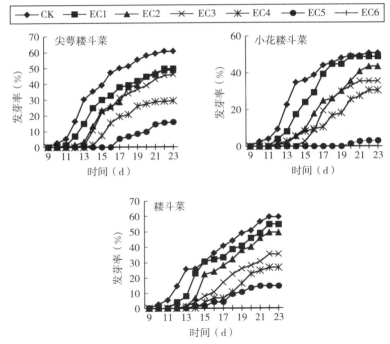

图 4 - 13　不同盐分处理对 3 种耧斗菜种子萌发进程的影响

芽率下降，萌发起始时间延迟。3 种耧斗菜种子对照组萌发起始时间在 9 d，发芽高峰在 12～14 d。EC1 处理下，3 种耧斗菜种子的萌发起始时间推迟 1～2 d，发芽高峰推迟 1～3 d；在 EC5 处理下，萌发起始时间推迟 6～11 d；当处理液电导率为 6 dS/m 时，3 种耧斗菜种子均无法正常萌发。

（2）不同盐分处理对 3 种耧斗菜种子发芽率和发芽势的影响

由图 4 - 14 可知，随着盐溶液电导率的升高，3 种耧斗菜种子的发芽率均呈下降趋势，不同品种对处理的响应程度不同。当处理液电导率为 1 dS/m 时，相比对照组，3 种耧斗菜种子的发芽率降幅从大到小依次为尖萼耧斗菜＞耧斗菜＞小花耧斗菜，分别下降了 18.13%、7.85% 和 3.95%，方差分析表明，当处理液电导率为 1 dS/m 和 2 dS/m 时，只有尖萼耧斗菜种子发芽率与对照组相比显著下降。随着处理液电导率的升高，3 种耧斗菜种子的发芽率持续下降。当处理液电导率为 6 dS/m 时，3 种耧斗菜种子均无法正常萌发。

由图 4 - 14 可知，不同盐分处理下，3 种耧斗菜种子的发芽势均受到抑制。随着处理液电导率的升高，3 种耧斗菜种子的发芽势总体呈下降趋势。当处理液电导率为 1 dS/m 时，相比对照组，3 种耧斗菜种子的发芽势降幅从大到小依次为小花耧斗菜＞尖萼耧斗菜＞耧斗菜，分别下降了 23.56%、17.57% 和 10.40%，方差分析表明小花耧斗菜发芽势在 1～4 dS/m 处理下与对照组相比变化不显著。当处理液电导率为 6 dS/m 时，3 种耧斗菜的发芽势均为零。

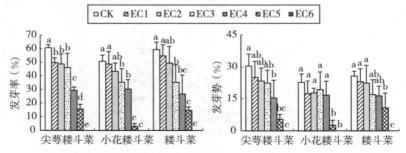

图 4 - 14　不同盐分处理对 3 种耧斗菜种子发芽率、发芽势的影响

(3) 不同盐分处理对3种耧斗菜种子发芽指数和活力指数的影响

由图4-15可知，不同盐分处理下3种耧斗菜种子发芽指数均呈下降趋势。当处理液为1 dS/m时，3种耧斗菜种子发芽指数相比对照组降幅从大到小依次为尖萼耧斗菜＞耧斗菜＞小花耧斗菜，分别下降了23.37％、12.89％和12.62％。随着盐溶液电导率的升高，3种耧斗菜种子发芽指数持续下降，当电导率为6 dS/m时，3种耧斗菜种子发芽指数均为零。

由图4-15可知，3种耧斗菜种子活力指数在不同盐分处理下均呈下降趋势。当处理液电导率为1 dS/m时，3耧斗菜种子活力指数相比对照组降幅从大到小依次为尖萼耧斗菜＞耧斗菜＞小花耧斗菜，分别下降了68.89％、48.99％和30.35％。方差分析表明，当处理液电导率为1 dS/m时，3种耧斗菜种子活力指数均与对照组差异显著。随着处理液电导率的升高，3种耧斗菜种子的活力指数均持续下降，当处理液电导率为6 dS/m时，3种耧斗菜种子的活力指数均为零。

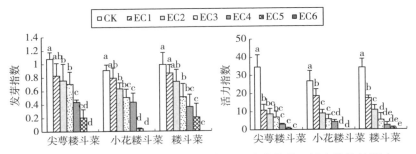

图4-15　不同盐分处理对3种耧斗菜种子发芽指数、活力指数的影响

(4) 不同盐分处理对3种耧斗菜种子胚根长度的影响

由图4-16可知，不同盐分处理下3种耧斗菜种子的胚根长度均受到抑制。随着盐溶液电导率的升高，3种耧斗菜种子的胚根长度均呈下降趋势。当处理液电导率为1 dS/m时，3种耧斗菜种子的胚根长度相比对照组降幅从大到小依次为尖萼耧斗菜＞耧斗菜＞小花耧斗菜，分别下降了59.41％、41.44％和20.29％。方差分析

表明，3 种耧斗菜种子的胚根长度在处理液电导率为 1 dS/m 时均与对照组差异显著。随着处理液电导率的不断升高，3 种耧斗菜种子的胚根长度持续下降，当处理液电导率为 6 dS/m 时，3 种耧斗菜种子的胚根长度均为零。

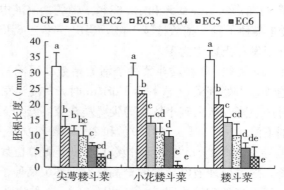

图 4 - 16　不同盐分处理对 3 种耧斗菜种子胚根长度的影响

（5）3 种耧斗菜种子耐盐临界值和极限值的确定

设处理液电导率（dS/m）为自变量 x，种子最终发芽率（%）为因变量 y 作回归分析，回归方程、耐盐临界值和耐盐极限值计算结果如表 4 - 4 所示。3 种耧斗菜发芽率与处理液电导率的回归方程 R^2 均>0.8，拟合度高。3 种耧斗菜种子的耐盐临界值从大到小依次为尖萼耧斗菜>小花耧斗菜>耧斗菜，分别是 4.00、3.96、3.73 dS/m；耐盐极限值从大到小依次为耧斗菜>尖萼耧斗菜>小花耧斗菜，分别是 6.01、5.99、5.78 dS/m。

表 4 - 4　不同电导率盐溶液与 3 种耧斗菜种子发芽率的回归方程

种类	回归方程	R^2	临界值 （dS/m）	极限值 （dS/m）
尖萼耧斗菜	$y=-1.407x^2-1.189x+57.649$	0.932	4.00	5.99
小花耧斗菜	$y=-1.251x^2-1.719x+51.704$	0.886	3.96	5.78
耧斗菜	$y=-0.753x^2-5.7x+61.427$	0.872	3.73	6.01

（6）3 种耧斗菜种子耐盐性综合评价

3 种耧斗菜种子在不同电导率的盐溶液处理下，各项萌发指标隶属函数计算结果见表 4 - 5。尖萼耧斗菜、小花耧斗菜和耧斗菜的平均隶属函数值分别为 0.455、0.405 和 0.451，因此 3 种耧斗菜种子的抗旱性由强到弱依次为尖萼耧斗菜＞耧斗菜＞小花耧斗菜。

表 4 - 5　不同盐分处理下 3 种耧斗菜种子萌发指标的隶属函数值

指标	隶属函数值		
	尖萼耧斗菜	小花耧斗菜	耧斗菜
发芽率	0.589	0.498	0.565
发芽势	0.573	0.454	0.542
发芽指数	0.530	0.437	0.484
活力指数	0.267	0.267	0.292
胚根长度	0.317	0.370	0.372
平均值	0.455	0.405	0.451

4.2.3　讨论

萌发起始时间是指从试验开始到萌发起始的天数，体现种子萌动速度（司家屹等，2019）。本试验中，随着盐浓度的增加，3 种耧斗菜种子的萌发起始时间均产生滞后现象，且随着盐溶液电导率的升高，3 种耧斗菜种子的萌发起始时间向后延迟越多，表明盐分处理均抑制了 3 种耧斗菜种子的萌发，这与对高山紫菀（司家屹等，2019）的研究结果相似。

评价种子萌发质量通常采用种子的萌发指标，包括发芽率、发芽势、发芽指数等指标。萌发指标反映了种子发芽速度、整齐度和成苗质量等，在不同盐分处理下测定萌发指标，分析和比较响应程度，进而可以判断种子受损情况及耐盐性。随着盐溶液电导率的升高，3 种耧斗菜种子的发芽率均显著下降，表明盐分处理显著降低 3 种耧斗菜种子的发芽质量，与早熟禾（闫成竹等，2017）在融雪剂处理下的响应相似。随着溶液电导率逐渐升高，3 种耧斗菜种子的发芽势均受到抑制，这与早熟禾'优美'（王明洁，2012）和黍子（稷）（甄莉娜等，2010）在融雪剂及盐处理下的响应相似。因此在不同程度盐分处理下，3 种耧斗菜种子的萌发均受到阻碍。

发芽指数、活力指数反映种子活力水平，是种子发芽和出苗期间其内在活性及表现性能潜在水平的所有特性的总和（黄冬等，2015）。3 种耧斗菜种子的发芽指数和活力指数均随着盐溶液电导率的升高而下降，表明不同盐分处理下 3 种耧斗菜种子的活力水平均受到抑制，这与对肥皂草（李玉梅等，2019）和白花草木樨（张颖超等，2013）的研究结果相似。根系是植物的重要器官，是吸收水分、养分及合成有机物的主要场所，根系的生长状况决定着植物的生长（李志萍等，2013），随着盐溶液电导率的升高，3 种耧斗菜种子的胚根长度均显著下降，表明 3 种耧斗菜在不同盐分处理下的生长均受到抑制，与耧斗菜的矮重、矮化品种（郝丽等，2017）在盐分处理下的响应相似。

4.2.4 结论

3 种耧斗菜种子萌发期对盐分处理较为敏感，因此在 3 种耧斗菜种子的播种育苗过程中，不宜使用含盐灌溉水或含盐土壤。

尖萼耧斗菜、小花耧斗菜、耧斗菜的耐盐临界值分别为 4.00、3.96、3.73 dS/m，耐盐极限值分别为 5.99、5.78、6.01 dS/m。

通过隶属函数计算得出，3 种耧斗菜的萌发耐盐性由强到弱依次为尖萼耧斗菜＞耧斗菜＞小花耧斗菜。

4.3 不同盐分处理对 3 种耧斗菜属植物生理特性的影响

近年来，我国土壤盐渍化问题日益突显，盐渍土地总面积达 3 600 万 hm²，严重制约我国农业生产（李珍等，2019）。此外，在北方地区冬季为确保道路交通顺畅，以 NaCl 和 CaCl₂ 为主要成分的氯盐类融雪剂得到广泛应用（张淑茹等，2009）。融雪剂的大量施用导致地下水及土壤含盐量逐年上升（Novotny et al.，2008），据调查，2005—2006 年沈阳全市共施用融雪剂 9 000 t 以上（严霞等，2008），长春每年施用融雪剂 1 000 t 左右（张淑茹等，2009）。在对长春市 5 条主要街路的雪样分析中，残雪中的 Cl⁻ 含量是对照的 89.8 倍以上；Na⁺ 含量是对照的 134.1 倍以上；Ca²⁺ 含量最高达对照组的 742.7 倍（张淑茹等，2009）。此外，过度放牧、工业污染、化肥的不当使用以及过度开垦等因素加剧土壤盐渍化程度。因此，随着土壤含盐量以及灌溉水含盐量的日趋上升，选择耐盐观赏植物成为观赏园艺的重要课题。

4.3.1 材料与方法

（1）试验材料

试验材料为尖萼耧斗菜、小花耧斗菜、耧斗菜幼苗，于 2018 年 5 月 10 日播种于 4×8（32 孔）育苗穴盘中，基质配比为泥炭：沙子＝1∶1；播种于吉林农业大学园林试验基地温室内，播种后进行正常栽培管理。待幼苗长至四叶一心时，选择长势良好、株高一致、无病虫害的正常植株移栽到 9 cm×8 cm 的育苗钵中，基质配比为园土∶泥炭∶珍珠岩＝3∶2∶1，每盆栽 1 株，每处理每品种 30 盆，缓苗 1 周后进行盐分处理。

（2）试验方法

试验设计参考 Sun 等（2015），盐分处理采用 NaCl、CaCl₂ 配比，二者物质的量浓度比为 2∶1。盐分处理分为 3 个梯度，考虑到实际应用，用自来水分别将溶液电导率（EC）调至（0.3±0.1）dS/m（对照组 CK）、（5.0±0.2）dS/m（EC5）、（10.0±0.2）dS/m（EC10）。每品种每处理 30 盆。所有处理液 pH 均调至 5.8±0.2。每 5 d 浇一次处理液，保证浇透后渗出少量液，若试验期间基质缺水则补充自来水 50 mL。在 EC10 处理下植株死亡时视为试验结束。每品种每处理重复测定 3 次。

（3）生长及生理指标的测定

叶片相对含水量的测定参考张治安等（2008）的方法。待测叶片称取鲜重 Wf，随后将待测叶片浸入蒸馏水中浸泡数小时，使叶片组织充分吸收水分达到饱和状态，此时组织重量为饱和鲜重 Wt。随后将待测叶片装入已知重量 W_1 的铝盒中，置于 105℃烘干 4～6 h 直至恒重 W_2。

样品干重 $W_d = W_2 - W_1$

叶片相对含水量（%）$= (W_f - W_d)/(W_t - W_d) \cdot 100$

干物质量的测定参考张治安等（2008）的方法。将植株完整从钵中取出，将根系土壤清理干净。在根和基生叶之间的分生处小心剪断，分为地上部分和地下部分，放置于 105℃的烘箱中杀青 15 min，在 70℃烘干至恒重，此时重量即为地上部分、地下部分干重。总干重为地上部分干重和地下部分干重的总和。每个品种每个处理重复 3 次。

光强-净光合速率响应、净光合速率日变化、叶绿素荧光参数、株高、冠幅、外观评分、叶绿素含量、细胞膜透性、丙二醛含量、可溶性糖含量、可溶性蛋白含量、脯氨酸含量、SOD 活力、POD 活力的测定方法参考第 3 章 3.4.1 的（3）和（4）。

光强-净光合速率响应、净光合速率日变化、叶绿素荧光参数在处理 10 d 时测定；株高、冠幅、外观评分、叶绿素含量、细胞膜透性、丙二醛含量、可溶性糖含量、可溶性蛋白含量、脯氨酸含量、叶片相对含水量、SOD 活力、POD 活力在处理 40 d 时测定；地上部分干重、地下部分干重和总干重在试验结束时测定。

(4) 渗出液电导率的测定

每 5 d 浇处理液后，每个处理随机选 3 盆浇入适量蒸馏水，收集渗出液，测定渗出液的电导率并记录。渗出液的电导率采用 5061 型笔式 EC 计和 DDSJ - 318 型电导率仪测定。每个品种每个处理重复 3 次。

(5) 根际土壤电导率的测定

根际土壤电导率采用 1∶5 土水比电导率测定法（赵勇等，2009）测定。试验结束时，将各处理根际土样带回实验室风干、去除杂物，过 2 mm 筛。取风干土样 50 g，加入 250 mL 去二氧化碳水，加塞充分振荡，过滤，滤出液用 DDSJ - 318 型电导率仪测定电导率。每个品种每个处理重复 3 次。

(6) 数据处理

参考第 3 章 3.4.1 的（5）。

4.3.2　结果与分析

(1) 不同盐分处理根际土壤电导率的变化

由表 4 - 6 可知，3 种耧斗菜幼苗的根际土壤电导率发生了显著变化。随着溶液电导率的升高，3 种耧斗菜幼苗的根际土壤电导率显著升高，在 EC5 处理下的最终根际土壤电导率是对照组的 3.51～3.86 倍，EC10 处理下的最终根际土壤电导率是对照组的 7.38～8.58 倍，表明土壤基质中已经存在显著盐分积累。EC10 处理下，3 种耧斗菜幼苗的平均根际土壤电导率为 2.90 dS/m。

表 4 - 6　不同盐分处理下 3 种耧斗菜幼苗的根际土壤电导率

单位：dS/m

处理	种类		
	尖萼耧斗菜	小花耧斗菜	耧斗菜
CK	0.33±0.06b	0.37±0.06c	0.37±0.06c
EC5	1.27±0.21b	1.43±0.12b	1.30±0.10b
EC10	2.83±0.45a	3.13±0.47a	2.73±0.25a

（2）不同盐分处理过程中渗出液电导率的动态变化

由图 4-17 可知，随着试验的进行，不同盐分处理下的渗出液电导率总体均呈上升趋势，65 d 时 EC5 处理和 EC10 处理下的 3 种耧斗菜幼苗渗出液的电导率相比处理 0 d 时增加了 465.25% 和 797.96%，分别是对照组的 1 109.00% 和 2 470.88%，表明盐分处理下栽培基质中已有盐分的积累或植株细胞电解质的大量外渗。

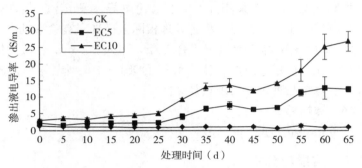

图 4-17　不同盐分处理下渗出液电导率的动态变化

（3）不同盐分处理对 3 种耧斗菜幼苗的净光合速率日变化的影响

由图 4-18 可知，3 种耧斗菜对照组的净光合速率日变化均呈双峰曲线，从 6：00 开始呈逐渐升高，第一峰值均出现在 8：00 左右，随后逐渐下降，在 12：00 左右出现明显的"午休"现象，随后升高，在 14：00—16：00 出现第二峰值，随后下降，在 18：00 降至最低值。对照组 3 种耧斗菜幼苗的两次峰值和"午休"时的净光合速率均最高，随着处理液的电导率逐渐升高，EC5 处理下峰值和"午休"时的净光合速率均明显低于对照组，EC10 处理下的峰值均为 3 个处理组的最低值；EC10 处理下，小花耧斗菜和耧斗菜的净光合速率日变化均由双峰曲线变为单峰曲线。

（4）不同盐分处理对 3 种耧斗菜幼苗的光响应特性的影响

由图 4-19 可知，不同盐分处理下，3 种耧斗菜幼苗净光合速率对 PAR 均做出不同响应。对照组 PAR 为 0～400 μmol/(m^2·s) 左右时，Pn 快速上升，当 PAR 大于 400 μmol/(m^2·s) 时，Pn 上

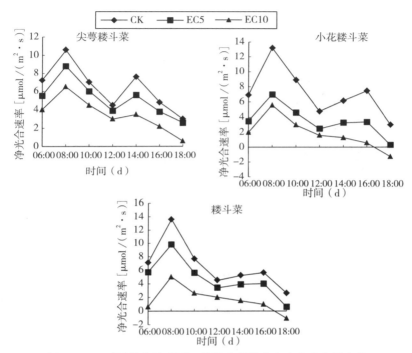

图 4 - 18　不同盐分处理下 3 种耧斗菜幼苗净光合速率日变化

升幅度逐渐减缓。随着盐溶液电导率的升高，3 种耧斗菜幼苗的 AQY、Pmax、Rd、LSP 均受到抑制；LCP 均增加。相比对照组，EC10 处理下 3 种耧斗菜 AQY 降幅从大到小依次为小花耧斗菜＞耧斗菜＞尖萼耧斗菜，分别下降了 76.84％、69.06％ 和 58.25％；Pmax 降幅从大到小依次为小花耧斗菜＞耧斗菜＞尖萼耧斗菜，分别下降了 80.00％、74.36％ 和 55.91％；Rd 降幅从大到小依次为耧斗菜＞小花耧斗菜＞尖萼耧斗菜，分别下降了 34.65％、23.32％ 和 22.13％；LCP 增幅从大到小依次为小花耧斗菜＞耧斗菜＞尖萼耧斗菜，分别增加了 213.07％、111.18％ 和 86.51％。

（5）不同盐分处理对 3 种耧斗菜幼苗叶绿素荧光参数的影响

①不同盐分处理对 3 种耧斗菜 Fo 与 Fm 的影响

由图 4 - 20 可知，3 种耧斗菜幼苗的初始荧光（Fo）均随着盐

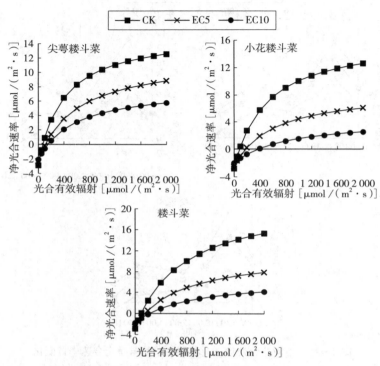

图 4 - 19　不同盐分处理下 3 种耧斗菜幼苗净光合速率光响应拟合曲线

溶液电导率的升高而增加，不同品种受到的影响程度不同。相比对照组，EC5 处理下 3 种耧斗菜幼苗 Fo 增幅从大到小依次为小花耧斗菜＞耧斗菜＞尖萼耧斗菜，分别上升了 9.05％、5.34％ 和 3.00％。方差分析表明 EC5 处理下，只有尖萼耧斗菜的 Fo 与对照组差异不显著。在 EC10 处理下，Fo 持续增加，相比对照组，3 种耧斗菜 Fo 增幅从大到小依次为小花耧斗菜＞耧斗菜＞尖萼耧斗菜，分别上升了 20.31％、19.82％和 10.70％。

　　由图 4 - 20 可知，随着处理液电导率的升高，3 种耧斗菜幼苗最大荧光（Fm）均呈现不同程度的下降趋势。相比对照组，EC5 处理下 3 种耧斗菜的 Fm 降幅从大到小依次为耧斗菜＞小花耧斗菜＞尖萼耧斗菜，分别下降了 2.97％、2.93％和 0.65％，其中只有尖萼耧斗菜的 Fm 与对照组无显著差异。在 EC10 处理下受到的影响进一步加重，相比对照组，3 种耧斗菜幼苗的 Fm 降幅从大到小依次为小花耧斗菜＞耧斗菜＞尖萼耧斗菜，分别下降了 6.12％、5.01％和 2.87％。

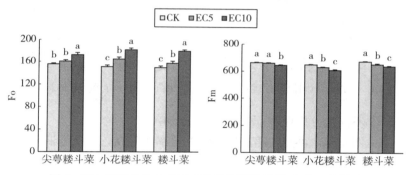

图 4-20　不同盐分处理对 3 种耧斗菜幼苗 Fo 与 Fm 的影响

②不同盐分处理对 Fv/Fo 与 ΦPSⅡ 的影响

由图 4-21 可知，3 种耧斗菜幼苗的 PSⅡ 潜在光化学效率（Fv/Fo）均随着盐溶液电导率的升高而下降，相比对照组，EC5 处理下 3 种耧斗菜 Fv/Fo 降幅从大到小依次为小花耧斗菜＞耧斗菜＞尖萼耧斗菜，分别下降了 22.61％、16.29％和 15.58％。在 EC10 处理下，Fv/Fo 受到进一步的抑制，相比对照组，3 种耧斗菜幼苗的 Fv/Fo 降幅从大到小依次为小花耧斗菜＞耧斗菜＞尖萼耧斗菜，分别下降了 35.54％、31.68％和 25.63％。

由图 4-21 可知，随着盐溶液电导率的升高，3 种耧斗菜幼苗的 PSⅡ 实际光化学效率（ΦPSⅡ）均降低，不同品种受到的影响程度不同。相比对照组，EC5 处理下 3 种耧斗菜幼苗的 ΦPSⅡ 降幅从大到小依次为小花耧斗菜＞尖萼耧斗菜＞耧斗菜，分别下降了 17.09％、10.69％和 7.15％。EC10 处理下，相比对照组，3 种耧斗菜 ΦPSⅡ 降幅从大到小依次为小花耧斗菜＞尖萼耧斗菜＞耧斗菜，分别下降了 27.10％、19.63％和 14.44％。

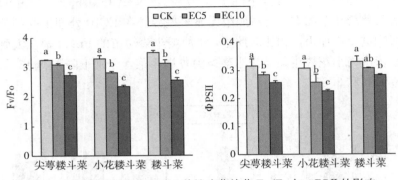

图 4 - 21　不同盐分处理对 3 种耧斗菜幼苗 Fv/Fo 与 ΦPSⅡ 的影响

③不同盐分处理对 qP 和 NPQ 的影响

由图 4 - 22 可知，随着处理液电导率的升高，3 种耧斗菜幼苗光化学猝灭系数（qP）均显著降低，相比对照组，EC5 处理下 3 种耧斗菜 qP 降幅从大到小依次为小花耧斗菜＞尖萼耧斗菜＞耧斗菜，分别下降了 11.80％、7.63％和 6.45％。EC10 处理组相比对照组，3 种耧斗菜幼苗 qP 降幅从大到小依次为小花耧斗菜＞尖萼耧斗菜＞耧斗菜，分别下降了 21.39％、14.19％和 13.10％。

由图 4 - 22 可知，随着盐溶液电导率的升高，3 种耧斗菜的非光化学猝灭系数（NPQ）均升高，在 EC5 处理下，相比对照组，3 种耧斗菜幼苗的 NPQ 增幅从大到小依次为小花耧斗菜＞尖萼耧斗菜＞耧斗菜，分别上升了 12.83％、10.60％和 4.29％。在 EC10 处理下，相比对照组，3 种耧斗菜幼苗的 NPQ 增幅从大到小依次为小花耧斗菜＞尖萼耧斗菜＞耧斗菜，分别上升了 18.61％、17.65％和 10.30％。

（6）不同盐分处理对 3 种耧斗菜幼苗生长的影响

由表 4 - 7 可知，不同盐分处理下 3 种耧斗菜的株高受到显著影响。EC5 处理下，相比对照组，3 种耧斗菜降幅从大到小依次为耧斗菜＞小花耧斗菜＞尖萼耧斗菜，分别下降了 22.81％、18.54％和 17.47％。EC10 处理下的影响更为严重，相比对照组，3 种耧斗

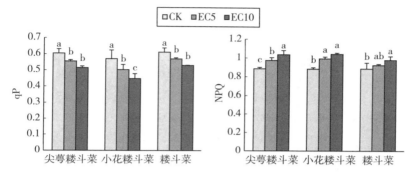

图 4-22　不同盐分处理对 3 种楼斗菜幼苗 qP 与 NPQ 的影响

菜的降幅从大到依次为小花楼斗菜＞楼斗菜＞尖萼楼斗菜，分别下降了 27.81％、27.43％和 26.12％。

不同盐分处理下 3 种楼斗菜的冠幅变化见表 4-7。在 EC5 处理下，相比对照组，3 种楼斗菜的降幅从大到小依次为楼斗菜＞小花楼斗菜＞尖萼楼斗菜，分别下降了 62.11％、54.56％和 51.74％。在 EC10 处理下，相比对照组，3 种楼斗菜的降幅从大到小依次为楼斗菜＞小花楼斗菜＞尖萼楼斗菜，分别下降了 63.28％、55.65％和 52.29％。

不同盐分处理下，3 种楼斗菜幼苗的生长均受到抑制。处理 40 d 时，CK 组植株长势良好，叶柄挺拔，叶色浓绿；EC5 处理下，部分老叶枯黄，幼叶叶缘外卷；EC10 处理下，部分老叶坏死，幼叶褪绿且发生不同程度的萎蔫。由表 4-7 可以看出，随着盐溶液电导率的升高，3 种楼斗菜的外观评分均显著下降。相比对照组，EC5 处理下，3 种楼斗菜外观评分降幅从大到小依次为楼斗菜＞小花楼斗菜＞尖萼楼斗菜，分别下降了 58.51％、44.14％和 27.62％。EC10 处理下，3 种楼斗菜外观评分进一步下降，相比对照组，外观评分降幅从大到小依次为楼斗菜＞小花楼斗菜＞尖萼楼斗菜，分别下降了 83.82％、79.08％和 51.41％。可见在两种盐分处理下，尖萼楼斗菜的外观评分变化较为平缓，而楼斗菜波动幅度最大（图版Ⅶ）。

表 4-7 不同盐分处理对 3 种耧斗菜幼苗的
株高、冠幅和外观评分的影响

种类	处理	指标		
		株高（cm）	冠幅（cm）	外观评分
尖萼耧斗菜	CK	12.02±1.29a	21.57±0.84a	4.96±0.07a
	EC5	9.92±0.32ab	10.41±0.36b	3.59±0.23b
	EC10	8.88±0.99b	10.29±1.23b	2.41±0.65c
小花耧斗菜	CK	11.65±0.68a	22.05±067a	4.78±0.19a
	EC5	9.49±1.26b	10.02±0.92b	2.67±0.67b
	EC10	8.41±1.95b	9.78±1.30b	1.00±0.33c
耧斗菜	CK	10.17±0.94a	21.38±1.28a	4.82±0.22a
	EC5	7.85±1.41b	8.10±0.90b	2.00±0.33b
	EC10	7.38±1.58b	7.85±0.88b	0.78±0.19c

（7）不同盐分处理对 3 种耧斗菜幼苗干物质量及叶片相对含水量的影响

由表 4-8 可知，不同盐分处理下，3 种耧斗菜的干物质量均显著下降。在 EC5 处理下，相比对照组，3 种耧斗菜幼苗地上部分干重降幅从大到小依次为小花耧斗菜＞耧斗菜＞尖萼耧斗菜，分别下降了 31.75%、27.10%和 16.15%；地下部分干重降幅从大到小依次为小花耧斗菜＞耧斗菜＞尖萼耧斗菜，分别下降了 79.75%、78.57%和 75.16%；总干重降幅从大到小依次为小花耧斗菜＞耧斗菜＞尖萼耧斗菜，分别下降了 58.45%、56.28%和 48.80%。在 EC10 处理下，相比对照组，3 种耧斗菜幼苗地上部分干重降幅从大到小依次为小花耧斗菜＞耧斗菜＞尖萼耧斗菜，分别下降了 44.44%、37.38%和 29.23%；地下部分干重降幅从大到小依次为小花耧斗菜＞耧斗菜＞尖萼耧斗菜，分别下降了 87.34%、83.57%和 78.88%；总干重降幅从大到小依次为小花耧斗菜＞耧斗菜＞尖萼耧斗菜，分别下降了 68.31%、63.56%和 56.70%。在两种盐分处理下，以尖萼耧斗菜干物质量的降幅最小。

由表 4-8 可知，不同盐分处理下，3 种耧斗菜幼苗叶片相对含水量均下降。在 EC5 处理下，相比对照组，3 种耧斗菜叶片相对含水量的降幅从大到小依次为小花耧斗菜＞耧斗菜＞尖萼耧斗菜，分别下降了 14.86％、5.37％和 1.21％。在 EC10 处理下，3 种耧斗菜叶片相对含水量持续下降，相比对照组，降幅从大到小依次为小花耧斗菜＞尖萼耧斗菜＞耧斗菜，分别下降了 18.61％、18.48％和 8.84％。在两种盐分处理下，小花耧斗菜叶片相对含水量的降幅均最大。

表 4-8　不同盐分处理对 3 种耧斗菜幼苗的
干物质量和叶片相对含水量的影响

种类	处理	指标			
		地上部分干重 (g)	地下部分干重 (g)	总干重 (g)	叶片相对含水量 (%)
尖萼耧斗菜	CK	1.30±0.06a	1.61±0.03a	2.91±0.06a	91.54±1.18a
	EC5	1.09±0.03b	0.40±0.02b	1.49±0.05b	90.43±2.19a
	EC10	0.92±0.09c	0.34±0.01b	1.26±0.11c	74.62±1.91b
小花耧斗菜	CK	1.26±0.04a	1.58±0.01a	2.84±0.05a	94.27±2.84a
	EC5	0.86±0.06b	0.32±0.03b	1.18±0.04b	80.26±0.30b
	EC10	0.70±0.06c	0.20±0.05c	0.90±0.11c	76.73±4.71b
耧斗菜	CK	1.07±0.07a	1.40±0.06a	2.47±0.12a	91.42±5.06a
	EC5	0.78±0.06b	0.30±0.03b	1.08±0.09b	86.51±3.91ab
	EC10	0.67±0.07b	0.23±0.06c	0.90±0.13c	83.34±2.79b

（8）不同盐分处理对 3 种耧斗菜幼苗膜系统和抗氧化酶活力的影响

由表 4-9 可知，3 种耧斗菜幼苗的细胞膜透性均随着盐溶液电导率的升高而显著升高。在 EC5 处理下，3 种耧斗菜幼苗的细胞膜透性相比对照组增幅从大到小依次为小花耧斗菜＞尖萼耧斗菜＞耧斗菜，分别增加了 298.57％、293.05％和 256.21％。在 EC10 处理下，3 种耧斗菜细胞膜透性持续升高，相比对照组，增幅从大到小依次为小花耧斗菜＞楼斗菜＞尖萼楼斗菜，分别增加了 573.14％、539.20％ 和 525.78％。在两种盐分处理下，小花楼斗菜的细胞膜透性增长幅度最大。

3 种楼斗菜幼苗的丙二醛含量均随着盐溶液电导率的升高而升高（表 4-9）。相比对照组，EC5 处理下，3 种楼斗菜幼苗的丙二醛含量增幅从大到小依次为尖萼楼斗菜＞楼斗菜＞小花楼斗菜，分别增加了 120.00、93.75％ 和 68.75％。EC10 处理下，3 种楼斗菜幼苗丙二醛含量持续上升，相比对照组，增幅从大到小依次为小花楼斗菜＞尖萼楼斗菜＞楼斗菜，分别增加了 393.75％、155.00％ 和 125.00％，其中楼斗菜在重度盐分处理下的细胞膜透性变化相对较平缓。

不同盐分处理下，3 种楼斗菜幼苗的抗氧化酶活力响应程度不同（表 4-9）。随着盐溶液电导率的升高，SOD 活力均先升高后降低，相比对照组，EC5 处理下的 3 种楼斗菜幼苗 SOD 活力增幅从大到小依次为小花楼斗菜＞楼斗菜＞尖萼楼斗菜，分别增加了 36.05％、32.99％ 和 30.62％。在 EC10 处理下，相比对照组，小花楼斗菜和尖萼楼斗菜 SOD 活力分别下降了 17.64％ 和 10.25％，而楼斗菜增加了 10.39％。小花楼斗菜 SOD 活力变化幅度最大，尖萼楼斗菜 SOD 活力变化相对其他两个品种平缓。

不同盐分处理下，3 种楼斗菜幼苗的 POD 活力变化如表 4-9 所示。随着盐溶液电导率的升高，尖萼楼斗菜 POD 活力呈持续下降趋势，而小花楼斗菜和楼斗菜的 POD 活力均呈持续上升趋势。与对照组相比，EC5 处理下，小花楼斗菜和楼斗菜 POD 活力增幅分别为 63.10％ 和 5.98％，尖萼楼斗菜的降幅为 8.43％；EC10 处理下，相比对照组，小花楼斗菜和楼斗菜 POD 活力增幅分别为 95.25％ 和 10.76％，而尖萼楼斗菜下降了 34.04％。因此，小花楼斗菜的 POD 活力变化幅度较大，而楼斗菜的 POD 活力变化较为平缓。

（9）不同盐分处理对 3 种楼斗菜幼苗渗透调节物质和叶绿素含量的影响

由表 4-10 可知，随着盐溶液电导率的升高，3 种楼斗菜幼苗的可溶性糖含量均升高。相比对照组，EC5 处理下，3 种耧斗菜可溶性糖含量的增幅从大到小依次为耧斗菜＞小花耧斗菜＞尖萼耧斗菜，分别增加了 41.74％、18.45％和 13.94％。在 EC10 处理下，3 种耧斗菜的可溶性糖含量持续上升，相比对照组，增幅从大到小依次为耧斗菜＞尖萼耧斗菜＞小花耧斗菜，分别增加了 118.26％、56.17％和 50.27％。在两种盐分处理下，以耧斗菜可溶性糖含量增幅最大。

表4-9　不同盐分处理对 3 种耧斗菜幼苗的细胞膜透性、
丙二醛含量及抗氧化酶活力的影响

种类	处理	指标			
		细胞膜透性 （％）	丙二醛含量 （μmol/g）	SOD 活力 （U/g）	POD 活力 （U/g）
尖萼耧斗菜	CK	5.47±1.25c	0.002 0±0.000 2c	110.32±9.00b	908.20±9.85a
	EC5	21.50±0.62b	0.004 4±0.000 2b	144.10±4.12a	831.68±40.32b
	EC10	34.23±1.42a	0.005 1±0.000 1a	99.01±2.36c	599.02±26.22c
小花耧斗菜	CK	7.67±0.86c	0.001 6±0.000 2c	108.84±6.01b	558.88±17.29c
	EC5	30.57±0.75b	0.002 7±0.000 1b	148.08±6.50a	911.56±34.87b
	EC10	51.63±0.91a	0.007 9±0.000 2a	89.64±5.55c	1 091.20±25.30a
耧斗菜	CK	5.23±0.60c	0.001 6±0.000 1c	90.20±5.04b	834.99±30.47c
	EC5	18.63±0.91b	0.003 1±0.000 1b	119.96±6.51a	884.91±37.77ab
	EC10	33.43±0.40a	0.003 6±0.000 2a	99.57±2.17b	924.83±34.99a

　　不同盐分处理下，3 种耧斗菜的可溶性蛋白含量变化如表 4-10 所示。3 种耧斗菜幼苗的可溶性蛋白含量均随着盐溶液电导率的升高而降低。EC5 处理下，相比对照组，3 种耧斗菜幼苗的可溶性蛋白含量的降幅从大到小依次为耧斗菜＞小花耧斗菜＞尖萼耧斗菜，分别下降了 41.70％、30.66％和 16.38％。EC10 处理下，3 种耧斗菜幼苗的可溶性蛋白含量持续降低，相比对照组，降幅从大到小依次为小花耧斗菜＞耧斗菜＞尖萼耧斗菜，分别下降了 58.90％，55.03％和 44.29％。在两种盐分处理下，尖萼耧斗菜的可溶性蛋白含量降幅均最小。

　　由表 4-10 可知，随着盐溶液电导率的升高，3 种耧斗菜幼苗

的游离脯氨酸含量均增加。在 EC5 处理下，3 种耧斗菜幼苗的游离
脯氨酸含量相比对照组增幅从大到小依次为尖萼耧斗菜＞小花耧斗
菜＞耧斗菜，分别增加了 115.06％、99.65％和 87.30％。在 EC10
处理下，3 种耧斗菜幼苗的游离脯氨酸含量持续上升，相比对照
组，增幅从大到小依次为尖萼耧斗菜＞耧斗菜＞小花耧斗菜，分别
增加了 216.03％、148.94％和 137.19％。在两种盐分处理下，尖
萼耧斗菜的游离脯氨酸含量增幅均最大。

由表 4-10 可知，随着盐溶液电导率的升高，3 种耧斗菜幼苗的叶
绿素含量均下降。在 EC5 处理下，相比对照组，3 种耧斗菜叶绿素含
量降幅从大到小依次为小花耧斗菜＞尖萼耧斗菜＞耧斗菜，分别下降
了 43.33％、32.97％和 3.11％。在 EC10 处理下，相比对照组，3 种耧
斗菜的叶绿素含量降幅从大到小依次为小花耧斗菜＞尖萼耧斗菜＞耧
斗菜，分别下降了 81.11％、48.72％和 17.12％。耧斗菜在两种盐分处
理下的叶绿素含量变化幅度最小，而小花耧斗菜的下降幅度最大。

表 4-10　不同盐分处理对 3 种耧斗菜幼苗的
渗透调节物质和叶绿素含量的影响

| 种类 | 处理 | 指标 | | | |
		可溶性糖含量（％）	可溶性蛋白含量（mg/g）	游离脯氨酸含量（μg/g）	叶绿素含量（mg/g）
尖萼耧斗菜	CK	18.87±0.65c	10.50±0.14a	3.12±0.28c	2.73±0.04a
	EC5	21.50±0.55b	8.78±0.21b	6.71±0.52b	1.83±0.06b
	EC10	29.47±1.03a	5.85±0.10c	9.86±0.51a	1.40±0.05c
小花耧斗菜	CK	16.53±0.37c	10.73±0.17a	5.70±1.07c	2.70±0.02a
	EC5	19.58±1.27b	7.44±0.13b	11.38±0.30b	1.53±0.02b
	EC10	24.84±0.52a	4.41±0.11c	13.52±0.12a	0.51±0.01c
耧斗菜	CK	20.70±0.29c	11.03±0.18a	3.78±0.30c	2.57±0.04a
	EC5	29.34±1.16b	6.43±0.32b	7.08±0.31b	2.49±0.06b
	EC10	45.18±0.94a	4.96±0.07c	9.41±0.17a	2.13±0.05c

（10）3 种耧斗菜幼苗耐盐性综合分析

3 种耧斗菜幼苗的生长以及生理指标的隶属函数值如表 4-11 所示。尖萼耧斗菜、小花耧斗菜和耧斗菜的平均隶属函数值分别为 0.555、0.449 和 0.536，因此 3 种耧斗菜幼苗的耐盐性由强到弱依次是尖萼耧斗菜＞耧斗菜＞小花耧斗菜。

表 4-11　不同盐分处理下 3 种耧斗菜幼苗各指标的隶属函数值

指标	隶属函数值		
	尖萼耧斗菜	小花耧斗菜	耧斗菜
初始荧光	0.590	0.497	0.608
最大荧光	0.725	0.318	0.718
潜在光化学效率	0.599	0.417	0.627
实际光化学效率	0.564	0.336	0.760
光化学猝灭系数	0.671	0.357	0.756
非光化学猝灭系数	0.473	0.415	0.667
株高	0.624	0.532	0.234
冠幅	0.439	0.430	0.323
外观评分	0.687	0.487	0.419
地上部分干重	0.688	0.429	0.270
地下部分干重	0.414	0.355	0.314
总干重	0.491	0.368	0.290
叶片相对含水量	0.555	0.465	0.634
细胞膜透性	0.672	0.466	0.700
丙二醛含量	0.649	0.611	0.817
超氧化物歧化酶活力	0.482	0.443	0.233
过氧化物酶活力	0.415	0.554	0.606
可溶性糖含量	0.236	0.132	0.531
可溶性蛋白含量	0.599	0.471	0.463

（续）

指标	隶属函数值		
	尖萼耧斗菜	小花耧斗菜	耧斗菜
游离脯氨酸含量	0.417	0.857	0.440
叶绿素含量	0.666	0.481	0.849
平均值	0.555	0.449	0.536

4.3.3 讨论

（1）3 种耧斗菜幼苗的光合特性对盐分处理的响应

3 种耧斗菜幼苗表观量子效率、暗呼吸速率均随着盐溶液电导率的升高而下降，光补偿点上升，表明 3 种耧斗菜幼苗在弱光下的光合能力均受到抑制，对卡开芦（*Phragmites karka*）（Shoukat et al.，2019）的研究有相似的结果。随着盐溶液电导率的升高，3 种耧斗菜幼苗的最大净光合速率、光饱和点均下降，表明盐分处理削弱了 3 种耧斗菜对强光的利用能力，这与对中山杉（郭金博等，2019）的研究结果相似。

研究表明，盐分胁迫抑制磷酸烯醇式丙酮酸（PEP）羧化酶和 RuBP 羧化酶的活力，破坏叶绿体结构，加之叶绿素的合成受到抑制，二氧化碳吸收量随气孔的关闭而下降，最终削弱植物的光合作用（王三根等，2015）。高浓度盐分胁迫下，光合日变化曲线发生不同程度的变化（袁继存等，2012）。本次试验中，随着溶液电导率的升高，3 种耧斗菜净光合速率日变化的峰值均下降，表明 3 种耧斗菜幼苗对盐分处理较为敏感，盐分处理均不利于 3 种耧斗菜的光合作用。在 EC10 处理下，小花耧斗菜与耧斗菜的净光合速率日变化曲线均由双峰曲线变为单峰曲线，对苹果（袁继存等，2012）的研究有相似的结果。

（2）3 种耧斗菜幼苗叶绿素荧光特性对盐分处理的响应

本试验中，3 种耧斗菜幼苗的 Fm、Fv/Fo、ΦPSⅡ均随着盐溶液电导率的升高而下降，Fo 增加，表明盐分处理降低了 3 种耧斗菜幼苗 PSⅡ反应中心对原初光能的捕获效率，抑制了电子传递和潜在光化学效率，这与彩叶草（刘真华等，2018）在盐分胁迫下的响应相似，其中以尖萼耧斗菜的降幅最小，因此尖萼耧斗菜对盐分处理具有相对较好的适应性。随着处理液电导率的升高，3 种耧斗菜幼苗的 NPQ 均上升，qP 均下降，热能耗散份额加大，表明盐分处理破坏了 3 种耧斗菜幼苗的 PSⅡ反应中心，抑制了光合电子传递和光合原初反应过程，这与卡开芦（Shoukat et al.，2019）在盐分胁迫下的响应相似。

（3）3 种耧斗菜幼苗形态及生理指标对盐分处理的响应

随着盐分在基质中的积累，3 种耧斗菜幼苗生长均受到抑制，随着试验的进行，盐分含量逐渐达到 3 种耧斗菜的生长阈值。试验结束时，EC10 处理下的 3 种耧斗菜均死亡，此时 3 种耧斗菜幼苗的根际土壤电导率平均值为 2.90 dS/m，表明 3 种耧斗菜幼苗对土壤电导率的最大耐受极限为 2.90 dS/m，当土壤电导率≥2.90 dS/m 时，3 种耧斗菜幼苗均无法生长。根据国内对盐渍土等级的划分表（毛任钊等，1997），土壤电导率为 2.90 dS/m 的土壤处于重度盐化状态，表明 3 种耧斗菜幼苗对一定范围内的土壤含盐量具有一定的耐受性。

由于盐分胁迫下植物组织水势的下降（Farooq et al.，2017）、细胞的分裂伸长受到抑制以及光合作用减弱等因素（Munns et al.，2008），盐分处理下植物生长、干物质积累均受到抑制，外观评分均下降。对盐分胁迫抗性较强的物种相对不易受到影响，在对蓖麻（da Silva Sá et al.，2016）、德州 7 种宿根花卉（Sun et al.，2015）的研究中得到相似的结果。在本次试验中，随着盐溶液电导率的升高，3 种耧斗菜生长均受到抑制，其中尖萼耧斗菜的株高、冠幅、干物质量的积累和外观评分降幅均最小，因此相比其他两种耧斗菜，尖萼耧斗菜具有相对更强的盐适应性。

盐分处理下，根系吸水能力下降，蒸腾速率的水分散失量多于根系的吸水量，导致植物叶片相对含水量的降低（于成志等，2015）。本试验中，3 种耧斗菜的叶片相对含水量均随着盐分处理的加重而降低，这与对菊苣（Poursakhi et al.，2019）的研究结果相似。叶片含水量不但反映了植物体内的水分状况，而且反映了植物的受损程度（董静等，2019）。在对 3 种柽柳（刘咏梅等，2019）的研究中，多枝柽柳在胁迫下相对含水量下降幅度最小，表明受到的胁迫较小。在本次试验中，在两种盐分处理下，小花耧斗菜的叶片相对含水量降幅均最大，因此盐分处理抑制了小花耧斗菜根系对水分的吸收，使其叶片严重失水。

盐分胁迫下，叶绿素降解酶活力升高，加之盐离子在植物体内过量积累的毒害作用，导致叶绿素含量的下降（林双冀等，2017）。本次试验中，3 种耧斗菜幼苗在不同盐分处理下叶绿素含量均降低，与黑麦草及紫羊茅（Wrochna et al.，2010）在融雪剂处理下的响应相似。此外，盐分处理下，降幅较小的品种类囊体膜稳定性较高，具有较好的盐适应性（Hishida et al.，2014）。本次试验中，3 种耧斗菜幼苗在不同盐分处理下叶绿素含量均降低，其中以耧斗菜的下降幅度最小，因此耧斗菜对盐分处理具有较好的适应性。

盐分处理引起植物体胞液中产生多种活性氧类物质，比如 H_2O_2、O_2^- 和 OH^- 等。过量的活性氧引起膜脂过氧化，进而引起膜脂过氧化反应过程的最终产物 MDA 在植物体内的积累。在本次试验中，随着处理液电导率的升高，3 种耧斗菜 MDA 含量均呈上升趋势，表明盐分处理下 3 种耧斗菜的膜系统均受到不同程度的损害，与大叶黄杨（李周园等，2011）在融雪剂处理下的响应相似。此外，耐盐性较强的品种 MDA 增幅较小，对 6 种草地早熟禾（刘燕等，2019）的研究印证了此观点。本试验中，随着盐溶液电导率的升高，不同品种间以耧斗菜 MDA 含量的增幅较小，因此耧斗菜膜系统稳定性相对较高。

盐分处理下，细胞膜选择透性功能失效，导致细胞内电解质的外渗，同时在 MDA 的影响下，膜系统蛋白质功能进一步受损，增加电解质的外渗程度（王三根等，2015）。盐处理下膜系统稳定性下降，细胞膜透性增加，在对菊苣（Poursakhi et al.，2019）和中华结缕草（胡化广等，2017）的研究中均得到印证。研究表明，不

耐盐品种细胞膜透性受到盐分胁迫的影响较大，如不耐盐芍药品种
'春晓'和'红富士'相比耐盐品种'粉玉奴实生苗 3'的细胞膜
透性变化幅度大（蒋昌华等，2018）。本次试验中，3 种耧斗菜幼
苗在盐分处理下细胞膜透性均呈上升趋势，其中小花耧斗菜细胞膜
透性增幅最大，表明小花耧斗菜膜系统更易受到盐分处理的影响。
此外，脯氨酸的积累有利于维持膜系统的稳定性（王三根等，
2015），因此尖萼耧斗菜在 EC10 处理下相对较高的膜稳定性可能
与脯氨酸的大量积累相关。

当土壤盐离子浓度过高时，土壤与植物体之间的水势差随之增
大，为了防止细胞失水，植物体产生渗透调节物质调节自身水势与
土壤水势相平衡，如脯氨酸、可溶性糖等（Abbasi et al.，2016）。
在本试验中，3 种耧斗菜在盐分处理下的脯氨酸、可溶性糖含量均
显著增加，表明盐分处理下 3 种耧斗菜幼苗的渗透调节系统均做出
响应，可溶性糖和游离脯氨酸在 3 种耧斗菜幼苗耐盐过程中起到重
要作用，这与翠菊（崔虎亮，2011）在融雪剂处理下的响应相似。
此外，产生大量的渗透调节物质需要消耗大量碳水化合物和 ATP，
致使植物的生长受限，这可能是导致 3 种耧斗菜在盐分胁迫下干物
质量下降的因素之一（García - Caparrós et al.，2018；王三根等，
2015）。

研究表明，可溶性蛋白可保护膜系统结构的完整性和稳定性，
盐分处理抑制植物体内蛋白质的合成，加速分解蛋白质，进而引起
细胞膜系统受损（王明洁，2012）。本试验中，盐分处理下 3 种耧
斗菜幼苗的可溶性蛋白含量显著下降，这与早熟禾'优美'（蒋昌
华等，2018）在融雪剂处理下的响应相似，但与宿根福禄考（姜云
天等，2017）在盐分处理下的响应存在出入，可能是供试物种的不
同和试验梯度的不同所导致，可溶性蛋白在 3 种耧斗菜幼苗耐盐过
程中的作用还有待进一步研究。此外，小花耧斗菜的膜透性大幅增
加可能与可溶性蛋白的大量分解有关。

盐分处理下，植物体内活性氧类物质大量积累，通过增强
SOD 和 POD 活力来清除过量活性氧自由基。不同植物品种抗氧化

酶活力变化程度和承受极限不同。在本试验中，3种耧斗菜幼苗的SOD活力均先升高后降低，表明过量的自由基已超出了这3种耧斗菜幼苗的防御系统清除能力，自由基代谢失衡，这与褐毛铁线莲（李洪瑶等，2018）在盐碱胁迫后期时的反应相似。SOD通常为抗氧化过程中的第一防线，将O_2^-转化为H_2O_2，H_2O_2的清除依靠抗氧化酶系统中的POD及CAT等抗氧化酶（Munns et al.，2008）。本试验中，尖萼耧斗菜的POD活力呈下降趋势，可能由于其他抗氧化酶或非酶类抗氧化剂占主导作用，因此耧斗菜属植物抗氧化酶之间的协同作用还有待进一步研究。

当土壤电导率为2.90 dS/m时达到3种耧斗菜幼苗的耐盐极限，超出此极限3种耧斗菜幼苗均无法生长；盐分处理下3种耧斗菜幼苗光合作用、膜稳定性、生长状态和干物质的积累均受到不同程度的抑制，抗氧化酶系统和渗透调节系统均做出不同程度的响应。通过隶属函数计算得出3种耧斗菜属植物耐盐性由强到弱依次为尖萼耧斗菜＞耧斗菜＞小花耧斗菜，与实际观察结果相一致。

4.3.4 结论

3种耧斗菜幼苗对盐分处理有一定的适应性，当土壤电导率≥2.90 dS/m时，3种耧斗菜幼苗均无法生长。

盐分处理下3种耧斗菜的PSⅡ反应中心光合作用、生长量均受到抑制，生物膜系统均受到不同程度的损害。

可溶性蛋白在3种耧斗菜幼苗渗透调节中的作用还有待进一步研究。

3种耧斗菜属植物的抗氧化酶系统的协同作用机制还需进一步研究。

通过隶属函数计算得出，3种耧斗菜幼苗的耐盐性由强到弱依次是尖萼耧斗菜＞耧斗菜＞小花耧斗菜。

第5章 •••

北方地区特色宿根花卉对不同遮阴处理的响应研究

5.1 不同遮阴处理对大花萱草生理特性的影响

5.1.1 材料与方法

（1）试验材料

试验材料同第 3 章 3.1.1 的（1）。

（2）试验设计

于 2006 年 4 月 20—25 日挑选整齐健壮的植株进行分株上盆，每品系 40 株，分别栽于盆中，每盆 1 株，盆规格为上口径 25 cm，下口径 14 cm，高 18 cm。培养基质的配比为园土：腐殖质：炉渣＝3：2：1。供试土壤的碱解氮（N）、有效磷（P）、速效钾（K）含量分别为 198、108、398 mg/kg（交予资源与环境学院测定）。

在同一条件下给予正常管理 20 d 后，在每个品系中选生长基本一致的试材，移入黑色遮阴网下，设置 4 个光照处理，每个处理 6 次重复，透光率分别为 100%（不遮光）、40%、15%、5%，以 100% 为对照，于光照处理后的 35、66、97、128 d，即分别于 6 月、7 月、8 月、9 月的 7：00—8：00 进行采样，选取上部成熟健壮叶片进行各项指标的测定。

（3）测定指标

①小气候的测定

小气候测定采用常规小气候测定系统，待所栽植株适应各自环境后进行测定。测定内容主要包括光照强度、气温、空气相对湿

度、土温（5 cm）。光照强度的测定采用照度计，5—9 月选晴天的
9：00—10：00 和 14：00—15：00，每 7 d 左右测定一次；从 8 月
18 日开始对气温、土温和空气相对湿度监测 1 周，气温和空气相
对湿度的测定采用干湿温度计，将干湿温度计悬挂于离地面 0.5 m
处，给湿球加水后进行读数；土温的测定采用温度计。

②叶片结构

在 2006 年 6 月 20 日、7 月 20 日、8 月 20 日和 9 月 20 日，分
别摘取不同遮阴处理下发育良好的成熟叶片，切取 1 cm 小段，用
甲醛-乙酸-乙醇（FAA）进行固定。

叶片表皮结构采用临时装片法制作并进行观察。用镊子轻轻撕
下叶片表皮，并用刀片刮去叶肉，将表皮整体放在载玻片上，滴一
滴水和番红，盖上盖玻片，用吸水纸吸取多余水分，放在显微镜下
观察气孔指数、分布、表皮附属物等。

叶片解剖结构观察采用石蜡切片法制片，首先将固定过的萱草
叶片置于真空泵抽气，直到材料完全沉入瓶底，然后按以下步骤
操作。

脱水：用乙醇（50％、70％、85％、95％、100％）逐级脱水，
每级 1～2 h，100％乙醇脱水两次。

透明：二甲苯作透明剂，1/2 的 100％乙醇＋1/2 的二甲苯→
二甲苯，每级透明时间为 1～2 h，每级透明两次，直至材料透明
为止。

浸蜡包埋：以石蜡作为包埋剂，将透明好的材料放入二甲苯
中，先放少许蜡屑，置于 35～40℃温箱中浸蜡 24 h，全部熔化后
将材料取出，倒出 1/2 溶液，加入已熔化的液体石蜡，再于 55～
65℃温箱中浸蜡，每 4 h 更换 1 次，重复进行 2 次，最后换入纯石
蜡，在 55～65℃温箱中浸 5 d 左右，将浸透好的材料用纯石蜡包埋
在准备好的小纸盒中。

修蜡块、切片：将包埋好的蜡块用刀修成梯形小块，并将其固
定在台木上，用旋转式切片机进行切片，切片厚度为 9～12 μm。

贴片及展片：在载玻片上涂少许粘贴剂（明胶 1 g，甘油 15 mL，

苯酚 2 g，蒸馏水 100 mL），用手涂匀，滴上 1～2 滴水，将切好的蜡带置于载玻片上，然后展片，待蜡带展开后，用吸水纸吸掉多余的液体，将切片放在 35～40℃温箱中烘干。

脱蜡、染色：二甲苯脱蜡后，用番红-亮绿染色。

二甲苯（10 min）→二甲苯（10 min）→1∶1（100％乙醇∶二甲苯）10 min→1∶1（100％乙醇∶二甲苯）10 min→100％乙醇 5 min→100％乙醇 5 min→95％乙醇 5 min→85％乙醇 5 min→70％乙醇 5 min→1％番红酒精溶液 24 h→70％乙醇 5 min→85％乙醇 5 min→亮绿 1 min→95％乙醇 5 min→100％乙醇 5 min→100％乙醇 5 min→1∶1（100％乙醇∶二甲苯）10 min→二甲苯 10 min→二甲苯→中性树胶封片。

在显微镜下观察气孔、表皮细胞个数、表皮细胞形状和分布情况，观察 20 个视野取平均值，计算气孔指数，$I(\%)=S/(E+S) \cdot 100$，其中 S 表示气孔数目，E 为表皮细胞数目。对片子进行显微摄影。

用 Olympus 显微镜进行数据调查，用 Nikon Eclipse 80i 高级生物显微镜对石蜡切片进行显微摄影。

③形态指标的测定

形态指标测定包括叶长、叶宽、株高、冠幅、茎粗、叶片数、单花数等，5—9 月每周测定 1 次。株高的测定为植株的绝对高度，将植株拉直后采用钢卷尺测量；叶片长度的测定选取完全展开的叶片，用钢卷尺进行平展测量；叶片宽度和茎粗采用游标卡尺进行测定。

④植株生物量的测定

在缓苗后开始处理前，每个品系各取 5 盆植株，清除根系周围的泥土并清洗全株后，吸去多余的水分，分别称取叶片、根的重量，105℃杀青 15 min，80℃烘干至恒重，称干重。遮阴 5 个月后收获全株，每个处理取 5 盆植株称取鲜重、干重。计算各器官鲜重和干重增量。

⑤叶片的光合特性的测定

光响应曲线：通过 CI－340 便携式光合仪及其 CI－301 LA 光

控附件进行测定，挑选不同处理下不同品系生长健壮的植株，通过仪器设置 10 个光照梯度，分别为 0、50、100、200、400、600、800、1 000、1 200、1 500 μmol/(m^2 · s)，每次间隔 8 min 左右使叶片适应光强。制作 Pn - PAR 响应曲线，求得光饱和点和光补偿点，用直线回归法求得该响应曲线的初始斜率［光合有效辐射低于 200 μmol/(m^2 · s) 下的数据的直线回归］，为表观量子效率（AQY）。

叶片净光合速率日变化测定方法参考第 3 章 3.1.1 的（3）的④。

⑥生理指标的测定

叶绿素含量、可溶性糖含量、游离脯氨酸含量、丙二醛含量的测定参考第 3 章 3.1.1 的（3）的⑤；花青素含量的测定参考第 3 章 3.4.1 的（4）的⑦。

⑦数据处理

采用 DPS 和 Excel 2003 数据处理软件进行数据统计分析。

5.1.2 结果与分析

（1）遮阴对小气候的影响

①遮阴对光照强度的影响

光照强度对植物生长及形态结构的建成有重要作用。光是光合作用能量的来源，而光合作用合成的有机物质是植物进行生长的物质基础。光还能促进组织和器官的分化，制约器官的生长和发育速度；植物体各器官和组织保持正常发育比例，也与一定的光照强度有关。

图 5-1 是晴天条件下测得的光照强度季节变化。可以看出，各遮阴处理的光强变化趋势基本一致。5—9 月光照强度逐渐降低，除 100％光强以外的其他 3 个光照处理，季节变化幅度较小，100％、40％、15％、5％处理的光照强度依次降低 25.16、6.16、7.99、3.41klx。

表 5-1 为各处理光照强度的平均值与相对照度。可以看出，实测相对照度与预设光照处理均有不同。40％处理下的相对照度比

预设光照高 0.16％，而 15％和 5％处理的相对照度分别比预设光
照低 0.21％和 0.19％。

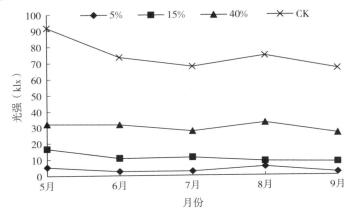

图 5-1　光照强度季节变化

表 5-1　平均光照强度及相对照度

项目	CK	40％	15％	5％
平均光照强度（klx）	74.963 29	29.937 54	11.201 86	3.685 162
相对照度（％）	100.000 00	40.156 27	14.788 93	4.807 157

②遮阴对气温和土温的影响

从图 5-2 和图 5-3 可以看出，遮阴处理降低了日均气温和日
均土温。40％、15％、5％处理下的日均气温较 CK 处理分别降低
了 1.2、1.3、1.5℃。遮阴处理对土温的降低效果显著，与 CK 相
比，40％、15％、5％处理下的日均土温分别降低了 5.4、7.3、
7.6℃。各处理的日均气温的降幅变化较小，而日均土温的降幅
随遮阴程度的增加而变化趋缓。

③遮阴对空气相对湿度的影响

从图 5-4 可以看出，不同遮阴处理下的空气相对湿度变化
趋势基本一致，从 6：00 开始明显下降，12：00 或 14：00 达到
最低，之后一直增加到 18：00 达到最大。各处理的日平均湿度

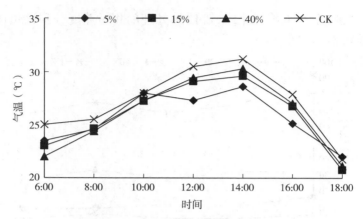

图 5-2　不同遮阴处理的气温日变化

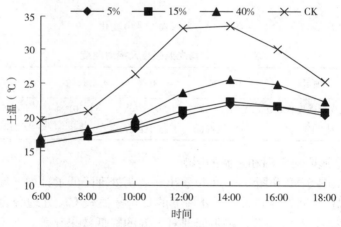

图 5-3　不同遮阴处理的土温日变化

变化不同，5％处理下的日均湿度较 CK 提高了 0.56％，而 40％和 15％处理较 CK 分别降低了 1.18％和 0.64％。遮阴网的覆盖在一定程度上稳定了小环境中的各个变化因子，遮阴程度越低，受外界环境影响越大。5％处理的郁闭度最大，其日均湿度最高，相较于 CK 变化率为 2％，40％和 15％的变化率分别为 1.1％和 0.9％。

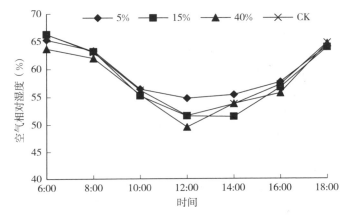

图 5 - 4　不同遮阴处理的空气相对湿度日变化

(2) 遮阴对叶片结构的影响

植物叶片上表面吸收光量子，因而叶表状况在很大程度上影响着叶片的光学特性，上表皮层一方面可以通过薄膜干涉选择性地削弱光量子，另一方面可以改变光量子的反射方式，增加叶内光量子密度 (Bilger et al.，1989)，使得叶片能够利用更多的有效辐射进行光合作用。通常草本植物的叶片解剖结构会受到遮阴的影响，同化组织细胞数目减少，细胞间隙增大，叶片组织结构紧密度 (CTR) 降低，植株表现出阴生叶的特点 (周治国等，2001；刘世彪等，2004)。

由图版Ⅱ可以看出，大花萱草叶的初生结构由表皮、叶肉细胞和叶脉三部分组成。

表皮——上下表皮各有一层细胞，大小不等，形状比较规则，排列紧密，外壁均有加厚；下表皮细胞相对较小。

叶肉细胞——大花萱草叶片属等面叶，全由薄壁细胞构成，不分化成栅栏组织和海绵组织，细胞形状长方形，紧密排列，贴近上表皮的细胞内叶绿体明显多于贴近下表皮的细胞，薄壁细胞由紧贴上下表皮向中间逐渐增大，胞间隙也随之增大，中间部分的薄壁细胞破裂，形成较大的腔，在气孔内方的叶肉细胞有较大的胞间隙，即孔下室。

叶脉——叶脉的维管束在近上下表皮的叶肉细胞内（除主脉外），大致相对排列，为有限外韧维管束。中间主脉的维管束较大，维管束的远轴面端为韧皮部，由筛管、伴胞和韧皮薄壁细胞组成，筛管为多边形，伴胞近似方形。再向内即近轴面端为木质部，由导管、管胞和薄壁组织细胞构成。原生木质部导管直径较小，为多边形，较紧密地排列成1～2列。后生木质部导管近圆形、椭圆形。维管束鞘由一层较大的薄壁细胞组成。

①叶片表皮结构

在叶片外观上，这3种大花萱草叶片没有蜡质和革质，表面光滑无毛，具备耐阴植物的典型特征。从表5-2可以看出，上表皮细胞密度较下表皮小，T1、T2在15％处理下的表皮细胞密度明显大于其他处理，T3的下表皮细胞密度在40％处理下最大，对数据进行方差分析，3种大花萱草表皮细胞密度在不同处理下差异显著。

表5-2 不同遮阴处理下叶表皮及气孔特征

品系	处理	细胞密度（个/mm²）		气孔密度（个/mm²）		气孔指数（％）	
		上表皮	下表皮	上表皮	下表皮	上表皮	下表皮
T1	CK	239.06cC	395.94cC	1.88aA	151.56aA	24.25aA	27.68aA
	40％	353.44bB	418.75bB	0.63bB	137.19bB	21.95bA	24.68bB
	15％	391.25aA	581.25aA	1.88aA	136.88bB	21.90bA	19.06cC
	5％	208.44dD	228.13dD	—	59.06cC	9.45cB	20.57cC
T2	CK	244.69cC	444.06bB	7.50bB	140.00bB	22.40bB	23.97bB
	40％	200.63dD	380.63dD	0.94cC	24.38cC	3.90cC	6.02cC
	15％	264.69aA	593.13aA	0.63cC	19.69dD	3.15cC	3.21dD
	5％	250.94bB	430.31cC	47.50aA	188.44aA	30.15aA	30.45aA
T3	CK	271.56cC	381.88bB	0.31cC	121.56aA	19.45aA	24.15aA
	40％	278.13bB	399.38aA	35.00aA	75.94bB	12.15bB	15.98bB
	15％	250.31dD	353.75cC	2.50bB	58.44cC	9.35cC	14.18bcB
	5％	354.93aA	317.81dD	—	51.25dD	8.20cC	13.89cB

注：5％显著水平为小写字母（$P<0.05$）；1％极显著水平为大写字母（$P<0.01$）。

气孔主要分布在下表皮，上表皮没有气孔或只有少量气孔。下表皮气孔密度表现为 T1 最大，平均为 121.17 个/mm^2，T2 和 T3 为 93.13 个/mm^2 和 76.80 个/mm^2。T1、T3 下表皮均在 100% 光强下气孔密度最大，并表现为随着光强的减弱，气孔密度变小；T2 的下表皮气孔密度在 5% 透光率下最大，其次是 100%；T2、T3 各处理下表皮气孔密度具有显著差异。上表皮的气孔指数均小于下表皮（T1 的 15% 处理除外），下表皮的气孔指数 T1 最大，其次是 T3，T2 最小。

②叶片解剖结构

由表 5-3 可知，在 40% 处理下，3 种试材的上表皮厚度均最大；下表皮厚度除 T3 在 CK 最大外，T1、T2 均在 40% 处理下最大；T1 的导管直径在 40% 处理下最大，T2 在 5% 处理下最大，T3 在 15% 处理下最大。3 种大花萱草叶片表皮厚度及导管直径在 40%、15% 处理下差异显著。

表 5-3　不同遮阴处理下大花萱草叶片的解剖结构比较

品系	处理	上表皮厚（μm）	下表皮厚（μm）	导管直径（μm）
T1	CK	54.25Bb	30.89Bb	27.23Cc
	40%	62.57Aa	41.98Aa	53.86Aa
	15%	37.62Cc	31.28Bb	41.58Bb
	5%	53.36Bb	41.18Aa	41.58Bb
T2	CK	53.46Bc	31.28Bc	28.51Dd
	40%	66.53Aa	37.62Aa	49.10Cc
	15%	55.44Bb	33.26Bb	55.04Bb
	5%	64.94Aa	36.83Aa	68.11Aa
T3	CK	66.53Bb	43.16Aa	35.24Cc
	40%	69.30Aa	34.06BCc	47.08Bb
	15%	62.17Cc	36.04Bb	53.86Aa
	5%	48.71Dd	33.26Cc	47.12Bb

注：5% 显著水平为小写字母（$P<0.05$）；1% 极显著水平为大写字母（$P<0.01$）。

（3）遮阴对大花萱草形态特征的影响

①遮阴对叶长及叶宽的影响

由图5-5可知，3个品系的大花萱草随着遮阴程度加大，叶长不断增大。在CK到15%，T1、T2不断增长，但增长率下降；透光率15%以下，叶长对遮阴胁迫的反应能力下降；说明在15%以上透光率下的大花萱草开始徒长，表现出对适度遮阴的适应，但对过度遮阴环境，通过形态改变进行调节的能力降低，植株容易倒伏。遮阴程度逐渐增大，叶长的增加率T1=32.1%、T2=19.1%、T3=2.6%。

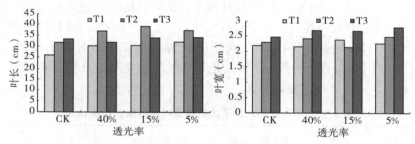

图5-5　不同遮阴处理下叶长及叶宽的变化

叶宽的变化随遮阴度的增加而加宽。叶宽随遮阴度的变化和叶长的变化总体趋势相似。由图5-5可以看出，随着透光率的降低，3个试材的叶宽变化不尽相同，但是总体趋势是逐渐增大。T1和T2的叶宽在40%和15%处理下有较大波动，T1在15%处理下的叶宽高于CK，T2在15%处理下的叶宽低于CK，而T3的叶宽变化呈不断上升趋势，其各个处理的叶宽均高于CK。遮阴程度逐渐增大，叶宽的增加率T1=3.6%、T2=8.1%、T3=13.7%。

由图5-6可知，5—9月，3种大花萱草的叶长和叶宽随时间的变化趋势基本相反。叶长随生长期的延长不断增大，6—7月迅速增长，之后缓慢上升。叶宽随时间的延长先上升后下降，T3叶宽一直明显大于其他两个品系，5—9月叶宽的下降率T1=

13.6%、T2＝11.1%、T3＝22.3%。

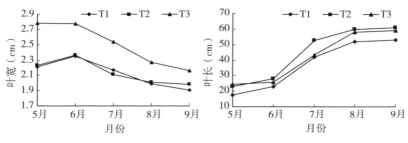

图 5 - 6　叶宽及叶长的季节变化

设各品系叶宽、叶长为 y，相对照度为 $x\%$，可得经验方程，见表 5 - 4。

表 5 - 4　叶长、叶宽与光照处理（$x\%$）经验方程

试材	y	经验方程	相关系数
T1	叶长	$y=0.922\,3x+26.949$	0.424 5
	叶宽	$y=0.046\,4x+2.128\,2$	0.341 3
T2	叶长	$y=2.023\,8x+31.333$	0.836 7
	叶宽	$y=0.028\,4x+2.621\,2$	0.578
T3	叶长	$y=0.480\,3x+32.131$	0.348 4
	叶宽	$y=0.100\,6x+2.413\,3$	0.828 5

从表 5 - 4 中的经验方程可看出，供试材料的叶长和叶宽与光照处理（遮阴度）之间存在一定相关性。T2 的叶长和 T3 的叶宽与光照处理的相关系数分别达到 0.836 7 和 0.828 5。

②遮阴对茎粗的影响

从图 5 - 7 可知，随着遮阴程度的增大，茎粗的变化为先升高后下降，从 CK 开始迅速增加，在 40% 处理下达到最大，之后迅速减小，15% 到 5% 缓慢变化。说明在适度遮阴情况下，大花萱草茎的生长量较大，茎的生长受遮阴影响显著。

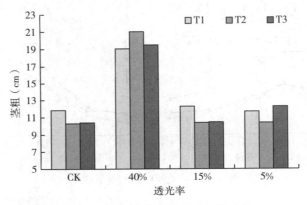

图 5-7　不同遮阴处理下茎粗的变化

③遮阴对株高及冠幅的影响

遮阴条件下，各试验材料的生长受到影响，其形态发生了相应的变化来适应新的光环境。从图 5-8 可知，大花萱草的 3 个品系整体变化基本一致，株高、冠幅随着遮阴程度的加大整体呈上升趋势。随着遮阴程度逐渐增大，株高的增加率 T1＝38.8%、T2＝30.4%、T3＝21.8%；而冠幅的增加率 T1＝24.9%、T2＝11.4%、T3＝14.9%。从 CK 到 40% 再到 15%，植株冠幅不断增大。

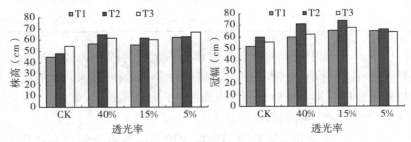

图 5-8　不同遮阴处理下株高、冠幅的变化

设各品系株高、冠幅为 y，相对照度为 x%，可得经验方程，见表 5-5。

从表 5-5 的经验方程可看出，供试材料的株高和冠幅两项指标与光照处理（遮阴度）之间存在一定的相关性，T2 冠幅和 T3 株高与光照处理的相关系数分别达到 0.836 7 和 0.818 6。

表 5-5　株高、冠幅（y）与光照处理（x%）经验方程

试材	y	经验方程	相关系数
T1	株高	$y=5.088x+42.088$	0.814 6
	冠幅	$y=0.922\ 3x+26.949$	0.424 5
T2	株高	$y=4.056\ 1x+49.002$	0.480 2
	冠幅	$y=2.023\ 8x+31.333$	0.836 7
T3	株高	$y=3.434\ 7x+52.068$	0.818 6
	冠幅	$y=0.480\ 3x+32.131$	0.348 4

④遮阴对叶片数及单花数的影响

由图 5-9 可知，随着遮阴程度的增加，叶片数和单花数都不断减少。叶片数的下降率 T1=22.7%、T2=25.2%、T3=7.7%，单花数的下降率 T1=57.9%、T2=100%、T3=100%。遮阴程度的加大不但减少了叶片数和单花数，而且严重影响大花萱草的观赏特性。

设各品系叶片数、单花数为 y，相对照度为 x%，可得经验方程，见表 5-6。

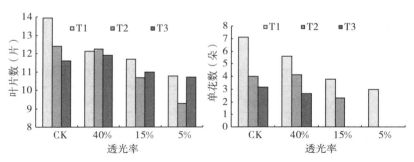

图 5-9　不同遮阴处理下叶片数、单花数的变化

表 5-6　叶片数及单花数与光照处理（$x\%$）的经验方程

试材	y	经验方程	相关系数
T1	叶片数	$y=-0.993\,9x+14.160\,6$	0.931 4
	单花数	$y=-1.420\,8x+8.430\,6$	0.911
T2	叶片数	$y=-1.091\,4x+13.881$	0.924 9
	单花数	$y=-1.377\,8x+6.055\,6$	0.857 1
T3	叶片数	$y=-0.362\,1x+12.205$	0.713 2
	单花数	$y=-1.208\,3x+4.472\,2$	0.855 1

从表 5-6 可以看出，在所测定的形态指标中，3 种供试品系的叶片数和单花数两项指标都与光照处理之间存在很大相关性。如 T1 的叶片数及单花数与光照处理的相关系数分别达到 0.931 4 和 0.911。

（4）遮阴对植株生物量的影响

由表 5-7 可知，3 种大花萱草的叶片及根的干重、鲜重均受不同光照条件的影响，但影响程度不同，表现为对干重的影响较大。相较于对照，光强的降低使得通过蒸腾散失的水分相对较少，这部分水分补偿了一部分干物质积累的损失，从而表现为不同遮阴对干重的影响大于鲜重。从表 5-7 可以看出，CK、40% 处理下植株的生物增量高于 15% 和 5% 处理，说明在 CK 和 40% 时各品系可以充分利用光能进行物质积累，另外根部的生物增量普遍大于叶片。3 种试材生物总增量在不同光照处理下均有显著差异。

表 5-7　不同遮阴水平下 3 个大花萱草品系叶片及根部的生物增量

品系	处理	鲜重（g）			干重（g）		
		叶片	根	总	叶片	根	总
T1	CK	26.82aA	71.58aA	98.40aA	5.87aA	8.22aA	14.09aA
	40%	18.99bB	24.38bB	43.37bB	3.96bA	−2.37bB	1.59bB

（续）

品系	处理	鲜重（g）			干重（g）		
		叶片	根	总	叶片	根	总
	15%	1.94cC	5.33cC	7.27cC	0.68cB	−6.46cC	−5.78cC
	5%	−10.00dD	−14.48dD	−24.48dD	−1.27dB	−10.84dD	−12.11dD
T2	CK	38.53bB	85.88aA	124.41aA	7.27aA	21.50aA	28.77aA
	40%	49.06aA	72.78bB	121.84bA	7.77aA	15.11bB	22.88bB
	15%	26.42cC	32.98cC	59.40cB	3.91bB	5.47cC	9.38cC
	5%	3.05dD	21.27dD	24.32dC	0.40cC	1.33dD	1.73dD
T3	CK	17.11aA	82.53aA	99.64aA	3.05aA	23.83aA	26.88aA
	40%	24.21aA	73.14bB	97.35bA	3.93aA	19.21bB	23.14bB
	15%	−0.20bB	29.25cC	29.05cB	−0.43bB	5.53cC	5.10cC
	5%	−12.96cC	11.33dD	−1.63dC	−2.33cB	1.63dD	−0.70dD

注：5%显著水平为小写字母（$P<0.05$）；1%极显著水平为大写字母（$P<0.01$）。

（5）遮阴对叶片光合特性的影响

①叶片光响应曲线

光饱和点和光补偿点是衡量植物光合能力的两个重要指标，由图 5-10 可知，3 种大花萱草的光饱和点及光补偿点并不一致。

由图 5-10 光响应曲线求得：T1 的光饱和点是 $400 \, \mu mol/(m^2 \cdot s)$，光补偿点是 $16.06 \, \mu mol/(m^2 \cdot s)$，表观量子效率（AQY）为 0.021 8；T2 的光饱和点是 $800 \, \mu mol/(m^2 \cdot s)$，光补偿点是 $48.75 \, \mu mol/(m^2 \cdot s)$，表观量子效率（AQY）为 0.014 4；T3 的光饱和点是 $500 \, \mu mol/(m^2 \cdot s)$，光补偿点是 $20.12 \, \mu mol/(m^2 \cdot s)$，表观量子效率（AQY）为 0.016 6。光补偿点低说明植物利用弱光能力强，有利于有机物质的积累。光补偿点低且光饱和点相应也低的植物具有很强的耐阴性。

3 种大花萱草在不同光照条件下的光响应曲线见图 5-11，T1、T2、T3 的净光合速率在 40%处理下最高，在 5%处理下最低，

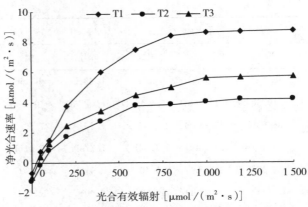

图 5 - 10 自然光照下 3 种大花萱草的光响应曲线

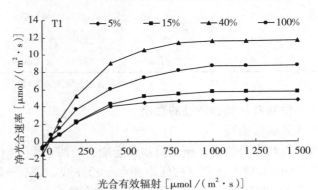

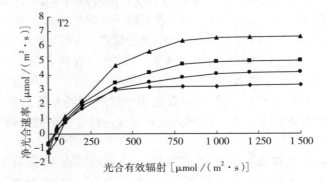

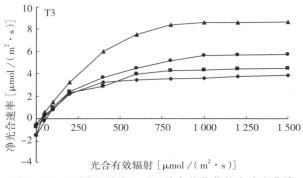

图 5 - 11　不同遮阴处理下 3 种大花萱草的光响应曲线

由此可以看出，大花萱草叶片的光合作用能力受其生长发育过程中所经历的光强的影响，全光照条件下的净光合速率明显低于适当遮阴（40%）下的净光合速率，而过度遮阴条件影响其光合作用进程，光合速率显著降低。

②遮阴条件下叶片净光合速率的日变化规律

3 种大花萱草的叶片净光合速率日变化为双峰曲线，如图 5 - 12 所示，在 6：00—18：00 的测定过程中，T1、T2、T3 的 Pn 最低值均出现在 6：00，之后开始上升，到 10 点左右 T1、T2、T3 三者均达到第一峰值，然后开始下降，12：00 降至最低，至 14：00 达到第二峰值，在整个 Pn 日变化中，T1 最高，其次是 T3，T2 最低。

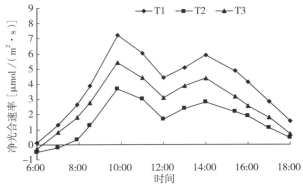

图 5 - 12　3 种大花萱草全光下叶片净光合速率日变化曲线

由图 5‑13 可知，3 种大花萱草在不同光照处理下的日变化同为双峰曲线，由此可见遮阴只改变植物每天各时刻的净光合速率的绝对值，而不改变植物净光合速率日变化的规律。T1、T2、T3 的净光合速率日变化曲线均出现中午强光下光合作用受抑制的现象，40％处理除早晚以外 Pn 值均高于其他处理，通过比较可以看出，适度的遮阴可以使净光合速率在一定范围内增加。40％处理的净光合速率最大，100％处理的最大净光合速率大于 15％处理，5％处理的净光合速率最小。3 种大花萱草对遮阴的最大承受能力不同也反映了其耐阴程度。

（6）遮阴对叶片生理指标的影响

①遮阴对叶绿素含量的影响

叶绿素是参与光合作用的主要物质，叶绿素的含量和比例是植

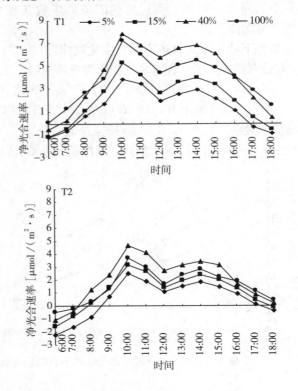

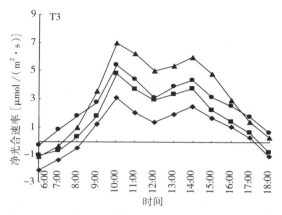

图 5-13 3 种大花萱草叶片净光合速率日变化曲线

物适应和利用环境因子的重要指标，它存在于植物细胞内的叶绿体中，叶绿素是一种能特殊接受光激作用的化学物质。叶绿素含量可以反映作物生长发育的特征动态，也是反映物质生产和遥感反射光谱关系的中间枢纽。

大花萱草叶片的叶绿素含量会随着光环境的改变发生相应变化，由图 5-14、图 5-15 可知，遮阴条件下 3 种供试材料的叶绿素总含量、叶绿素 a 含量、叶绿素 b 含量基本都较全光照下有所增加，但增加量不同，说明这 3 种试材对弱光都有一定的适应性，叶绿素 a/b 值随光照减弱基本呈下降趋势。

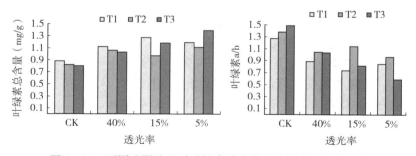

图 5-14 不同遮阴处理对叶绿素总含量和叶绿素 a/b 的影响

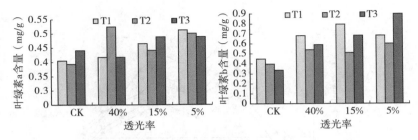

图 5-15 不同遮阴处理对叶绿素 a 和叶绿素 b 含量的影响

叶绿素总含量的变化具体表现为 T1 的叶绿素总含量在 40%、15%和 5%条件下分别比 CK 增加了 27.6%、44.8%和 35.6%；T2 叶绿素总含量分别比 CK 增加了 29.6%、18.5%、35.8%；T3 叶绿素总含量分别比 CK 增加了 29.1%、48.1%、74.7%。3 种试材在各个处理下的叶绿素总含量由多到少依次为 T1>T3>T2。各品系叶绿素总含量在 40%、15%处理下的差异均不显著（表 5-8）。T1 叶绿素总含量的变化特征是随着光强的减弱，叶绿素总含量先增加再减少，总体呈上升趋势，叶绿素总含量在 100%处理下最低，在 15%处理下达到最高，之后开始下降。这与树叶颜色的变化反应一致，这种现象表明当光照强度变小时，大花萱草通过增加叶绿素合成、提高光合效率而适应较为荫蔽的环境。

叶片的叶绿素 a/b 值随光强的减弱逐渐降低，3 种试材趋势表现较为一致，这也表明当光强减弱时，植株本身通过增加叶绿素的合成、充分吸收漫射光中的蓝紫光来提高光合效益（潘瑞炽，1984）。由图 5-14 可知，在 100%处理下叶绿素 a/b 值最高，在 5%处理下值最低（T1 在 15%处理下叶绿素 a/b 值最小），即随着遮阴强度的加大，叶绿素 a/b 值变小。表 5-8 的方差分析结果表明：遮阴对叶绿素 a/b 值影响较大，T1、T2 的叶绿素 a/b 值在 40%、15%、5%处理下均未达到显著差异水平，T3 的叶绿素 a/b 值在 40%、15%、5%处理下差异显著（$P<0.05$），各品系叶绿素 a/b 值由小到大依次为 T1<T3<T2。

表 5-8　不同遮阴处理下 3 种大花萱草的叶绿素含量

品系	处理	叶绿素 a 含量（mg/g）	叶绿素 b 含量（mg/g）	叶绿素总含量（mg/g）	叶绿素 a/b
T1	CK	0.43Cc	0.44Cc	0.87Bb	1.29Aa
	40%	0.44Cc	0.67Bb	1.11Aa	0.90Bb
	15%	0.48Bb	0.78Aa	1.26Aa	0.75Bb
	5%	0.52Aa	0.67Bb	1.18Aa	0.86Bb
T2	CK	0.42Cd	0.39Dd	0.81Bb	1.40Aa
	40%	0.53Aa	0.53Bb	1.05ABa	1.06Bb
	15%	0.46Bc	0.50Cc	0.96ABab	1.16ABb
	5%	0.51Ab	0.59Bb	1.10Aa	0.98Bb
T3	CK	0.46Bb	0.33Dd	0.79Cc	1.51Aa
	40%	0.44Bc	0.58Cc	1.02BCb	1.05Bb
	15%	0.50Aa	0.67Bb	1.17ABb	0.83BCc
	5%	0.50Aa	0.88Aa	1.38Aa	0.60Cd

注：5% 显著水平为小写字母（$P < 0.05$）；1% 极显著水平为大写字母（$P < 0.01$）。

3 种大花萱草的叶绿素总含量及叶绿素 a/b 的季节变化如图 5-16 所示，6—9 月整体变化趋势基本一致，即先降低再升高。T1、T2、T3 的叶绿素总含量 6—7 月缓慢下降，7—8 月明显下降，8 月降至最低，8—9 月又迅速升高。叶绿素 a/b 值与叶绿素总含量的变化趋势相反，具体表现为从 6—7 月平稳上升，7—8 月明显升高，叶绿素 a/b 在 8 月达到峰值，8—9 月迅速下降。

②遮阴对叶片花青素含量的影响

花青素是一类陆生植物色素，溶于水，无毒性，为广泛分布的植物多酚类黄酮化合物，广泛存在于植物的花、果实、茎、叶和根器官的细胞液中。植物叶片呈现的颜色是叶片各种色素的综合表现。

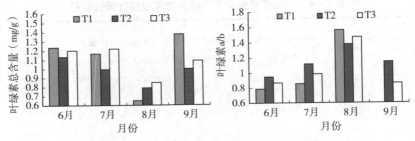

图 5-16　叶绿素总含量及叶绿素 a/b 的季节变化

由图 5-17、图 5-18 可知，遮阴程度越强，花青素含量越低。全光照条件下叶片中花青素的含量高于经过遮阴处理后的叶片。随着遮阴程度加大和光照时间的延长，3 种大花萱草的花青素的含量整体均呈下降趋势。

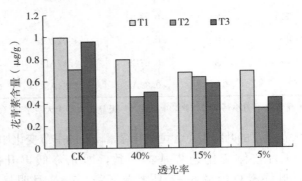

图 5-17　不同遮阴处理下花青素含量的变化

③遮阴对可溶性糖含量的影响

可溶性糖既是光合作用的产物，又是植物在逆境中有效的渗透调节物质。在遮阴条件下，作为光合作用产物的可溶性糖和渗透调节物质的可溶性糖之间存在一个平衡关系，可溶性糖的多少可以反映出植物对低光照环境的适应能力。

随着遮阴度的增加，光合作用不足，光合产物必然减少，大花萱草可溶性糖含量的变化与遮阴程度的大小密切相关。由图 5-19

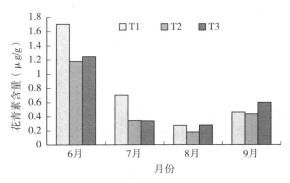

图 5-18　3 种大花萱草花青素含量的季节变化

可知，可溶性糖含量总体上随着遮阴程度的增加呈下降趋势。T1、T3 在 5％处理下的可溶性糖平均含量明显低于其他处理。

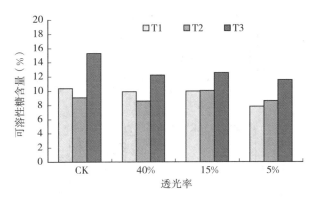

图 5-19　不同遮阴处理下可溶性糖含量的变化

由图 5-20 可知，随着生长期的延长，3 种试材的可溶性糖含量变化有差别。T1、T2、T3 在 CK、40％和 15％处理下的可溶性糖含量均是先下降后上升再下降，到 7 月到达最低点，7—8 月开始增长，8—9 月又逐渐降低，而 5％处理下的 3 种试材在 7 月可溶性糖含量没有减少，而是继续缓慢增长，8—9 月呈下降趋势。

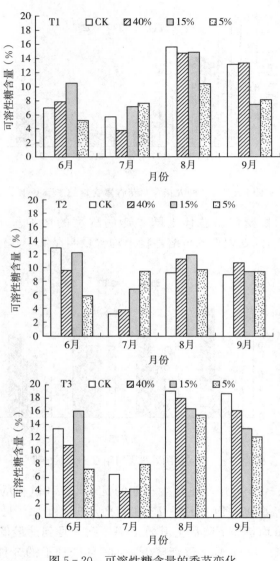

图 5-20 可溶性糖含量的季节变化

④遮阴对脯氨酸（Pro）含量的影响

植物处于逆境时，体内游离脯氨酸含量（Pro）往往大量积累，所以常把其含量的增加作为植物抗逆性指标之一。植株体内Pro含量的变化可能是长期对逆境的一种适应。不同的植物种类，其变化规律不同。

如图5-21所示，3种大花萱草的脯氨酸含量随遮阴度的增大而增多，但不同品系间存在差异。T1、T3叶片的脯氨酸含量从15%处理后开始显著增加，T2从40%处理水平后开始逐渐增加。相较于CK处理，在遮阴加强的情况下（5%处理），T1、T2、T3的脯氨酸含量增加率分别为11%、64%、168%。T1、T2、T3在不同遮阴处理下的平均值分别为7.25、7.36、10.62 μg/g。

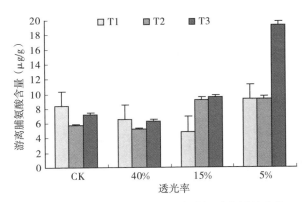

图5-21　不同遮阴处理下游离脯氨酸含量的变化

T1、T2、T3在5%处理下Pro含量最大，这说明在5%处理下，3种大花萱草仍能调动体内内源物质以适应不同的遮阴条件。T3的脯氨酸增加率和平均值最大，从这一意义上说，T3对遮阴有较强的抗性。

3种大花萱草在各处理下的游离脯氨酸含量，随着生长期的延长逐渐降低，从6月开始不断下降，到9月降至最低，说明长时间的遮阴处理使3种大花萱草的抗性逐渐降低（图5-22）。

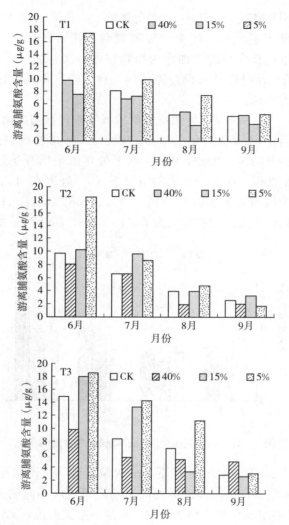

图 5-22　不同遮阴处理下 3 种大花萱草游离脯氨酸含量的季节变化

⑤遮阴对丙二醛（MDA）含量的影响

丙二醛（MDA）是膜脂过氧化的主要产物之一，作为一种代谢产物，生物学上可以用 MDA 含量来说明膜脂过氧化程度，考察植物的抗逆和抗衰老能力，含量越高越不利于植物生长，且使植物抗逆和抗衰老能力越弱（王峰吉等，2003）。

由图5-23可知，3个品系随着遮阴程度的加大，MDA含量整体都呈降低趋势，但其变化规律不同。T1随遮阴度的增大，MDA含量始终保持降低趋势，T2、T3的MDA含量呈先降低后升高再降低的趋势。MDA平均含量最高的是CK处理，其次是15%和40%处理，5%处理的MDA含量始终低于其他处理水平。3种试材MDA含量从CK到5%的降低率T1=34.6%、T2=48.8%、T3=43.0%，说明随着遮阴度的增大，T2的膜质过氧化程度最重，其次是T3，T1受到的伤害最小。

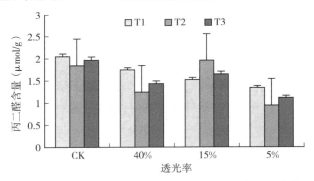

图5-23 不同遮阴处理下丙二醛（MDA）含量的变化

从图5-24可以看出，随着生育期延长，T1、T2、T3的MDA含量呈先下降后上升的变化趋势。T1、T2、T3的MDA平均含量在6月分别为1.50、1.31、1.45 μmol/g，在6—7月缓慢下降，7月达到最低点，分别为0.96、0.80、0.69 μmol/g，7—8月呈缓慢上升趋势，到9月达最大值，分别为2.41、2.44、2.54 μmol/g。

5.1.3 讨论

（1）遮阴对小气候的影响

在本试验中，各试验材料生长的土壤条件基本一致，遮阴梯度

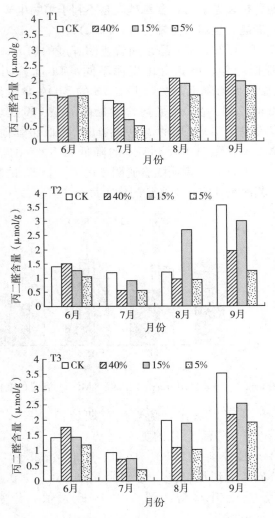

图 5 - 24　不同遮阴处理下 3 种大花萱草丙二醛
含量的季节变化

引起的环境条件差异是影响植物生长的首要条件。遮阴对小气候影响最为显著的是光照强度。以对照为 100%，经实际测得的各遮阴处理的日平均相对光照强度发现，实际的相对光照强度与拟设的不尽相同，但是差异较小，这可能是与太阳高度角及各处理小区分布有关。

遮阴可使空气温度降低，但对空气温度的降低并不显著，遮阴对土层温度（5 cm）的影响显著，能使土温降低。这主要是由于遮阴造成相对照度不同，使各遮阴处理地面接收的光辐射不同。在夏季，这种改善作用可以降低根系的呼吸作用，减少光合产物的消耗，利于植物生长。因为高温容易使根系木质化，降低吸收的表面积，并抑制根细胞内酶的活动，破坏根的正常代谢过程。日均土温的降幅随遮阴程度的增加而变化趋缓。

遮阴可提高空气相对湿度，对空气相对湿度有很好的改善作用。这从理论上来说对缓解植物中午光合午休现象有益。午休现象是对强光的一种适应，主要是由较低的空气湿度所引起，但其所造成的损失可达光合生产的 30%～50%。因此，在炎热的夏季对植物进行适当的遮阴或其他措施可以使植物正常生长。遮阴网的覆盖在一定程度上稳定了小环境中的各个变化因子，遮阴程度越低，受外界环境影响越大。透光率为 5% 的处理郁闭度最大，其日均湿度最高。

从以上分析可以看出，遮阴能使植物生长的小气候改变，适度遮阴有利于植物的生长。但小气候的改变也造成了杂草的繁衍。在试验过程中发现，在 40% 遮阴处理中的杂草数量相对也越多。

（2）遮阴对叶片结构的影响

大花萱草叶片基生，呈水平方向分布，从形态上扩大叶片与光的有效接触面积，提高对散射光和漫射光的吸收，而且叶片光滑，可以减少表面对光的反射损失，这种结构有利于有效地利用弱光条件。这也说明植物的生态适应性与形态结构密切相关。

从大花萱草的表皮及气孔特征来看，下表皮细胞相对较小，上表皮细胞密度较下表皮小。大花萱草的气孔主要分布在下表皮，上表皮没有气孔或只有少量气孔。气孔传导性和光合速率之间有直接的联系（Ciha et al.，1975；Wong et al.，1979）。而气孔传导性又与气孔数、气孔大小及开度有关。除了阳生草本植物之外，通常只具单面气孔分布的 C_3 植物，其不同生活型类群的叶片的气孔频度与其光合速率大小趋势相似。然而气孔数目只是决定 CO_2 传导性的一个因子。气孔密度的排序为 T1＞T2＞T3，T1 的气孔密度较另外两种大，其最大净光合速率也较大，种间的光合速率与气孔密度可能有一定关系。

从大花萱草的叶片解剖结构来看，不同光强对 3 种大花萱草的上、下表皮厚度有影响，光强对叶片厚度的影响依靠其对叶肉细胞的影响来实现。

（3）遮阴对大花萱草形态特征的影响

一般在遮阴环境下，温度下降，饱和水汽压降低，同时加上遮挡物对空气流动的阻碍作用，空气湿度较大，从而影响到植物的蒸腾作用。因而，通过叶长、叶宽的增加，使叶面积增加，可增加蒸腾面积，加速矿质的运输，使植物能进行正常生长。本试验中，遮阴条件下，各试验材料的叶长、叶宽基本较全光照下有所增加，说明了一定的遮阴处理促进了植物生长，这与李军超等（1995）对黄花菜的研究结果一致。

3 种大花萱草随着遮阴程度加大，株高、冠幅均有不同程度的增加，说明在遮阴的情况下，大花萱草已表现出对遮阴条件的适应性反应，叶长、株高及冠幅的增长比例受遮阴的影响较大，植株试图通过向上生长来避开遮阴环境。遮阴程度逐渐增大，叶长的增加率 T1＝32.1％、T2＝19.1％、T3＝2.6％，叶宽的增加率 T1＝3.6％、T2＝8.1％、T3＝13.7％，株高的增加率 T1＝38.8％、T2＝30.4％、T3＝21.8％，冠幅的增加率 T1＝24.9％、T2＝11.4％、T3＝14.9％。随着遮阴度增大，茎粗的变化为先升高后下降，在 40％处理下，茎粗均达到最大，说明在适度遮阴情况下，茎的生长量较大。遮阴度加大，叶片数和单花数逐渐减少，叶片数的下降率 T1＝22.7％、T2＝25.2％、T3＝7.7％，单花数的下降率 T1＝57.9％、T2＝100％、T3＝100％。T1 的叶长、株高、冠幅受遮阴影响最大；T3 的叶宽受遮阴影响最大，T1 最小；T3 单花数受遮阴度的影响最大，T1 最小。过度遮阴对 3 种大花萱草的观赏特性均有不良影响，但适度遮阴（40％）条件可以改善各个环境因子，有利于 3 种大花萱草的生长发育，适度遮阴（40％）下，大花萱草在形态上表现良好，观赏性较高。

（4）遮阴对大花萱草生物量的影响

光照是影响植物生长和生物量积累的重要环境因子之一。随着光照强度减弱，光合作用下降，植物体内有机物积累减少，生长受阻，引起生物量下降，甚至导致植株饥饿死亡。而植物在强光照射下，光合作用也受到抑制，遮阴改变各器官生物量的分配比例。

光强增强有利于地下部分的生物量积累。通过对 3 种大花萱草进行不同梯度的遮阴处理，结果表明，遮阴使干物质积累降低，15％和 5％处理下的生物增量相较于 CK 和 40％处理明显降低，根部增量大于叶片。40％以下透光率不利于其物质积累。

（5）遮阴对叶片光合特性的影响

遮阴水平对 3 种大花萱草的光合有很大影响。在全光下，3 种大花萱草的净光合速率降低，部分是由于全光下叶片的气孔导度较低。Kumar 等（1980）指出，在阴处生长的植物的光合速率可能是生长在全光下的同类植物的 2 倍。3 种大花萱草在不同光照处理下的净光合速率日变化同为双峰曲线，通过比较，适度的遮阴使净光合速率在一定范围内增加。40％光照处理下的净光合速率最大，而 5％处理下的净光合速率最小，这 3 种大花萱草对遮阴的最大承受能力不同也反映了植物耐阴的强弱程度。

不同光强下的净光合速率以及对不同光强的反应可以作为鉴定耐阴植物的生理指标（Gibson et al.，2001）。因此，在阴处有较高的净光合速率的植物也被认为耐阴能力较强，植物在阴处就能积累较多的糖类。因此，从生理角度看 T1 的耐阴能力较强，T3 是中等耐阴植物，而 T2 的耐阴能力相对更弱一点。

耐阴植物与喜光植物光响应曲线有一定的差异：光补偿点向较低的光强区域转移，光曲线开始部分的倾角较大，饱和光强度较低，光合作用曲线高峰低。白伟岚等（1999）认为光补偿点、光饱和点是评价植物耐阴能力大小的可靠指标。3 种大花萱草在自然光下的光补偿点很低，T1＝16.06 $\mu mol/(m^2 \cdot s)$、T2＝48.75 $\mu mol/(m^2 \cdot s)$、T3＝20.12 $\mu mol/(m^2 \cdot s)$，低于多数 C_3 植物，说明萱草属植物利用弱光能力强，有利于有机物质的积累。除了光补偿点，光饱和点的高低同样制约着植物的耐阴程度，T1 为 400 $\mu mol/(m^2 \cdot s)$，T2 为 800 $\mu mol/(m^2 \cdot s)$，T3 为 500 $\mu mol/(m^2 \cdot s)$，一般来说，光补偿点低且光饱和点相应也低的植物具有较强的耐阴性，就品系间不同的光补偿点和光饱和点来考虑，这 3 种大花萱草耐阴能力从高到低为 T1＞T3＞T2。

（6）遮阴对生理指标的影响

①遮阴对叶绿素含量的影响

叶绿素是光合作用的光敏化剂，与光合作用密切相关，其含量和比例是植物适应和利用环境因子的重要指标。叶绿素重要的性质是能选择性地吸收光，叶绿素中的两个主要成分叶绿素 a 和叶绿素 b 有不同的吸收光谱。叶绿素 a 在红光部分的吸收带偏向长光波方向，叶绿素 b 在蓝紫光部分的吸收带较宽。荫蔽环境下的散射光以蓝紫光为主。因此当植物处于遮阴环境时，往往叶绿素含量增加，特别是所含叶绿素 b 的含量增加，以增加对弱光的利用能力，从而最大程度增加光合能力，保证同化产物的积累，这是植物在生长和生理上对遮阴表现出的适应性，但这种适应性的调节能力因植物耐阴性不同而存在着很大的差异，耐阴性强的植物调节能力强，耐阴性弱的植物调节能力差。一般来说，叶绿素含量高、a/b 值小的植物，具有较高的光合活性（周佩珍等，1966；Bencke，1981）。

本试验的研究结果表明：遮阴条件下 3 种供试材料的叶绿素总含量、叶绿素 a 含量、叶绿素 b 含量都较全光照下有所增加，但增加量不同，说明这 3 种试材对弱光都有一定的适应性。叶绿素含量均在 100％光照下最低（T3 的叶绿素 a 含量除外）。叶片的叶绿素 a/b 值在 100％光强下最高，在 5％光照下最低（T1 除外）。遮阴

对叶绿素 a/b 值影响较大，各品系叶绿素 a/b 值由小到大依次为
T1＜T3＜T2。

3 种大花萱草的叶绿素总含量及叶绿素 a/b 值在 6—9 月整体
变化趋势基本一致，即先降低再升高。在 6—7 月变化平稳，8—9
月波动较大，这与大花萱草的生长发育特性紧密相关。6—7 月是
植株迅速生长并进行营养积累的时期，叶绿体形成较多的丙糖磷酸
运输到细胞溶质，因而叶绿素含量下降；7—8 月正值 3 种大花萱
草的花期，这一时期花器官的形成耗费了大量养分；9 月叶绿素含
量升高，是因为光照强度有所下降，光合作用相对增强，且在生长
后期天气开始转凉，蔗糖的合成速度减慢，运输到细胞溶质的丙糖
磷酸减少，叶绿素含量增加。因而在弱光下，具有较低的叶绿素
a/b 值及较高的叶绿素总含量的植物，耐阴能力较强。结果表明耐
阴能力 T1＞T3＞T2。

②遮阴对花青素含量的影响

花青素是一类陆生植物色素，溶于水，无毒性，为广泛分布的
植物多酚类黄酮化合物，广泛存在于植物的花、果实、茎、叶和根
器官的细胞液中，使其呈现由红、紫红到蓝等不同的颜色。植物叶
片呈现的颜色是叶片各种色素的综合表现，而高等植物叶片所含的
各种色素的数量与植物的种类、叶片老嫩、生育期及季节有关。当
外界环境改变使得叶绿素遭到破坏，其含量明显下降时，色素也就
随之产生。花青素苷形成时，含量一般会取决于体内糖分的含量和
光照强度、光照时间。如果植物体内所含的糖分越多，光照越强，
那么植物体内所含的花青素就越多。花青素的含量之所以会减少，
这可能与细胞的衰老有关。糖代谢活跃则有利于积累较多的花青素
（陈健初等，1994），叶片老化，糖源供给减少，花青素苷的含量自
然就减少。因此，随着叶片的逐步老化，花青素含量减少。所以，
花青素的含量变化可以反映出植物体内糖的积累以及不同光照强度
对叶绿素的破坏。

从本试验结果可知，随着光照时间的增加，叶片花青素含量呈
下降趋势。光照越强，花青素含量越高，反之，光照越弱，花青素

含量越低，花青素含量的变化与叶绿素含量变化呈负相关，与可溶性糖含量的变化呈正相关。不同遮阴度对大花萱草叶片花青素苷含量的影响并不明显。原因是花青素苷除了受光照条件的影响外，还受温度、pH 等因素影响，高温能促进花青素苷的降解，pH 不但影响花青素的颜色，而且影响其稳定性（唐前瑞等，2003）。所以花青素的含量变化是遮阴对植物影响的一个辅助指标。

③遮阴对渗透调节物质的影响

可溶性糖和脯氨酸是植物在逆境胁迫下体内积累的重要的渗透调节物质。可溶性糖的积累可调节组织的渗透势，降低冰点，对维持膜的完整性及提高植物的抗逆性具有重要的生理意义（王代军等，1998）。一方面，遮阴逆境下，光合作用减弱，光合产物减少，另一方面，处于逆境中的植株要求有渗透调节物质的积累来抵御逆境。但由于植物必须有足够的结构性碳水化合物来支持自身的器官，所以由结构性碳水化合物向非结构性碳水化合物的转变是有限度的。可溶性糖的多少反映了植物对低光照环境的适应能力。植物体内的游离脯氨酸含量通常是衡量植物对逆境抗性的指标，植物处于逆境时，体内游离脯氨酸往往大量积累，植株体内脯氨酸含量的上升可能是长期对逆境的一种适应，所以常把其含量的增加作为植物抗逆性指标之一。在耐阴性的研究中，植物对遮阴抵抗力不足会造成脯氨酸含量下降（杨渺，2002）。游离脯氨酸在植物体内聚集是植物对逆境适应性的一种表现。不同的植物在逆境中脯氨酸含量的高低体现了植株对遮阴逆境的抗性不同。

本试验结果表明：大花萱草可溶性糖含量的变化与遮阴程度的大小密切相关。可溶性糖含量总体上随着遮阴程度的增加呈下降趋势。T1、T3 在 5％处理下的可溶性糖平均含量明显低于其他处理，遮阴程度大，光合作用较弱，运输到细胞溶质的丙糖磷酸少，蔗糖的合成速度减慢，保留在叶绿体里的丙糖磷酸转化成淀粉，因而可溶性糖含量较低；随着生长期的延长，3 种试材的可溶性糖含量变化有差别。3 种试材的可溶性糖含量在 6—7 月明显降低，是因为此时萱草开始进入花期，且生物量增加较快，所以可溶性糖含量迅速下降，之后可溶性糖含量开始增长，因为在生长发育后期，营养成分向地下部分转移，以便逐渐进入休眠期，此时光合作用的能力减弱，因此可溶性糖含量又逐渐下降。分析3种大花萱草的可溶性糖含量在不同遮阴梯度下的变化趋势可知，3种大花萱草对遮阴逆境的适应能力依次是 T1＞T3＞T2。

T1、T2、T3 在 5％处理下脯氨酸含量最大，这说明在 5％处理下，3种大花萱草仍能调动体内内源物质以适应不同的遮阴条件。3种试材在各遮阴处理下，随着生长期的延长，脯氨酸含量逐渐降低，说明长时间的遮阴处理使3种大花萱草的抗性逐渐降低，T3 的脯氨酸增加率和平均值最大，从这一意义上说，T3 对遮阴有较强的抗性。

④遮阴对丙二醛（MDA）含量的影响

丙二醛（MDA）是膜脂过氧化的主要产物之一。生物学上可以用 MDA 含量来说明膜脂过氧化程度，作为一种代谢产物，其含量越高越不利于植物生长，且植物抗逆和抗衰老能力越弱（王峰吉等，2003）。

3种试材随着遮阴程度的加大，MDA 含量呈降低趋势，T1 始终保持下降，T2、T3 则呈先下降后上升再下降的趋势，3种试材 MDA 含量从 CK 到 5％的降低率 T1＝34.6％、T2＝48.8％、T3＝43.0％，说明随着遮阴度的增大，T2 的膜质过氧化程度最重，其次是 T3，T1 受到的伤害最小。3种试材 MDA 平均含量最高的是 CK 处理，其次是 15％和 40％处理，5％处理的 MDA 含量始终低于其他处理水平。随着生育期延长，MDA 含量呈先下降后上升变化趋势。MDA 含量在 9 月最大，这与 9 月温度变化有关，致使叶片较其他时间受到温度胁迫，或叶片开始进入衰老期，MDA 含量增加较多，MDA 又可与生物膜上的蛋白质、酶等反应，引起蛋白质分子内和分子间的交联，从而使之失活，破坏生物膜的结构与功能，而 MDA 的含量在植物体内积累起来导致了 MDA 含量的不断上升。

5.1.4 结论

3 种试材在 40％透光率下植株生长状况最佳，其净光合速率也最大，各处理叶片的净光合速率日变化呈双峰曲线，3 个品系大花萱草的光补偿点较低，具有较强的耐阴性。

透光率与叶绿素含量呈负相关，与花青素、可溶性糖含量呈正相关，3 个品系的耐阴能力为 T1＞T3＞T2。

参考文献 ● ● ●

安刚，孙力，廉毅，2005. 东北地区可利用降水资源的初步分析 ［J］. 气候与环境研究，10（1）：132-139.

安国英，杨振立，2006. 大花萱草栽培管理技术 ［J］. 河北农业科学，10（2）：118-118.

敖惠修，1986. 广州市室内观叶植物光合作用特性 ［M］//中国科学院华南植物研究所，中国科学院华南植物研究所集刊・第三集. 北京：科学出版社.

白宝璋，史国安，赵景阳，等，2001. 植物生理学 ［M］. 北京：中国农业科学技术出版社.

白伟岚，任建武，高永伟，等，1999. 园林植物的耐阴性研究 ［J］. 林业科技通讯（2）：12-15.

北村四郎，1969. 原色日本植物图鉴—草本篇（Ⅲ）［M］. 大阪：保育社.

北京林业大学园林花卉教研组，1990. 花卉学 ［M］. 北京：中国林业出版社.

毕淑峰，2004. 黄花菜的价值及其栽培 ［J］. 特种经济动植物（7）：35.

采利尼克尔，1986. 木本植物耐阴性的生理学原理 ［M］. 王世绩，译. 北京：科学出版社.

岑晓斐，贾国晶，曾继娟，等，2021. 干旱胁迫下黑果腺肋花楸的生长及生理响应 ［J］. 中南林业科技大学学报（12）：36-43.

柴春荣，穆立蔷，梁鸣，等，2012. 北方6种绿化灌木水分胁迫的生理响应 ［J］. 东北林业大学学报，40（6）：12-15.

柴胜丰，唐健民，王满莲，等，2015. 干旱胁迫对金花茶幼苗光合生理特性的影响 ［J］. 西北植物学报，35（2）：322-328.

车代弟，赵海霞，吴晓凤，等，2018. 干旱与盐胁迫对二十五种花卉种子萌发影响的评价与花海植物筛选 ［J］. 北方园艺（21）：115-121.

陈宝书，王慧中，梁惠敏，等，1995. 八种冰草产量和品质的试验研究 ［J］. 青海草业，4（3）：30-33.

陈菲，2011. 低温胁迫对楼斗菜脯氨酸和可溶性蛋白含量的影响 ［J］. 北方园艺（5）：29-31.

陈健初，苏平，叶兴乾，1994. 杨梅花色素苷及色泽稳定性研究 ［J］. 浙江农业大学学报，20（2）：178-182.

陈建明，俞晓平，程家安，2006. 叶绿素荧光动力学及其在植物抗逆生理研究中的应用 [J]. 浙江农业学报，18（1）：51-55.

陈立松，刘星辉，1999. 水分胁迫对荔枝叶片氮和核酸代谢的影响及其与抗旱性的关系 [J]. 植物生理学报，25（1）：49-56.

陈丽飞，孟缘，陈翠红，等，2019. 楼斗菜属植物研究进展 [J]. 北方园艺（20）：125-130.

陈丽飞，孟缘，陈翠红，等，2020. 3 种楼斗菜属植物幼苗对不同水分处理的形态生理响应及其抗性 [J]. 西北农林科技大学学报（自然科学版），48（11）：77-86.

陈瑞利，胡俊红，冯保江，2009. 盐胁迫对黄瓜幼苗光合作用的影响 [J]. 畜牧与饲料科学，30（4）：12-14.

陈绍云，周国宁，1992. 光照强度对山茶花形态、解剖特征及生长发育的影响 [J]. 浙江农业科学（3）：144-146.

陈士惠，2013. 侧金盏花繁殖生物学研究 [D]. 哈尔滨：东北林业大学.

陈伟，2003. 大花萱草特性及栽培管理技术 [J]. 安徽农业（10）：18.

陈曦，张婷，刘志洋，2010. 低温胁迫对十种宿根花卉电导率的影响 [J]. 北方园艺（10）：121-122.

陈晓亚，汤章城，2007. 植物生理与分子生物学 [M]. 北京：高等教育出版社.

陈新君，黄静，李伟，等，2019. 虾青素合成相关酶基因 Adketo 果实特异表达载体的构建 [J]. 海南医学院学报，25（2）：90-93.

陈玉玲，曹敏，1999. 干旱条件下 ABA 与气孔导度和叶片生长的关系 [J]. 植物生理学通讯，35（5）：398-403.

陈自新，1995. 城市园林植物生态学研究动向及发展趋势 [J]. 北京园林（2）：1-6.

陈自新，周国梁，1989. 北京市区园林树木生态适应性的调查研究 [J]. 园林科研（2）：5-25.

程龙，李志军，韩占江，等，2015. 盐节木种子萌发对温度、光照和盐旱胁迫的响应 [J]. 草业科学，32（6）：961-966.

迟楠燕，2019. 华北楼斗菜（Aquilegia yabeana）野生居群间花色变异的初步研究 [D]. 西安：陕西师范大学.

褚红丽，马文馨，田新会，等，2021. 猫尾草新品系的抗旱性研究 [J]. 中国草地学报，43（11）：52-59.

崔虎亮，2011. 化学融雪剂胁迫对翠菊生长及生理特性的影响 [D]. 长春：吉林农业大学.

崔娇鹏，2005. 地被菊抗旱节水性初步研究 [D]. 北京：北京林业大学.

崔士彪，张淑艳，王宗霞，等，1998. 侧金盏花、芸香在包头地区的抗污染调查 [J]. 内蒙古林业调查设计（1）：39-41.

大井次三郎，Hemerocallis，1956. 日本植物志 [M]. 东京：至文堂.

戴海根，董文科，柴澍杰，等，2021. 模拟干旱胁迫下鹰嘴紫云英幼苗生长及生理特性 [J]. 中国草地学报，43（10）：63-75.

邓传良，秦瑞云，王连军，等，2008. 侧金盏花 CBF 转录激活因子基因片段的克隆 [J]. 安徽农业科学（27）：11686-11687.

第二军医大学药学系生药学教研室，1960. 中国药用植物图鉴 [M]. 上海：上海教育出版社.

董昌源，顾地周，2017. 侧金盏花种胚发育过程影响因素研究 [J]. 通化师范学院学报，38（2）：57-59.

董静，魏福友，邢锦城，等，2019. 马齿苋幼苗对盐碱胁迫的生理响应 [J]. 江苏农业科学，47（13）：153-157.

董喜光，2016. 七种园林植物的抗盐生理研究 [D]. 广州：华南农业大学.

窦全琴，焦秀洁，张敏，等，2009. 土壤 NaCl 含量对榉树幼苗生理特性的影响 [J]. 西北植物学报，29（10）：2063-2069.

杜娥，张志国，2006. 芽后型除草剂防除大花萱草田杂草试验 [J]. 西北农林科技大学学报（自然科学版），34（10）：149-152.

杜娥，张志国，马力，2005a. 氮磷钾肥料在大花萱草上的试验效果 [J]. 安徽农业科学，33（4）：615，626.

杜娥，张志国，马力，2005b. 大花萱草化学除草试验 [J]. 农药，44（7）：328-330.

杜娥，张志国，马力，2005c. 大花萱草品种分类标准初探 [J]. 西北农林科技大学学报（自然科学版），33（10）：85-88.

杜广平，郭才，1995. 黄花菜引种栽培技术 [J]. 中国林福特产，35（4）：28.

杜美娥，王红霞，张伟，等，2019. 盐胁迫对金叶榆幼苗叶绿素荧光参数的影响 [J]. 北方园艺（5）：90-94.

杜帅，宋光辉，方海滨，等，2018. 4 种林型的早春草本植物的抗火性 [J]. 东北林业大学学报，46（11）：58-61.

杜艳，2016. 耧斗菜的组织培养 [J]. 山西农业科学，44（12）：1776-1779.

杜艳，王娟，陈冲，等，2017. 干旱胁迫对两种不同基因型耧斗菜种子萌发特性的影响 [J]. 黑龙江农业科学（1）：61-64.

范斌，王佳，许绍芬，1996. 萱草花对小鼠镇静作用的实验观察 [J]. 上海中医药杂志（2）：40 - 41.

范苏鲁，苑兆和，冯立娟，等，2011. 水分胁迫下大丽花光合及叶绿素荧光的日变化特性［J］. 西北植物学报，31（6）：1223 - 1228.

冯广龙，刘昌明，王立，1996. 土壤水分对作物根系生长及分布的调控作用［J］. 生态农业研究，4（3）：5 - 9.

冯建灿，胡秀丽，毛训甲，2002. 叶绿素荧光动力学在研究植物逆境生理中的应用［J］. 经济林研究，20（4）：14 - 18.

冯立田，赵可夫，1997. 活体叶绿素荧光与耐盐作物筛选［J］. 山东师大学报（自然科学版）（4）：77 - 80.

冯天哲，1997. 实用养花小百科［M］. 郑州：河南科学技术出版社.

冯卫生，苏芳谊，郑晓珂，等，2011. 华北耧斗菜的化学成分研究［J］. 中国药学杂志，46（7）：496 - 499.

费砚良，1988. 耧斗菜的引种栽培［J］. 中国园林（2）：55 - 56.

付晴晴，谭雅中，翟衡，等，2018.3 个葡萄株系在盐胁迫下的离子运输与分配［J］. 果树学报，35（1）：56 - 65.

傅沛云，1998. 东北草本植物志［M］. 北京：科学出版社.

高俊凤，2000. 植物生理学实验技术［M］. 西安：世界图书出版公司.

高俊凤，2006. 植物生理学实验指导［M］. 北京：高等教育出版社.

高新征，李栎，邹强，等，2012. 夏侧金盏花虾青素合成相关基因 *Adketo* 和 *Adkc* 的表达［J］. 海南医学院学报，12（18）：1689 - 1691.

高新征，刘嫱，邹强，等，2013. 夏侧金盏花 *Actin* 基因片段的克隆及表达分析［J］. 海南医学院学报，19（3）：293 - 295.

高运玲，陈敏，陈敏，等，2010. 基于 18S rRNA 基因序列的毛茛科及近缘植物的分子进化关系研究［J］. 四川大学学报（自然科学版），47（2）：377 - 382.

高照全，邹养军，王小伟，等，2004. 植物水分运转影响因子的研究进展［J］. 干旱地区农业研究，22（2）：200 - 204.

葛滢，王晓月，常杰，1999. 不同程度富营养化水中植物净化能力比较研究［J］. 环境科学学报，19（6）：690 - 692.

勾勇山，2004. 北方城乡绿化中的宿根花卉［J］. 国土绿化（12）：33.

谷俊涛，刘桂茹，栗雨勤，等，2001. 不同抗旱类型小麦品种开花期光合速率与抗旱性的比较［J］. 河北农业大学学报，7（3）：1 - 4.

关军峰，马春红，李广敏，2004. 干旱胁迫下小麦根冠比生物量变化及其与抗旱性的关系［J］. 河北农业大学学报，27（1）：1 - 5.

桂枝，高建明，袁庆华，2008. 盐胁迫对紫花苜蓿品质和产量的影响［J］. 安徽农业科学，36（19）：7990-7992.

郭本森，陈耀武，汪婉芳，1990. 光照强度对砂仁生长和干物质积累的影响
　　[J]. 植物生理学通讯（5）：39-40.

郭国平，施兰恩，南中益，2002. 黄花菜施钾效果研究 [J]. 土壤肥料（4）：
　　46-47.

郭金博，施钦，熊豫武，等，2019. 盐碱混合胁迫对'中山406'生长及光合
　　特性的影响 [J]. 南京林业大学学报（自然科学版），43（1）：65-72.

郝丽，任瑞芬，任才，等，2017. 干旱及盐胁迫对2种耧斗菜种子萌发的影响
　　[J]. 中国农学通报（27）：82-87.

郝玉杰，2017.NaCl胁迫对两个葡萄品种生长及生理特性的影响 [D]. 石河
　　子：石河子大学.

何淼，陈士惠，马翠青，等，2014. 野生及引种侧金盏花的开花物候与传粉特
　　性 [J]. 草业科学，31（3）：431-437.

胡华冉，刘浩，邓纲，等，2015. 不同盐碱胁迫对大麻种子萌发和幼苗生长的
　　影响 [J]. 植物资源与环境学报，24（4）：61-68.

胡化广，张振铭，吴东德，等，2017. 复盐胁迫对结缕草（*Zoysia* Willd.）生
　　理和生长的影响研究 [J]. 热带作物学报（7）：49-54.

胡可，韩科厅，戴思兰，2010. 环境因子调控植物花青素苷合成及呈色的机
　　理 [J]. 植物学报，45（3）：307-317.

户刘义次，1979. 作物的光合作用与物质生产 [M]. 薛德容，译. 北京：科
　　学出版社.

黄贝，王鹏，温明霞，等，2021. 不同程度干旱对温州蜜柑树势和成花生理的
　　影响 [J]. 浙江大学学报（农业与生命科学版），47（5）：557-565.

黄冬，葛孌，马焕成，等，2015. 牛角瓜种子萌发对PEG模拟干旱胁迫的响
　　应 [J]. 种子，34（9）：15-19.

黄前晶，2011. 色素作物侧金盏花大田栽培技术 [J]. 中国园艺文摘，27
　　（11）：176-177.

黄印冉，梁文华，赵丹，等，2019. 遮阴对胡枝子形态及光合特性的影响
　　[J]. 新疆农业大学学报，42（1）：28-34.

黄有总，张国平，2004. 叶绿素荧光测定技术在麦类作物耐盐性鉴定中的应
　　用 [J]. 麦类作物学报（3）：114-116.

贾茵，向元芬，王琳璐，等，2020. 盐胁迫对小报春生长及生理特性的影响
　　[J]. 草业学报，29（10）：119-128.

江苏新医学院，1986. 中药大辞典 [M]. 上海：上海科学技术出版社.

姜雪昊，穆立蔷，王晓春，等，2013.3种护坡灌木对干旱胁迫的生理响应

[J]. 草业科学, 30 (5)：678-686.

姜云天, 李玉梅, 张秋菊, 等, 2017. 宿根福禄考幼苗对盐胁迫的生理响应 [J]. 北方园艺 (4)：89-93.

蒋昌华, 叶康, 高燕, 等, 2018. 盐胁迫对13种芍药品种部分生理指标的影响研究 [J]. 西北林学院学报, 33 (2)：70-74.

蒋涛, 郑文革, 余新晓, 等, 2021. 北京山区干旱胁迫下侧柏叶片水分吸收策略 [J]. 生态学报 (4)：1-12.

蒋文伟, 陈娅琼, 刘志梅, 等, 2011. 4种美国紫菀品种抗旱生理特性的比较研究 [J]. 西北林学院学报, 26 (5)：41-45.

金立敏, 蔡曾煜, 姚昆德, 2006. 20种常绿地被植物在苏州地区的引种栽培观察 [J]. 江苏农业科学 (1)：87-89.

景璐, 刘涛, 白玉娥, 2011. 草本园林植物耐盐性研究进展 [J]. 中国农学通报, 27 (13)：84-89.

康雯, 刘晓东, 何淼, 2009. 失水胁迫对五叶地锦生理生化指标的影响 [J]. 东北林业大学学报, 37 (6)：13-15.

孔刚, 施冰, 相连宏, 2001. 大花萱草的组织培养 [J]. 国土与自然资源研究 (3)：79-80.

孔红, 1999. 甘肃萱草属植物分类及开发价值 [J]. 甘肃高师学报 (自然科学版), 4 (2)：60-62.

孔红, 2001. 甘肃萱草属种子微形态及其分类学意义 [J]. 西北植物学报, 21 (2)：373-375.

孔红, 王庆瑞, 1991. 中国西北地区萱草属花粉形态研究 [J]. 植物研究, 11 (1)：85-90.

孔红, 王庆瑞, 1996. 甘肃萱草一新变种 [J]. 广西植物, 16 (4)：303-304.

孔强, 马晓华, 宫莉霞, 等, 2019. 不同盐胁迫条件下东方杉的生长及生理响应研究 [J]. 西南林业大学学报 (自然科学版), 39 (2)：179-183.

匡经婀, 李琬婷, 程小毛, 等, 2017. 两种樱花植物的光合速率日变化及其与环境因子的相关性分析 [J]. 北方园艺 (12)：78-82.

雷蕾, 2017. 黄连花开花生物学和抗旱、抗盐碱研究 [D]. 哈尔滨：东北林业大学.

李邦东, 周旭, 赵中军, 等, 2013. 近50年中国东北地区不同类型和等级降水事件变化特征 [J]. 高原气象, 32 (5)：11-15.

李博, 2011. 水分胁迫对大花飞燕草种子萌发及幼苗生理特性的影响 [D]. 哈尔滨：东北林业大学.

李春玲, 蒋钟仁, 熊佑清, 1992. 早春野生花卉组织培养研究初报 [J]. 园艺学报（3）：277 - 278.

李得禄，刘世增，康才周，等，2015. 水分胁迫下云杉属两种植物荧光参数特征研究 [J]. 干旱区资源与环境，29（6）：117 - 121.

李德全，邹琦，程炳嵩，1991. 抗旱性不同的冬小麦品种渗透调节能力的研究 [J]. 山东农业大学学报，22（4）：376 - 38.

李德全，邹琦，程炳嵩，1992. 土壤干旱下不同抗旱性小麦品种的渗透调节和渗透调节物质 [J]. 植物生理学报，18（1）：37 - 44.

李登绚，韩睿，2005. 黄花菜优良品种快速扩繁技术 [J]. 北方园艺（5）：28.

李汉美，何勇，2013. NaCl 胁迫对番茄嫁接苗光合作用和叶绿素荧光特性的影响 [J]. 西北农业学报，22（3）：131 - 134.

李合生，2000. 植物生理生化实验原理和技术 [M]. 北京：高等教育出版社.

李洪瑶，王凯，张永胜，等，2018. 盐碱胁迫对两种铁线莲生长状况和生理特性的影响 [J]. 东北林业大学学报，46（5）：49 - 54.

李吉跃，1991. 植物耐旱性及其机理 [J]. 北京林业大学学报，13（3）：93 - 100.

李建国，濮励杰，朱明，等，2012. 土壤盐渍化研究现状及未来研究热点 [J]. 地理学报，67（9）：1233 - 1245.

李建军，2005. 出口黄花菜高效栽培技术 [J]. 中国蔬菜（4）：45 - 46.

李洁，张少艾，1995. 萱草属（*Hemerocallis* L.）若干野生种、园艺品种染色体核型的比较研究 [J]. 上海农学院学报，13（3）：208 - 217.

李景，刘群录，唐东芹，等，2011. 盐胁迫和洗盐处理对贴梗海棠生理特性的影响 [J]. 北京林业大学学报，33（6）：40 - 46.

李军超，苏陕民，李文华，1995. 光强对黄花菜植株生长效应的研究 [J]. 西北植物学报，15（1）：78 - 81.

李钧，2005. 黄花菜锈病的综合防治技术 [J]. 湖南农业科学（4）：65 - 66.

李俊庆，齐敏忠，1996. 水分胁迫对不同抗旱型花生生长发育及生理特征的影响 [J]. 中国农业气象，17（1）：11 - 13.

李立辉，王岩，胡海燕，等，2015. 初花期干旱对不同抗旱性紫花苜蓿光合特征及荧光参数的影响 [J]. 华北农学报，30（4）：126 - 131.

李敏敏，袁军伟，韩斌，等，2019. 干旱和复水对两种葡萄砧木叶片光合和叶绿素荧光特性的影响 [J]. 干旱地区农业研究，37（1）：221 - 226.

李品芳，侯振安，龚元石，2001. 胁迫对苜蓿和羊草苗期生长及养分吸收的影响 [J]. 植物营养与肥料学报，7（2）：211 - 217.

李芊夏，岳莉然，张彦妮，2018. 干旱和混合盐碱胁迫对赛菊芋种子萌发的

影响 [J]. 种子, 37 (8): 75-78.

李森, 李婷婷, 亢秀萍, 等, 2015. 耧斗菜园艺品种与野生华北耧斗菜亲缘关系的 SRAP 分析 [J]. 北方园艺 (2): 98-101.

李森, 袁晓娜, 侯非凡, 等, 2015. 华北耧斗菜 (*Aquilegia yabeana* Kitag) 的引种驯化及耐旱性评价 [J]. 河北农业大学学报, 38 (2): 48-71.

李文鹤, 2011. 干旱胁迫对野菊生理特性的影响 [D]. 哈尔滨: 东北林业大学.

李晓, 冯伟, 曾晓春, 2006. 叶绿素荧光分析技术及应用进展 [J]. 西北植物学报, 26 (10): 2186-2196.

李艳梅, 王桂兰, 陈超, 等, 2006. 大花萱草新品种"红运"快繁体系的建立 [J]. 河南农业科技 (8): 120-122.

李叶妮, 孙卫国, 朱红, 等, 2015. 我国东北地区主要城市气温和降水量序列的多尺度分析 [J]. 科学技术与工程, 15 (9): 23-31.

李玉梅, 孙艳涛, 姜云天, 等, 2019. 盐胁迫对肥皂草种子萌发的影响 [J]. 东北林业大学学报, 47 (9): 17-23.

李珍, 云岚, 石子英, 等, 2019. 盐胁迫对新麦草种子萌发及幼苗期生理特性的影响 [J]. 草业学报, 28 (8): 119-129.

李志萍, 张文辉, 崔豫川, 2013. PEG 模拟干旱胁迫对栓皮栎种子萌发及生长生理的影响 [J]. 西北植物学报, 33 (10): 2043-2049.

李周园, 周骏辉, 刘一, 等, 2011. 氯盐融雪剂对大叶黄杨植物形态与生理的影响 [J]. 北方园艺 (10): 63-66.

力军, 2005. 佳蔬良药——黄花菜 [J]. 四川农业科技 (3): 23.

梁春, 林植芳, 1997. 不同光强下生长的亚热带树苗的光和光响应特性的比较 [J]. 应用生态学报, 8 (1): 7-11.

梁莉, 钟章成, 2004. 4 种攀缘植物光合作用对不同光照的适应 [J]. 西南师范大学学报 (自然科学版), 29 (5): 856-859.

梁新华, 徐兆桢, 许兴, 等, 2001. 小麦抗旱生理研究现状与思考 [J]. 甘肃农业科技 (2): 24-27.

廖腾飞, 雷家军, 2011. 尖萼耧斗菜种子萌发特性研究 [J]. 种子, 30 (1): 92-93.

廖祥儒, 贺普超, 万怡震, 等, 1996. 盐胁迫对葡萄离体新梢叶片的伤害作用 [J]. 果树科学, 13 (4): 211-214.

林双冀, 孙明, 2017. 盐胁迫下芙蓉菊与 4 种菊属植物生理响应特征及其耐盐机理分析 [J]. 西北植物学报, 37 (6): 1137-1144.

刘建新, 王金成, 王瑞娟, 等, 2015. 盐、碱胁迫对燕麦幼苗光合作用的影响

［J］. 干旱地区农业研究（6）：155 - 160.

刘立言，2017. 长白山区白檀资源生殖生物学多样性研究［D］. 长春：吉林农业大学.

刘明财，崔凯峰，郑明艳，2004. 长白山野生观赏植物引种与栽培试验［J］. 东北林业大学学报，24（4）：22 - 27.

刘鹏，徐根娣，2003. 在生境片段化中光对七子花生理特性的影响［J］. 林业科学，39（4）：43 - 49.

刘世彪，胡正海，2004. 遮阴处理对绞股蓝叶形态结构及光合特性的影响［J］. 武汉植物学研究，22（4）：339 - 344.

刘世秋，2008. 干旱胁迫对赤霞珠光合特性和叶片显微结构的影响［D］. 杨凌：西北农林科技大学.

刘文瑜，杨发荣，谢志军，等，2021. 不同品种藜麦幼苗对干旱胁迫的生理响应及耐旱性评价［J］. 干旱地区农业研究，39（6）：10 - 18.

刘先芳，罗军，吴铁明，2001. 重瓣大花萱草组织培养快速繁殖的研究［J］. 湖南林业科技，28（4）：41 - 42，34.

刘晓东，潘秀秀，何淼，2011. 土壤干旱胁迫对二月兰幼苗生理特性的影响［J］. 东北林业大学学报，39（7）：32 - 34.

刘燕，杨伟，马晖玲，等，2019. 盐胁迫对 6 种草地早熟禾幼苗生理特性的影响［J］. 甘肃农业大学学报（5）：140 - 150.

刘莹，2016. 耧斗菜的遗传结构研究［D］. 长春：东北师范大学.

刘影，2016.3 种植物生长激素类物质对耧斗菜种子发芽的影响［J］. 江苏林业科技，43（3）：17 - 19.

刘永庆，沈美娟，1990. 黄花菜品种资源研究［J］. 园艺学报，17（1）：45 - 50.

刘咏梅，程聪，姜黎，等，2019.NaCl 胁迫下 3 种柽柳属植物生长、盐离子分布和 SOS1 基因相对表达量的比较［J］. 植物资源与环境学报，28（1）：1 - 9.

刘真华，曹灿景，2018. 盐胁迫对彩叶草种子萌发、光合特性、叶绿素荧光及无机离子代谢的影响［J］. 西部林业科学，47（6）：82 - 88.

刘志娟，杨晓光，王文峰，等，2009. 气候变化背景下我国东北三省农业气候资源变化特征［J］. 应用生态学报，20（9）：2199 - 2206.

刘祖棋，张石城，1994. 植物抗性生理学［M］. 北京：中国农业出版社.

龙智慧，2017. 鼓节竹盐胁迫和干旱胁迫的生理响应研究［D］. 福州：福建农林大学.

龙稚宜，龚维忠，1981. 多倍体萱草新品种的选育［J］. 园艺学报，8（1）：

51-58.

陆銮眉，陈鹭真，林金水，等，2011. 不同水分条件对人参榕生长和生理的影响 [J]. 生态学杂志，30（10）：2179-2184.

罗敏蓉，2021. 基于不同方法的毛茛族（毛茛科）导管穿孔板比较研究 [J]. 广西植物，41（1）：123-132.

罗宁，1992. 室内观叶植物景观设计基础、原理与方法 [D]. 北京：北京林业大学.

马勋，1996. 大花萱草 [J]. 植物杂志（5）：17.

毛任钊，松本聪，1997. 盐渍土盐分指标及其与化学组成的关系 [J]. 土壤，29（6）：326-330.

毛伟，李玉霖，赵学勇，2009.3 种藜科植物叶特性因子对土壤养分、水分及种群密度的响应 [J]. 中国沙漠，29（3）：468-473.

孟缘，王冯熠，李家绮，等，2020. PEG 处理下 3 种楼斗菜属植物萌发耐旱性评价 [J]. 福建农林大学学报（自然科学版），49（6）：846-851.

倪新，马毓，1984. 多倍体萱草的组织培养及其繁殖 [J]. 园艺学报，11（3）：202-205.

宁波，2008. RACE 法获取顶冰花 CBF1 基因及其抗冻性质研究 [D]. 长春：吉林大学.

牛冰洁，田超，王永新，等，2021.6 个燕麦品种种子萌发期抗旱性比较 [J]. 种子，40（1）：73-78.

牛晓音，葛滢，王晓，等，2001. 不同光照条件下五种植物对富营养化水净化能力差异的比较 [J]. 科技通报，17（2）：1-4.

潘瑞炽，1984. 植物生理学 [M]. 北京：高等教育出版社.

潘昕，邱权，李吉跃，等，2014. 干旱胁迫对青藏高原 6 种植物生理指标的影响 [J]. 生态学报，34（13）：3558-3567.

庞迪，史凤雪，李志瑞，等，2012. 尖萼楼斗菜的传粉机制与遗传结构 [J]. 东北师大学报（自然科学版）（1）：132-135.

裴保华，1994. 富贵草耐阴性的研究 [J]. 河北林学院学报（3）：205-209.

彭远英，颜红海，郭来春，等，2011. 燕麦属不同倍性种质资源抗旱性状评价及筛选 [J]. 生态学报（9）：2478-2491.

钱琼秋，朱祝军，何勇，2016. 硅对盐胁迫下黄瓜根系线粒体呼吸作用及脂质过氧化的影响 [J]. 植物营养与肥料学报，12（6）：875.

邱收，2008. 几个萱草属植物的耐盐性研究 [D]. 长沙：湖南农业大学.

曲涛，南志标，2008. 作物和牧草对干旱胁迫的响应及机理研究进展 [J]. 草业学报，17（2）：126-135.

曲彦婷，2009. 早春花卉侧金盏的抗寒性研究 ［J］. 国土与自然资源研究（4）：90 - 91.

曲仲湘，吴玉树，王焕校，等，1983. 植物生态学 ［M］. 2 版. 北京：高等教育出版社.

屈璐璐，山丹，李晓杰，等，2019. PEG 模拟干旱胁迫对 5 份三叶草材料种子萌发的影响 ［J］. 种子，38 （12）：109 - 112.

权文利，产祝龙，2016. 紫花苜蓿抗旱机制研究进展 ［J］. 生物技术通报，32（10）：34 - 41.

全雪丽，张美淑，刘迪，2011. 尖萼楼斗菜花药发育解剖学研究 ［J］. 北方园艺（8）：159 - 161.

任安之，高玉葆，李侠，2002. 内生真菌感染对黑麦草若干抗旱生理特征的影响 ［J］. 应用与环境生物学报，8 （5）：535 - 539.

任丽丽，任春明，张伟伟，等，2009. 短期 NaCl 胁迫对野生大豆和栽培大豆叶片光合作用的影响 ［J］. 大豆科学，28 （2）：239 - 242.

任瑞芬，杨秀云，尹大芳，等，2015. 4 种薄荷种子萌发对干旱与低温的响应［J］. 草业科学，32 （11）：1815 - 1822.

任涛，张铁军，2000. 中药萱草的采收期研究 ［J］. 中草药，31 （3）：222 - 224.

任文佼，2013. 半日花种子的萌发特性及其幼苗抗旱性研究 ［D］. 北京：中国林业科学研究院.

山仑，邓西平，苏佩，等，2000. 挖掘作物抗旱节水潜力 ［J］. 中国农业科技导报（2）：66 - 70.

邵帅，2016. 菊芋对土壤逆境胁迫的响应及氮素的调控效应研究 ［D］. 哈尔滨：东北林业大学.

施冰，刘晓东，李义，2001. 大花萱草不同发育阶段矿质营养及水分含量的动态研究 ［J］. 东北林业大学学报，29 （2）：113 - 116.

施晓梦，2015. 盐胁迫下大岛野路菊光合生理及叶片增厚的研究 ［D］. 南京：南京农业大学.

史军辉，王新英，刘茂秀，等，2014. NaCl 胁迫对胡杨幼苗叶主要渗透调节物质的影响 ［J］. 西北林学院学报，29 （6）：1 - 6.

束胜，郭世荣，孙锦，等，2012. 盐胁迫下植物光合作用的研究进展 ［J］. 中国蔬菜（18）：53 - 61.

司家屹，孙海博，赵杏锁，等，2019. 模拟盐胁迫对高山紫菀种子萌发及幼胚生长的影响 ［J］. 种子，38 （10）：19 - 23.

宋丽萍，蔡体久，喻晓丽，2007. 水分胁迫对刺五加幼苗光合生理特性的影

响 [J]. 中国水土保持科学，5（2）：91-95.

宋明，孙梓健，汤青林，等，2012. 环境胁迫下大头芥花青素积累及其相关结构基因的表达 [J]. 中国蔬菜（6）：27-34.

苏承刚，张兴国，张盛林，1999. 黄花菜根状茎组织培养研究 [J]. 西南农业大学学报，21（5）：427-429.

苏华，李永庚，苏本营，等，2012. 地下水位下降对浑善达克沙地榆树光合及抗逆性的影响 [J]. 植物生态学报，36（3）：177-186.

苏雪痕，1981. 园林植物耐阴性及其配置 [J]. 北京林业学院学报（2）：63-70.

苏雪痕，1994. 植物造景 [M]. 北京：中国林业出版社.

孙存华，李扬，贺鸿雁，等，2005. 藜对干旱胁迫的生理生化反应 [J]. 生态学报，25（10）：2556-2561.

孙金伟，袁凤辉，关德新，等，2013. 陆地植被暗呼吸的研究进展 [J]. 应用生态学报，24（6）：1739-1746.

孙景宽，张文辉，陆兆华，等，2009. 沙枣（*Elaeagnus angustifolia*）和孩儿拳头（*Grewia biloba* G. Don var. *parviflora*）幼苗气体交换特征与保护酶对干旱胁迫的响应 [J]. 生态学报，29（3）：1330-1340.

孙立，2014. 耧斗菜族（毛茛科）三种植物的繁育系统和传粉生物学研究 [D]. 西安：陕西师范大学.

孙楠，曾希柏，高菊生，等，2006. 含镁复合肥对黄花菜生长及土壤养分含量的影响 [J]. 中国农业科学，39（1）：95-101.

孙侨南，2008. 干旱胁迫对黄瓜幼苗光合特性及活性氧代谢的影响 [D]. 天津：天津大学.

孙书存，陈灵芝，2000. 辽东栎幼苗对干旱和去叶的生态反应的初步研究 [J]. 生态学报，20（5）：893-897.

孙莹莹，2017. 中国东北地区耧斗菜属分子系统发育与遗传结构研究 [D]. 长春：东北师范大学.

孙颖，王阿香，杨雪，等，2015. 侧金盏花种子发育过程中生理生化动态变化特性 [J]. 东北林业大学学报，43（7）：35-37.

孙月剑，车冬梅，2006. 欧洲矮化大花萱草组织培养的研究 [J]. 大连民族学院报，32（3）：44-46.

唐玲，李倩中，荣立苹，等，2015. 盐胁迫对鸡爪槭幼苗生长及叶绿素荧光参数的影响 [J]. 西北植物学报，35（10）：2050-2055.

唐前瑞，陈友云，周朴华，2003. 红檵木花色素苷稳定性及叶片细胞液 pH 值变化的研究 [J]. 湖南林业科技，30（4）：24-25.

滕维超,郑绍鑫,覃梅,等,2015. 大花紫薇幼苗对盐胁迫的生理响应 [J]. 东北林业大学学报,43(7):31-34.

田洪,于翠兰,张宝国,1999. 大花萱草的栽培和管理 [J]. 北京农业 (2):14.

图力古尔,刘立波,聂小兰,等,1995. 吉林省 3 种萱草的核型研究 [J]. 吉林农业大学学报 (3):50-55.

万里强,李向林,石永红,等,2010. PEG 胁迫下 4 个黑麦草品种生理生化指标响应与比较研究 [J]. 草业学报,19(1):83-88.

汪开治,2006. 不同色光对萱草组培再生和发育产生不同的影响 [J]. 浙江林业科技,26(2):68.

王阿香,2016. 侧金盏 (*Adonis amurensis* Regel et Radde) 花芽分化和胚胎发育特性研究 [D]. 哈尔滨:东北林业大学.

王代军,温洋,1998. 温度胁迫下几种冷季型草坪草抗性机制的研究 [J]. 草业学报 (3):75-80.

王非,姜思佳,李忠才,等,2010. 尖萼耧斗菜外植体消毒及愈伤组织诱导的研究 [J]. 安徽农业科学,38(35):19922-19924,19932.

王斐,1994. 水分胁迫下樟子松苗木若干生理变化的研究 [J]. 山东林业科技 (3):26-27.

王峰吉,陈朝阳,江豪,2003. 烤烟品种云烟 85 烟叶的成熟度与保护酶活性及膜脂过氧化作用的关系 [J]. 福建农林科技大学(自然科学版)(2):162-166.

王贵,李宏伟,林凡云,等,2010. 强光诱导小麦叶片花青素积累的研究 [J]. 西北植物学报,30(4):754-761.

王汉海,程贯召,杜延飞,2002. 大花萱草新品种"金娃娃"的组织培养和快速繁殖 [J]. 植物生理学通讯,38(5):458-458.

王汉海,程贯召,杜延飞,等,2002. 大花萱草——金娃娃的初代培养和无性系的建立 [J]. 潍坊学院学报,2(2):9-10,16.

王红梅,黄金艳,李凤梅,等,2013. 不同西瓜材料光响应曲线特性分析 [J]. 中国瓜菜,26(1):7-12.

王金耀,杨阳,宋红贤,等,2018. 大花耧斗菜雄蕊发育过程研究 [J]. 山西农业科学,46(9):1458-1460.

王金耀,杨阳,向云荣,等,2018. PEG 模拟干旱胁迫对耧斗菜叶片解剖结构的影响 [J]. 江苏农业科学,46(12):121-124.

王景伟,金喜军,杜文言,等,2014. 干旱胁迫对芸豆种子萌发和生理特性的影响 [J]. 干旱区研究,31(4):734-738.

王军娥，景维坤，王佳敏，等，2018. 4 种不同石竹属植物的抗旱性分析［J］. 干旱地区农业研究，36（6）：71－76.

王乐忠，刘鸣远，1988. 侧金盏花的园林栽培［J］. 中国园林（1）：39－40.

王立军，张友民，谷安根，等，1993. 尖萼耧斗菜幼苗初生维管系统的解剖学研究［J］. 植物研究，13（2）：132－135.

王明洁，2012. 融雪剂对草地早熟禾（*Poa pratensis* Linn.）种子萌发过程中生理特性的影响［D］. 哈尔滨：哈尔滨师范大学.

王骞春，陆爱君，冯健，等，2016. 干旱胁迫对日本落叶松生理指标的影响［J］. 东北林业大学学报，44（8）：13－17，40.

王强，杨竞雄，1990. 萱草根中总蒽醌及大黄酚的含量测定［J］. 中草药，21（1）：12－13，47.

王庆瑞，孔红，1991. 中国西北地区萱草属植物的过氧化物酶同工酶研究［J］. 西北师范大学学报（自然科学版）（2）：47－49.

王若梦，董宽虎，李钰莹，等，2014. 外源植物激素对 NaCl 胁迫下苦马豆苗期脯氨酸代谢的影响［J］. 草业学报，23（2）：189－195.

王三根，宗学凤，2015. 植物抗性生物学［M］. 重庆：西南师范大学出版社.

王守君，郑学良，郑维春，2002. 侧金盏花研究［J］. 中国林副特产（3）：50.

王文采，1994a. 侧金盏花属修订（一）［J］. 植物研究（1）：1－25.

王文采，1994b. 侧金盏花属修订（二）［J］. 植物研究（2）：105－138.

王文采，李良千，1994. 中国毛茛科植物小志（十七）［J］. 植物分类学报（5）：467－479.

王晓娟，金樑，陈家宽，2003. 萱草的组织培养与快速繁殖［J］. 植物生理学通讯（6）：234－234.

王晓娟，金樑，陈家宽，2005. 大花萱草不同外植体诱导愈伤组织的比较研究［J］. 生命科学研究（9）：242－246.

王晓娟，金樑，沈延松，等，2002. 萱草（*Hemerocallis hybrida*）再生植株过程中根的诱导［J］. 复旦学报（自然科学版），41（1）：89－91，96.

王新伟，1998. 同盐浓度对马铃薯试管苗的胁迫效应［J］. 马铃薯杂志，12（4）：203－207.

王雁，苏雪痕，彭镇华，2002. 植物耐阴性研究进展［J］. 林业科学研究，15（3）：349－355.

王莺璇，2012. 7 种百合科园林地被植物的抗旱性研究［D］. 昆明：云南农业大学.

王营，王丽昕，张彦妮，2019. 盐碱及 PEG 6000 胁迫对细香葱种子萌发的影

响 [J]. 东北林业大学学报，47 (7)：25 - 30.

王玉堂，2005. 黄花菜常见病害的发生与防治 [J]. 特种经济动植物，8 (7)：42.

王育红，姚宇卿，吕军杰，2002. 花生抗旱性与生理生态指标关系的研究 [J]. 杂粮作物，22 (3)：147 - 149.

王子凤，2009. 鸢尾属 6 种植物对干旱胁迫的响应 [D]. 南京：南京林业大学.

魏月丽，刘孟虎，赵淑春，2002. 萱草根辅助透析治疗早期尿毒症 [J]. 山东中医杂志，21 (6)：373 - 374.

吴爱姣，徐伟洲，郭亚力，等，2015. 不同水肥条件下达乌里胡枝子的光合-光响应曲线特征 [J]. 草地学报，23 (4)：785 - 792.

吴甘霖，段仁燕，王志高，等，2010. 干旱和复水对草莓叶片叶绿素荧光特性的影响 [J]. 生态学报，30 (14)：3941 - 3946.

吴建慧，李雪，王玲，2015.2 种委陵菜叶片结构和生理指标对干旱胁迫的生理响应 [J]. 草地学报，23 (1)：125 - 129.

吴铁明，于晓英，冯爽英，等，2002. 野生重瓣大花萱草的选育 II 组织培养快速繁殖 [J]. 湖南农业大学学报（自然科学版），28 (4)：305 - 307.

吴铁明，于晓英，彭尽晖，等，2002. 野生重瓣大花萱草的选育研究 I. 生物学特性及施肥效应 [J] 湖南农业大学学报（自然科学版），28 (2)：122 - 124.

吴晓凤，倪沛，杨涛，等，2018.10 种菊科植物的抗旱性与抗盐性评价 [J]. 生态学杂志，37 (7)：1959 - 1968.

武涛，2002. 园林地被植物抗旱性及应用研究 [D]. 南京：南京林业大学.

武曦，2019. 干旱胁迫对荆芥种子萌发和幼苗生长的影响 [D]. 太谷：山西农业大学.

武祎，田雨，宋彦涛，2019. 不同盐分对黄花苜蓿早期幼苗生长及离子积累的影响 [J]. 中国草地学报，41 (4)：39 - 44.

谢志玉，张文辉，2018. 干旱和复水对文冠果生长及生理生态特性的影响 [J]. 应用生态学报，29 (6)：1759 - 1767.

熊治廷，陈心启，1997. 萱草属中国特有种的细胞分类研究 [J]. 植物分类学报，35 (3)：215 - 218.

熊治廷，陈心启，洪德元，1996. 国产萱草属夜间开花类群的分类研究 [J]. 植物分类学报，34 (6)：586 - 591.

熊治廷，陈心启，洪德元，1997. 中国萱草属数量分类研究 [J]. 植物分类学报，35 (4)：311 - 316.

熊治廷，陈心启，洪德元，1998. 北萱草与大苞萱草区分为不同物种的核型

证据 [J]. 植物分类学报, 36 (1)：53 - 57.

徐苏男, 2012. 水分胁迫及复水对结缕草生长生理和光合荧光特性的影响 [D]. 沈阳：辽宁大学.

徐阳, 曾福礼, 2000. 水分胁迫下黄瓜叶片光系统Ⅱ电子传递极其含铁组分变化 [J]. 中国农业大学学报, 6 (1)：12 - 16.

徐仰仓, 王静, 山仑, 2000. 水分胁迫锻炼对小麦幼苗抗旱性的影响 [J]. 西北植物学报, 20 (3)：382 - 386.

许宏刚, 吴永华, 廖伟彪, 等, 2011. 4 种菊科植物的抗旱性评价 [J]. 甘肃农业科技 (10)：15 - 17.

许建军, 2016. 干旱对华北蓝盆花叶结构和生理特性的影响 [D]. 哈尔滨：东北林业大学.

许雯博, 2014. 水分亏缺对葡萄生理特征及光合特性的影响 [D]. 石河子：石河子大学.

闫成竹, 朱宏, 金晓霞, 等, 2017. 融雪剂对北方四种主要草坪植物种子萌发的影响 [J]. 草地学报, 25 (2)：437 - 441.

严霞, 李法云, 刘桐武, 等, 2008. 化学融雪剂对生态环境的影响 [J]. 生态学杂志 (12)：179 - 184.

阎秀峰, 李晶, 祖元刚, 1999. 干旱胁迫对红松幼苗保护酶活性及脂质过氧化作用的影响 [J]. 生态学报, 19 (6)：850 - 854.

杨丽莉, 2002. 大花萱草的引种及栽培管理技术 [J]. 山西林业 (S1)：50 - 51.

杨渺, 2002. 四川两种野生假俭草耐阴性研究 [D]. 成都：四川农业大学.

杨锐, 郎莹, 张光灿, 等, 2018. 野生酸枣光合及叶绿素荧光参数对土壤干旱胁迫的响应 [J]. 西北植物学报, 28 (5)：922 - 931.

杨肖华, 郭圣茂, 冯美玲, 等, 2018. 干旱胁迫及复水对射干光合作用和叶绿素荧光特性的影响 [J]. 江西农业大学学报, 40 (3)：525 - 532.

杨阳, 亢秀萍, 张颖, 2011. 春化条件对耧斗菜抽薹开花的影响 [J]. 山西农业大学学报 (自然科学版), 31 (5)：426 - 429.

杨阳, 熊远兵, 郝晓泳, 2018. 干旱胁迫对耧斗菜根解剖结构及生理特性的影响 [J]. 北方园艺 (17)：82 - 89.

杨永花, 2003. 金娃娃萱草组织培养技术研究 [J]. 甘肃农业科技 (12)：33.

杨中铎, 李援朝, 2003. 萱草根化学成分的分离与结构鉴定 [J]. 中国药物化学杂志 (1)：34 - 37.

姚觉, 于晓英, 邱收, 等, 2007. 植物抗旱机理研究进展 [J]. 华北农学报, 22 (S1)：51 - 56.

叶子飘，2007. 光响应模型在超级杂交稻组合-Ⅱ优明 86 中的应用 [J]. 生态学杂志，26 (8)：1323 - 1326.

于畅，王竞红，薛菲，等，2014. 沙棘对碱性盐胁迫的形态和生理响应 [J]. 中南林业科技大学学报，34 (9)：70 - 75.

于成志，王爽，刘建萍，等，2015. 盐胁迫对干制辣椒生长和生理特性的影响 [J]. 北方园艺 (15)：7 - 11.

于海武，李莹，2004. 植物耐盐性研究进展 [J]. 北华大学学报（自然科学版）(5)：73 - 79.

于晓英，吴铁明，彭尽晖，等，2001. 萱草种质资源扩增片段长度多态性鉴别与分类的研究Ⅰ萱草 DNA 模板的制备 [J]. 湖南农业大学学报（自然科学版），27 (1)：41 - 43.

余雁，2007. 尖萼耧斗菜中有效成分提取方法和其生物活性、抗菌模式的相关研究 [D]. 长沙：中南大学.

俞晓艳，张光弟，1999. 多倍体萱草的引种观察 [J]. 北方园艺 (4)：34 - 35.

予茜，郭友好，黄双全，等，2005. 三种耧斗菜属植物柱头的特征 [J]. 植物分类学报，43 (6)：513 - 516.

袁继存，程存刚，赵德英，等，2012. 盐胁迫下两个苹果品种光合性能研究 [J]. 北方园艺 (8)：1 - 4.

袁肇富，安曼莉，1996. 花卉园艺 [M]. 成都：四川科学技术出版社.

张兵，2016. 盐胁迫下柽柳的生长变化和代谢分析 [D]. 哈尔滨：东北林业大学.

张得顺，李秀芳，1997. 24 个园林树种耐阴性分析 [J]. 山东林业科技 (3)：27 - 30.

张华丽，王涛，崔荣峰，等，2015. 耧斗菜 HSF 分类、表达分析及 AyHSF1 的亚细胞定位 [J]. 园艺学报，42 (8)：1533 - 1541.

张惠迪，张殊佳，陈耀祖，1991. 藏药蓝花侧金盏化学成分的研究 [J]. 兰州大学学报 (2)：88 - 92.

张加强，潘凤英，廖小芳，等，2011. 红麻杂交种幼苗生长对盐胁迫的响应 [J]. 华中农业大学学报，30 (5)：52 - 57.

张金凤，2004. 盐胁迫下 8 个经济林树种苗木反应特性的研究 [D]. 山东：山东农业大学.

张利霞，常青山，侯小改，等，2017. NaCl 胁迫对夏枯草幼苗抗氧化能力及光合特性的影响 [J]. 草业学报，26 (11)：167 - 175.

张林春，郝扬，张仁和，等，2010. 干旱及复水对不同抗旱性玉米光合特性的

影响 [J]. 西北农业学报, 19 (5): 76 - 80.

张龙俊, 郭正平, 刘青, 等, 2000. 萱草的栽培 [J]. 特种经济动植物 (3): 33.

张佩佩, 张亮, 郑凤霞, 等, 2014. 植物叶片中花青素的积累规律及生物学作用 [J]. 北方园艺 (20): 188 - 192.

张庆费, 夏檑, 钱又宇, 2000. 城市绿化植物耐阴性的诊断指标体系及其应用 [J]. 中国园林 (6): 93 - 95.

张少艾, 李洁, 1995. 萱草属植物的种质资源研究 [J]. 上海农学院学报, 13 (3): 181 - 186.

张守仁, 1999. 叶绿素荧光动力学参数的意义及讨论 [J]. 植物学通报, 16 (4): 444 - 448.

张淑红, 张恩平, 庞金安, 等, 2000. 植物耐盐性研究进展 [J]. 北方园艺 (5): 19 - 20.

张淑茹, 赵淑华, 沈宇翔, 等, 2009. 氯盐类融雪剂对土壤环境影响的初步调查 [J]. 中国卫生工程学 (3): 26 - 27, 30.

张铁军, 任涛, 1997. 中国萱草属药用植物资源学研究 [J]. 天然产物研究与开发 (4): 104 - 108.

张亚冰, 刘崇怀, 潘兴, 等, 2006. 盐胁迫下不同耐盐性葡萄砧木丙二醛和脯氨酸含量的变化 [J]. 河南农业大学, 26 (8): 1709 - 1712.

张娅, 施树倩, 李亚萍, 等, 2021. 不同盐胁迫下小麦叶片渗透性调节和叶绿素荧光特性 [J]. 应用生态学报, 32 (12): 4381 - 4390.

张彦妮, 刘奕佳, 李博, 2015. 干旱胁迫及复水对大花飞燕草幼苗生理特性的影响 [J]. 北方园艺 (9): 58 - 62.

张迎新, 李长海, 周玉迁, 2013. 水分胁迫对蛇莓、娟毛匍匐委陵菜抗氧化保护酶系统的影响 [J]. 东北林业大学学报, 41 (3): 95 - 98.

张颖超, 贾玉山, 任永霞, 2013. 钠盐胁迫对白花草木樨种子发芽的影响 [J]. 草业科学, 30 (12): 2005 - 2010.

张治安, 陈展宇, 2008. 植物生理学实验技术 [M]. 长春: 吉林大学出版社.

张治安, 张美善, 蔚荣海, 2004. 植物生理学实验指导 [M]. 北京: 中国农业科技出版社.

赵国林, 李师翁, 1989. 黄花菜离体花梗愈伤组织发生与器官再生的细胞学观察 [J]. 植物学报, 31 (6): 484 - 486.

赵哈林, 2004. 沙漠化过程中植物的适应对策及植被稳定性机理 [M]. 北京: 海洋出版社.

赵辉, 董志金, 2011. 东北早春开花植物侧金盏 [J]. 中国林业 (11): 45.

赵培洁，王慧中，赵怀，1999. 病原真菌在百合科植物分类上的佐证作用研究 [J]. 江西农业大学学报（3）：381－386.

赵伟男，2016. 锦鸡儿属植物地理替代分布种光合干旱适应与复水恢复 [D]. 兰州：兰州大学.

赵秀兰，2010. 近50年中国东北地区气候变化对农业的影响 [J]. 东北农业大学学报，41（9）：144－149.

赵雪，张秀珍，牟洪香，等，2017. 文冠果幼苗叶片解剖结构和光合作用对干旱胁迫的响应 [J]. 北方园艺（13）：38－44.

赵勇，李民赞，张俊宁，2009. 冬小麦土壤电导率与其产量的相关性 [J]. 农业工程学报，25（13）：34－37.

甄莉娜，高茹雪，张美艳，等，2010. 盐胁迫对黍子种子萌发的影响 [J]. 北方园艺（10）：28－31.

郑德承，2009. 尖萼耧斗菜个体发育节律及抗旱性研究 [D]. 哈尔滨：东北林业大学.

郑德承，王非，刘晓东，2009. 尖萼耧斗菜开花结实的生物学特性 [J]. 湖北农业科学，48（2）：392－393.

郑丽锦，2003. NaCl胁迫下草莓（*Fragaria ananassa* Duch.）生理生化特性研究 [D]. 保定：河北农业大学.

郑先荣，毛张菊，2005. 黄花菜病害发生规律与防治技术 [J]. 湖北植保（5）：43－44.

郑学良，原理，王守君，等，2002. 侧金盏花观赏与药用 [J]. 特种经济动植物（10）：21.

中国科学院华南植物研究所，1986. 中国科学院华南植物研究所集刊·第二集 [M]. 北京：科学出版社.

中国科学院西北植物研究所，1976. 秦岭植物志·第一卷种子植物（第一册）[M]. 北京：科学出版社.

中国科学院中国植物志编辑委员会，1979. 中国植物志·第二十七卷 [M]. 北京：科学出版社.

中国科学院中国植物志编辑委员会，1980a. 中国植物志·第十四卷 [M]. 北京：科学出版社.

中国科学院中国植物志编辑委员会，1980b. 中国植物志·第二十八卷 [M]. 北京：科学出版社.

周南销，黄一青，范林浩，等，2006. 大花萱草的组织培养与植株再生 [J]. 安徽农学通报，12（6）：157.

周佩珍，叶钮坤，汤佩松，1966. 在单色光下，叶绿体中不同叶绿素a/b比例与还原 2,6 -二氯酚靛酚能力（希尔反应）的关系 [J]. 植物生理学报，1 (2)：154 - 158.

周朴华，何立珍，1994. 黄花菜不同外植体形成的愈伤组织再生苗观察 [J]. 武汉植物学研究，11 (3)：253 - 256.

周治国，孟亚利，施培，2001. 苗期遮阴对棉苗茎叶结构及功能叶光合性能的影响 [J]. 中国农业科学 (5)：519 - 525，583 - 585.

朱靖杰，张桂和，赵叶鸿，1996. 黄花菜的离体培养中胚状体的发生和再生苗植株形成的研究 [J]. 湖南大学学报（自然科学版），12 (4)：321 - 324.

朱蕊蕊，高亦珂，张启翔，2010. 耧斗菜属 AFLP 体系的建立和优化 [J]. 华北农学报，25 (8)：38 - 40.

朱蕊蕊，杨姗姗，王宇钢，等，2009. H 离子注入耧斗菜干种子对萌发率的影响 [J]. 北方园艺 (10)：88 - 90.

邹丽娜，周志宇，颜淑云，等，2011. 盐分胁迫对紫穗槐幼苗生理生化特性的影响 [J]. 草业学报，20 (3)：84 - 90.

Abbasi H，Jamil M，Haq A，et al.，2016. Salt stress manifestation on plants，mechanism of salt tolerance and potassium role in alleviating it：a review [J]. Zemdirbyste - Agriculture，103 (2)：229 - 238.

Abdul J C，Manivannan P，Wahid A，et al.，2009. Drought stress in plants：a review on morphological characteristics and pigments composition [J]. International Journal of Agriculture and Biology，11 (1)：100 - 105.

Adamska T，Młynarczyk W，Jodynisliebert J，et al.，2003. Hepatoprotective effect of the extract and isocytisoside from *Aquilegia vulgaris* [J]. Phytotherapy Research，17 (6)：691 - 696.

Amari T，Saidi I，Taamali M，et al.，2017. Morphophysiological changes in Cechrus ciliaris and Digitaria commutate subjected to water stress [J]. International Journal of Plant Research，7 (1)：12 - 20.

Anderson Y O，1955. Seasonal development in sun and shade levels [J]. Ecology，36：430 - 438.

Anjum S A，Xie X Y，Wang L C，et al.，2011. Morphological，physiological and biochemical responses of plants to drought stress [J]. African Journal of Agricultural Research，6 (9)：2026 - 2032.

Aziz N，Khan M N，UI Haq F，et al.，2021. Erythroid induction activity of *Aquilegia fragrans* and *Aquilegia pubiflora* and identification of compounds using liquid chromatography - tandem mass spectrometry [J]. Journal of King Saud University - Science，33 (1)：101227.

Bartkowska M P, Wong A, Sagar S P, et al. , 2018. Lack of spatial structure for phenotypic and genetic variation despite high self – fertilization in *Aquilegia canadensis* (Ranunculaceae) [J]. Heredity, 121: 605 – 615.

Bates L S, Waldren R D, Teare I D, 1973. Rapid determination of free proline for drought studies [J]. Plant Soil, 39: 205 – 207.

Bencke Y, 1981. Environmental control of CO_2 – assimilation and leaf conductance in *Larix decidua* Mill. 1. A comparison of contrasting natural environments [J]. Oecologia, 50: 54 – 61.

Bilderback D E, 1972. The effects of hormones upon the development of excised floral buds of *Aquilegia* [J]. American Journal of Botany, 59 (5): 525 – 529.

Bilger W, Björkman O, 1990. Role of the xanthophyll cycle in photoprotection elucidated by measurements of light – induced absorbance changes, fluorescence and photosynthesis in leaves of *Hedera canariensis* [J]. Photosynthesis Research, 25 (3): 173 – 185.

Bilger W, Björkman O, Thayer S S, 1989. Light – induced spectral changes in relation to photosynthesis and the epoxidation state of xanthophylls cycle components in cotton leaves [J]. Plant Physiology, 91 (2): 542 – 551.

Björkman O, Demmig B, 1987. Photon yield of O_2 evolution and chlorophyll fluorescence characteristics at 77 K among vascular plants of diverse origins [J]. Planta, 170: 489 – 504.

Björkman O, Holmgren P, 1963. Adaptability of the photosynthetic apparatus to light intensity in ecotypes from exposed and shaded habitat [J]. Physiol Plantarum, 16 (4): 889 – 914.

Brown S L, Schroeder P, Kem J S, 1999. Spatial distribution of biomass forests of the eastern USA [J]. Forest Ecology and Management, 123 (1): 81 – 90.

Brunet J, 2009. Pollinators of the Rocky Mountain columbine: temporal variation, functional groups and associations with floral traits [J]. Annals of Botany, 103 (9): 1567 – 1578.

Brunet J, Eckert C G, 1998. Effects of floral morphology and display on outcrossing in Blue Columbine, *Aquilegia caerulea* (Ranunculaceae) [J]. Functional Ecology, 12 (4): 596 – 606.

Brunet J, Larson – Rabin Z, Stewart C M, 2012. The distribution of genetic diversity within and among populations of the Rocky Mountain columbine:

the impact of gene flow, pollinators, and mating system [J]. International Journal of Plant Sciences, 173 (5): 484 – 494.

Cao L, Wang Q C, Cui D H, 2006. Impact of soil cadmium contamination on chlorophyll fluorescence characters and biomass accumulation of four broa – leaved tree species seedlings [J]. Chinese Journal of Applied Ecology, 17 (5): 769 – 772.

Carpenter S B, Smith N D, 1981. A competitive study of leaf thickness among southern Appalachian Hardwoods [J]. Canadian Journal of Botany, 59 (8): 1393 – 1396.

Carroty R N, 1995. Drought resistance aspects of turfgrass in the southeast: evaportraspiration and crop coefficents [J]. Crop Science, 35: 1685 – 1690.

Centritto M, Loreto F, Chartzoulakis K, 2003. The use of low [CO_2] to esti- mate diffusional and non – diffsonal limitations of photosynthetic capacity of salt – stressed olive saplings [J]. Plant Cell and Environment, 26 (4): 585 – 594.

Chaves M M, Maroco J P, Pereira J S, 2003. Understanding plant responses to drought – from genes to the whole plant [J]. Functional Plant Biology, 30 (3): 239 – 264.

Chen J, Dai J Y, 1996. Effect of drought on photosynthesis and grain yield of- corn hybrids with different drought tolerance [J]. Acta Agronomica Sinica, 22 (6): 757 – 762.

Ciha A J, Brun W A, 1975. Stomatal size and frequency in soybeans [J]. Crop Science, 15: 307 – 313.

Conway S J, Walcher – Chevillet C L, Barbour K S, et al. , 2021. Brassinoste- roids regulate petal spur length in *Aquilegia* by controlling cell elongation [J]. Annals of Botany, 128 (7): 931 – 942.

Corliss P G, 1968. Cultivars of Daylilies [J]. The American Horticultural Magazine, Spring: 152 – 163.

da Silva Sá F V, de Paiva E P, de Mesquita E F, et al. , 2016. Tolerance of castor bean cultivars under salt stress [J]. Revista Brasileira de Engenharia Agrícola e Ambiental, 20: 557 – 563.

Davidson E A, Araujo A C, Artaxo P, et al. , 2012. The Amazonbasin in transition [J]. Nature, 481 (3781): 321 – 328.

Dring M J, 1981. Chromatic adaption of photosynthesis in benthic marine algae: an examination of its ecological significance using a theoretical model [J].

Limnology and Oceanography, 47: 1640 - 1641.

Duba S E, Carpenter S B, 1980. Effect of shade on the growth, leaf morphology and photosynthetic capacity of an American sycamore clone [J]. Castanea, 45 (4): 191 - 227.

Eckert C, Schaefer A, 1998. Does self - pollination provide reproductive assurance in *Aquilegia canadensis* (Ranunculaceae)? [J]. American Journal of Botany, 85 (7): 919 - 924.

Espinosa F, Damerval C, Guilloux M L, et al., 2020. Homeosis and delayed floral meristem termination could account for abnormal flowers in cultivars of *Delphinium* and *Aquilegia* (Ranunculaceae) [J]. Botanical Journal of the Linnean Society, 195 (3): 485 - 500.

Farooq M, Gogoi N, Hussain M, et al., 2017. Effects, tolerance mechanisms and management of salt stress in grain legumes [J]. Plant Physiology and Biochemistry (118): 199 - 217.

Farquhar G D, Ehleringer J R, Hubick K T, 1989. Carbon isotope discrimination and photosynthesis [J]. Annual Review of Plant Physiology and Plant Molecular Biology, 40: 503 - 537.

Feng Z T, Deng Y Q, Fan H, et al., 2014. Effects of NaCl stress on the growth and photosynthetic characteristics of *Ulmus pumila* L. seedlings in sand culture [J]. Photosynthetica, 52 (2): 313 - 320.

Fernandez R T, Perry R L, Flore J A, 1997. Drought response of young apple trees on three rootstocks. II. Gas exchange, chlorophyll fluorescence, water relations, and leafabscisic acid [J]. Journal of the American Society for Horticultural Science, 122: 841 - 848.

Fernández - Mazuecos M, Blanco - Pastor J L, Juan A, et al., 2018. Macroevolutionary dynamics of nectar spurs, a key evolutionary innovation [J]. New Phytologist, 222 (2): 1123 - 1138.

Fior S, Li M, Oxelman B, et al., 2013. Spatiotemporal econstruction of the Aquilegia rapid radiation through next - generation sequencing of rapidly evolving cpDNA regions [J]. New Phytologist, 198 (2): 579 - 592.

Förster P, 1997. Die Keimpflanzen der Tribus Ranunculeae DC und der Tribus Adonideae Kunth (Ranunculaceae) [J]. Flora, 192 (2): 133 - 142.

Furlan A L, Bianucci E, Giordano W, et al., 2020. Proline metabolic dynamics and implications in drought tolerance of peanut plants [J]. Plant Physiology and Biochemistry, 34 (151): 566 - 578.

Gao J F, 2006. Instruction for plant physiology experiments [M]. Beijing: Higher Education Press.

Gao J P, Wang Y H, Chen D F, 2003. Anatomical characteristics of leaf epidermis and vessel elements of *Schisandra sphenanthera* from different districts and their relationships to environmental factors [J]. Acta Botanica Boreali-occidentalia Sinica, 23: 715-723.

Gao S S, Wang Y L, Yu S, et al. , 2020. Effects of drought stress on growth, physiology and secondary metabolites of two *Adonis species* in Northeast China [J]. Scientia Horticulturae, 259: 108795.

García-Caparrós P, Lao M T, 2018. The effects of salt stress on ornamental plants and integrative cultivation practices [J]. Scientia Horticulturae, 240: 430-439.

Garner J M, Armitage A M, 1998. Influence of cooling and photoperiod on growth and flowering of *Aquilegia* L. cultivars [J]. Scientia Horticulturae, 75 (1): 83-90.

Ghimire B, Jeong M J, Choi G E, et al. , 2015. Seed morphology of the subfamily Helleboroideae (Ranunculaceae) and its systematic implication [J]. Flora, 216: 6-25.

Gianfagna T J, Merritt R H, 1998. GA$_{4/7}$ promotes stem growth and flowering in a genetic line of *Aquilegia* × *hybrida* Sims [J]. Plant Growth Regulation, 24 (1): 1-5.

Gianfagna T J, Merritt R H, 2000. Rate and time of GA$_{4/7}$ treatment affect vegetative growth and flowering in a genetic line of *Aquilegia* × *hybrida* Sims [J]. Scientia Horticulturae, 83 (3): 275-281.

Gianfagna T J, Merritt R H, Willmott J D, 2000. 632 GA$_{4/7}$ and light level affect flowering and plant height of new cultivars and genetic lines of *Aquilegia*× *hybrida* Sims [J]. Hortscience, 35 (3): 504-506.

Gibson K D, Fischer A J, Foin T C, 2001. Shading and the growth and photosynthetic responses of *Ammannia coccinnea* [J]. Weed Research, 41: 59-67.

Gould B, Kramer E M, 2007. Virus-induced gene silencing as a tool for functional analyses in the emerging model plant *Aquilegia* (columbine, Ranunculaceae) [J]. Plant Methods, 3 (1): 6.

Goulet P F, 1986. Leaf morphology plasticity in response to light environment in deciduous tree species and its implication on forest succession [J]. Canadian Journal of Forest Research, 16 (4): 1192 – 1195.

Grant V, 1952. Isolation and hybridization between *Aquilegia formosa* and *A. pubescens* [J]. Aliso, 2: 341 – 360.

Griffin S R, Mavraganis K, Eckert C G, 2000. Experimental analysis of protogyny in *Aquilegia canadensis* (Ranunculaceae) [J]. American Journal of Botany, 87 (9): 1246 – 1256.

Guehl J M, Clement A, Kaushal P, et al. , 1993. Plant stress, water status and non – structural carbohystrate concentrations in Corsican Pine seedlings [J]. Tree Physiology, 12: 173 – 183.

Hao Z, 2004. Plant physiological experiments [M]. Harbin: Harbin Institute of Technology Press.

Harfi M E, Hanine H, Rizki H, et al. , 2016. Effect of drought and salt stresses on germination and early seedling growth of different color – seeds of sesame (*Sesamum indicum*) [J]. International Journal of Agriculture and Biology (18): 1088 – 1094.

Harriman N A, 2004. Flora of Pakistan [J]. Economic Botany, 58 (4): 742 – 742.

Hendrickson L, Furbank R T, Chow W S, 2004. A simple alternative approach to assessing the fate of absorbed light energy using chlorophyll fluorescence [J]. Photosynthesis Research, 82 (1): 73 – 81.

Hishida M, Ascencio – Valle F, Fujiyama H, et al. , 2014. Antioxidant enzyme responses to salinity stress of *Jatropha curcas* and *J. cinerea* at seedling stage [J]. Russian Journal of Plant Physiology, 61: 53 – 62.

Hodges S A, Derieg N J, 2009. Adaptive radiations: from field to genomic studies [J]. Proceedings of the National Academy of Sciences of the United States of America, 106 (S1): 9947 – 9954.

Hodges S A, Whittall J B, Fulton M, et al. , 2002. Genetics of floral traits influencing reproductive isolation between *Aquilegia formosa* and *Aquilegia pubescens* [J]. The American Naturalist, 159 (3): 51 – 60.

Hossein H, Bijan S, Akbar A, et al. , 2018. Geographical variation in breaking the seed dormancy of Persian cumin (*Carum carvi* L.) ecotypes and their physiological responses to salinity and drought stresses [J]. Industrial Crops and Products, 124: 600 – 606.

Hu S, 1968a. An early history of Daylily [J]. The American Horticultural Magazine, Spring: 51 – 86.

Hu S, 1968b. The species of Hemerocallis [J]. The American Horticultural Magzine, Spring: 86 – 111.

Huang B, Fry J, Wang B, 1998. Water relations and canopy characteristics of tall fescue cultivars during and after drought stress [J]. Hortscience, 33 (5): 837 – 840.

Huang L, Geng F, Fan J, et al. , 2021. Evidence for two types of *Aquilegia ecalcarata* and its implications for adaptation to new environments [J]. Plant Diversity, 44 (2): 153 – 162.

Hye R P, Hyun H J, Ki S K, 2005. Development of mass production system through micropropagation in *Adonis amurensis* [J]. Horticulture Environment and Biotechnology, 46 (6): 392 – 395.

Hyun H J, Ki S K, 2010. Flowering and growth of *Adonis amurensis* as influenced by temperature and photosynthetic photon flux density [J]. Horticulture Environment and Biotechnology, 51 (3): 153 – 158.

Itagaki T, Kimura M K, Lian C, 2015. Development of microsatellite markers for *Aquilegia buergeriana* var. *oxysepala* (Ranunculaceae), a vulnerable Japanese herb: molecuar markers for *Aquilegia* [J]. Plant Species Biology, 30 (2): 159 – 162.

Itagaki T, Sakai S, 2006. Relationship between floral longevity and sex allocation among flowers within inflorescences in *Aquilegia buergeriana* var. *oxysepala* (Ranunculaceae) [J]. American Journal of Botany, 93 (9): 1320 – 1327.

Jafari S, Ebrahim S, Garmdareh H, et al. , 2019. Effects of drought stress on morphological, physiological, and biochemical characteristics of stock plant (*Matthiola incana* L.) [J]. Scientia Horticulturae, 253: 128 – 133.

Jung M Y, Yang f Y, Xu J, et al. , 1994. Active oxygen damage effect of chlorophyll degradation in rice seedlings under osmotic stress [J]. Acta Botanica Sinica, 36 (4): 289 – 295.

Karpoff A J, 1974. Control of in vitro sepal development of excised floral buds of Aquilegia (Ranunculaceae) [J]. American Journal of Botany, 61 (7): 778 – 786.

Kopp B, Krenn L, Kubelka E, et al. , 1992. Cardenolides from *Adonis aestivalis* [J]. Phytochemistry, 31 (9): 3195 – 3203.

Kramer E M, 2009. Aquilegia: a new model for plant development, ecology, and evolution [J]. Annual Review of Plant Biology, 60 (1): 261 – 277.

Kramer E M, Holappa L, Gould B M, et al. , 2007. Elaboration of B gene function to include the identity of novel floral organs in the lower eudicot *Aquilegia* [J]. Plant Cell, 19 (3): 750 – 766.

Krishnamurthy S L, Sharma P C, Sharma S K, et al. , 2016. Effect of salinity and use of stress indices of morphological and physiological traits at the seedling stage in rice [J]. Indian Journal of Experimental Biology, 54 (12): 843 –850.

Krokhmal I, 2015. Functional morphology of the vegetative organs of ten *Aquilegia* L. species [J]. Annali Di Botanica, 5: 17 – 29.

Kumar D, Tieszen L L, 1980. Photosynthesis in *Coffea arabica*. I. Effects of light and temperature [J]. Experimental Agriculture, 16: 13 – 19.

Kumar R, Kumar A T, 2018. Isolation of medicinally important constituents from rare and exotic medicinal plants [M] //Fewari A, Tiwari S. Synthesis of Medicinal Agents from Plants. Amsterdam: Elsevier.

Kuroda M, Kubo S, Masatani D, et al. , 2018. Aestivalosides A – L, twelve pregnane glycosides from the seeds of *Adonis aestivalis* [J]. Phytochemistry, 150: 75 – 84.

Kuroda M, Satoshi K, Shingo U, et al. , 2010. Amurensiosides A – K, 11 new pregnane glycosides from the roots of *Adonis amurensis* [J]. Steroids, 75 (1): 83 – 94.

Lange O L, Nobel P S, Osman C B, et al. , 1981. Physiological plant ecology of Encyclopedia of plant physiology [M]. Berlin: Springer – Verlag.

Lega M, Fior S, Li M, et al. , 2014. Genetic drift linked to heterogeneous landscape and ecological specialization drives diversification in the alpine endemic columbine *Aquilegia thalictrifolia* [J]. Journal of Heredity, 105 (4): 542 – 554.

Leila N, Behzad S, Eslam M H, et al. , 2021. Changes in antioxidant enzyme activities and gene expression profiles under drought stress in tolerant, intermediate, and susceptible wheat genotypes [J]. Cereal Research Communications, 49 (1): 83 – 89.

Levan A, Fredga K, Sandberg A A, 1964. Nomehclature for centromeric position on chromosomes [J]. Hereditas, 52 (2): 201 – 220.

Levitt J, 1980. Response of to environmental stress [M]. New York: Academic Press.

Li H, 2003. Principles and techniques of plant physiological and biochemical experiments [M]. Beijing: Higher Education Press.

Li M R, Wang H Y, Ding N, et al. , 2019. Rapid divergence followed by adaptation to contrasting ecological niches of two closely related columbine species *Aquilegia japonica* and *A. oxysepala* [J]. Genome biology and evolution, 11 (3): 919 – 930.

Li X, Feng W, Zeng X C, 2006. Advances in chlorophyll fluorescence analysis andits uses [J]. Acta Botanica Boreali – Occidentalia Sinica, 26 (10): 2186 – 2196.

Li Y F, Gong F Y, Guo S J, et al. , 2021. Adonis amurensis is a promising alternative to haematococcus as a resource for natural esterified (3S, 3'S) – astaxanthin production. [J]. Plants, 10 (6): 1059 – 1059.

Li Y J, Li X L, Gao D S, et al. , 2006. Fluorescence characteristics of chlorophyll inalmond leaves [J]. Deciduous Fruits, 38 (3): 1 – 4.

Liu M, Li R J, Liu M Y, 1993. Adaptive responses of roots and root systems to seasonal changes [J]. Environmental and Experimental Botany, 33 (1): 175 – 188.

Liu X L, Li J Y, Zhu J Y, et al. , 2016. Floral differentiation and growth rhythm of rhizome buds of the spring ephemeroid plant *Adonis amurensis* [J]. Phyton – International Journal of Experimental Botany, 85: 297 – 304.

Longman A J, Michaelson L V, Sayanova O, et al. , 2000. An unusual desaturase in *Aquilegia vulgaris* [J]. Biochemical Society Transactions, 28 (6): 641 – 643.

Martinez C, Baccou J C, Bresson E, et al. , 2000. Salicylic acid media – ted by the oxidative burst is a key molecule in local and systemicresponses of cotton challenged by an avirulent race of Xan – thomonas campestris pvmalvacearum [J]. Plant Physiology, 122 (3): 757 – 766.

Mathew B, 1981. The iris [M]. New York: Universe Books.

Mathobo R, Marais D, Steyn J M, 2017. The effect of droughtstress on yield, leaf gaseous exchange and chlorophyllfluorescence of dry beans (*Phaseolus vulgaris*) [J]. Agricultural Water Management, 18: 118 – 125.

Matsuoka M, Hotta M, 1966. Classification of Hemerocallis in Japan and its vicinity [J]. Acta Phytotaxonomica et Geobotanica, 22: 25 – 43.

Merritt R H, Gianfagna T, Iii R T P, et al. , 1997. Growth and development of *Aquilegia* in relation to temperature, photoperiod and dry seed vernalization [J]. Scientia Horticulturae, 69 (1): 99 – 106.

Min Y, Bunn J I, Kramer E M, 2018. Homologs of the STYLISH gene family control nectary development in *Aquilegia* [J]. New Phytologist, 221: 1090 – 1100.

Min Y, Kramer E M, 2016. The Aquilegia JAGGED homolog promotes proliferation of adaxial cell types in both leaves and stems [J]. New Phytologist, 216: 536 – 548.

Morgan J M, 1984. Osmoregulation and water stress in higher plants [J]. Annual Review of Plant Physiology, 35: 299 – 319.

Munné – Bosch S, Alegre L, 2003. Drought – induced change in the redox state of α – tocopherolascorbatc and the diterpene carnosic acid in chloroplasts of la – biatae species differing in carnosic acid content [J]. Plant physiology, 131 (4): 1816 – 1825.

Munns R, Tester M, 2008. Mechanisms of salinity tolerance [J]. Annual Review of Plant Biology, 59: 651 – 681.

Mushtaq S, Aga M A, Qazi P H, et al. , 2016. Isolation, characterization and HPLC quantification of compounds from *Aquilegia fragrans* Benth: their in vitro antibacterial activities against bovine mastitis pathogens [J]. Journal of Ethnopharmacology, 178: 9 – 12.

Nakai T, 1932. Hemerocallis Japonica [J]. Shokubutsugaku Zasshi, 46 (543): 111 –123.

Neyra C A, 1985. Biochemical basis of breeding VI [M]. Florida: CRC Press.

Niu G H, Rodriguez S D, 2007. Salinity tolerance of *Lupinus havadii* and *Lupinus texensis* [J]. Hortscience, 42 (3): 526 – 528.

Noguchi J, 1986. Geographical and ecological differentiation in the Hemerocallis dum ortierii complex with special reference to its karyology [J]. Journal of Science of the Hiroshima University: Series B, Division 2, Botany, 20: 29 – 193.

Noutsos C, Perera A M, Nikolau B J, et al. , 2015. Metabolomic profiling of the nectars of *Aquilegia pubescens* and *A. canadensis* [J]. PloS One, 10 (5): e0124501.

Novotny E V, Murphy D, Stefan H G, 2008. Increase of urban lake salinity by road deicing salt [J]. Science of the Total Environment, 406 (1 – 2): 131 – 144.

Nxele X, Lein A, Ndimba B K, 2017. Drought and salinitystress alters ROS accumulation, water retention, and osmolyte content in sorghum plants [J]. South African Journal of Botany, 108: 261-266.

Nygren M, Kellomaki S, 1983. Effect on shading in leaf structure and photosynthesis in yongbirch, Betula pendula Roth and pubesens Ehrh [J]. Forest Ecology and Management, 7: 119-132.

Ohwi J, 1965. Flora of Japan [M]. Washington D C: Smithsonian Institution.

Osakabe Y, Osakabe K, Shinozaki K, et al. , 2014. Response ofplants to water stress [J]. Frontiers in Plant Science, 5: 86.

Park D W, Ham Y M, Lee Y, et al. , 2019, Multioside, an active ingredient from *Adonis amurensis*, displays anti-cancer activity through autophagosome formation [J]. Phytomedicine, 65: 153114.

Pauli G F, Junior P, 1995. Phenolic glycosides from *Adonis aleppica* [J]. Phytochemistry, 38 (5): 1245-1250.

Peng M, Kuc J, 1992. Peroxidase generated hydrogen peroxide as asource of antifungal activity in vitro and on tobacco leaf disks [J]. Physiology and Biochemistry, 82: 696-699.

Pirzad A, Shakiba M R, Zehtab-Salmasi S, et al. , 2011. Effect of water stress on leaf relative water content, chlorophyll, proline and soluble carbohydrates in *Matricaria chamomilla* L. [J]. Journal of Medicinal Plants Research, 5 (12): 2483-2488.

Porceddu M, Mattana E, Pritchard H W, 2017. Dissecting seed dormancy and germination in *Aquilegia barbaricina*, through thermal kinetics of embryo growth [J]. Plant Biology (Stuttgart), 19 (6): 983-993.

Poursakhi N, Razmjoo J, Karimmojeni H, 2019. Interactive effect of salinity stress and foliar application of salicylic acid on some physiochemical traits of chicory (*Cichorium intybus* L.) genotypes [J]. Scientia Horticulturae, 258: 108810.

Prażmo W, 1961. Genetic studies on the genus *Aquilegia* L. II. Crosses between *Aquilegia ecalcarata* Maxim and *Aquilegia chrysantha* Gray [J]. Acta Societatis Botanicorum Poloniae, 30 (3-4): 423-442.

Prażmo W, 2015. Cytogenetic studies on the genus Aquilegia. III. Inheritance of the traits distinguishing different complex in the genus *Aquilegia* [J]. Acta Societatis Botanicorum Poloniae, 34 (3): 403-437.

Puzey J R, Gerbode S J, Hodges S A, et al. , 2011. Evolution of spur-length diversity in Aquilegia petals is achieved solely through cell-shape anisotropy

[J]. Proceedings of the Royal Society B: Biological Sciences, 279: 1640 – 1645.

Ralley L, Enfissi E, Misawa N, et al. , 2004. Metabolic engineering of keto-carotenoid formation in higher plants [J]. The Plant Journal, 39 (4): 477 – 486.

Ren Y, Chang H L, Tian X H, et al. , 2009. Floral development in *Adonideae* (Ranunculaceae) [J]. Flora, 204 (7): 506 – 517.

Renstrom B, Berger H, Jensen S L, 1981. Esterified, optical pure (3S, 3'S) – astaxanthin from flowers of *Adonis annua* [J]. Biochemical Systematics and Ecology, 9 (4): 249 – 250.

Richter G M, Riche A B, Dailey A G, et al. , 2008. Is UK biofuel supply from Miscanthus water – limited [J]. Soil Use and Management, 24 (4): 235 – 245.

Safeyhi H, Rall B, Sailer E, et al. , 1997. Inhibition boswellic acids of human leukocyte elastase [J]. Journal of Pharmacology and Experimental Thera-peutics, 281 (1): 460 – 463.

Sandra R, Marijana R S, Branka P K, 2006. Influence of NaCl and mannitol on peroxidase activity and lipid peroxidation in *Centaurea ragusina* L. roots and shoots [J]. Plant Physiology, 163 (12): 1284 – 1292.

Satoshi K, Kuroda M, Matsuo Y, et al. , 2012. New Cardenolides from the seeds of *Adonis aestivalis* [J]. Chemical and Pharmaceutical Bulletin, 60 (10): 1275 – 1282.

Satoshi K, Minpei K, Akihito Y, et al. , 2015. Amurensiosides L – P, five new cardenolide glycosides from the roots of *Adonis amurensis* [J]. Natural Product Communications, 10 (1): 27 – 32.

Schiweizer S, Brocke A, Boden S E, et al. , 2000. Workup – dependant forma-tion of 5 – lipoxygenase inhibitory boswellic acid analogues [J]. Journal of Natural Products, 63 (8): 1058 – 1061.

Schulze E D, 1986. Whole plant responses to drought [J]. Functional Plant Biology, 13 (1): 127 – 141.

Sharma B, Guo C, Kong H, et al. , 2011. Petal – specific subfunctionalization of an APETALA3 paralog in the Ranunculales and its implications for petal evolution [J]. New Phytologist, 191: 870 – 883.

Sharma B, Yant L, Hodges S A, et al. , 2014. Understanding the develop-ment and evolution of novel floral form in *Aquilegia* [J]. Current Opinion in

Plant Biology, 17 (1): 22 - 27.

Sheveleva E, Chmara H, Bohnert H J, et al. , 1997. Increased salt and drought tolerance by D - ononitol production in transgenic *Nicotiana tobacum* L. [J]. Plant Physiology, 115 (1): 1211 - 1219.

Shoukat E, Abideen Z, Ahmed M Z, et al. , 2019. Changes in growth and photosynthesis linked with intensity and duration of salinity in *Phragmites karka* [J]. Environmental and Experimental Botany, 162: 504 - 514.

Siddiqui Z S, Shahid H, Cho J I, et al. , 2016. Physiological responses of two halophytic grass species under drought stress environment [J]. Acta Botanica Croatica, 75 (1): 31 - 38.

Smith H, 1982. Light quality, photoperception, and plant strategy [J]. Annual Review of Plant Physiology, 33: 481 - 518.

Steduto P, Katerji N, Puertos - Molina H, et al. , 1997. Water - use efficiency of sweet sorghum under water stress conditions: gas - exchange investigations at leaf and canopy scales [J]. Field Crops Research, 54 (2): 221 - 234.

Stout A B, 1932. Chromosome numbers in Hemerocallis with reference to triploidy and secondary polyloidy [J]. Cytologia, 3 (3): 256 - 259.

Sun J K, Zhang W H, Lu Z H, et al. , 2009. Chlorophyll fluorescence characteristics of *Elaeagnus angustifolia* L. and *Grewia biloba* G. Don var. *parviflora* (Bge.) Hand. - Mazz. seedlings under drought stress [J]. Bulletin of Botanical Research, 29 (2): 216 - 223.

Sun Y P, Niu G H, Perez C, 2015. Relative salt tolerance of seven Texas Superstar® perennials [J]. Hortscience, 50 (10): 1562 - 1566.

Takashi M, Tetsuji E, Sanae K, et al. , 2011. Carotenoids and their fatty acid esters in the petals of *Adonis aestivalis* [J]. Journal of Oleo Sciense, 60 (20): 47 - 52.

Takenaka Y, 1929. Karyological sludies in *Hemerocallis* [J]. Cytologia, 1 (1): 76 - 83.

Taylor R J, 1969. Floral anthocyanins of Aquilegia and their relationship to distribution and pollination biology of the species [J]. Bulletin of the Torrey Botanical Club, 111: 462 - 468.

Taylor R J, Campbell D, 1969. Biochemical systematics and phylogenetic interpretations in the genus *Aquilegia* [J]. Evolution, 23 (1): 153 - 162.

Tepfer S S, Greyson R I, Craig W R, et al. , 1963. In vitro culture of floral buds of *Aquilegia* [J]. American Journal of Botany, 50 (10): 1035–1045.

Thairu M W, Brunet J, 2015. The role of pollinators in maintaining variation in flower colour in the Rocky Mountain columbine, *Aquilegia coerulea* [J]. Annals of Botany, 115 (6): 971–979.

Thomas D S, Turner D W, 2001. Banana (*Musa* sp.) leaf gasexchange and chlorophyll fluorescence in response to soildrought, shading and lamina folding [J]. Scientia Horticulturae, 90: 93–108.

Tomkins J P, Wood T C, Barnes L S, et al., 2001. Evaluation of genetic variation in the daylily (Hemerocallis spp.) using AFLP markers [J]. Theoretical and Applied Genetics, 102: 489–496.

Türkan İ, Melike B, Özdemir F, et al., 2005. Differential responses of lipid peroxidation and antioxidants in the leaves of drought–tolerant *P. acutifolius* Gray and drought–sensitive *P. vulgaris* L. subjected to polyethylene glycol mediated water stress [J]. Plant Science, 168: 223–231.

Turner N C, 1979. Drought resistance and adaptation to water deficits in crop plant [M]. New York: John Wiley and Sons, Inc.

Van K O, 1990. The use of chlorophyll nomen–clature in plantstress physiology [J]. Photosynthesis Research, 25: 147–150.

Voth P D, Griesbach R A, Yeager J R, 1968. Developmental anatomy and physiology of Daylily [J]. The American Horticultural Magzine, 47: 121–151.

White R H, Engelke M C, Morton S J, et al., 1992. Comparative turgor maintance in tall fescue [J]. Crop Science, 32: 251–256.

Whitman C M, Runkle E S, 2012. Determining the flowering requirements of two *Aquilegia cultivars* [J]. Hortscience, 47 (9): 1261–1264.

Whittall J B, Hodges S A, 2007. Pollinator shifts drive increasingly long nectar spurs in columbine flowers [J]. Nature, 447 (7145): 706–709.

Whittall J B, Voelckel C, Kliebenstein D J, et al., 2006. Convergence, constraint and the role of gene expression during adaptive radiation: floral anthocyanins in *Aquilegia* [J]. Molecular Ecology, 15 (14): 4645–4657.

Winter K, Schramm M J, 1986. Analysis of stomatal and nonstomatal components in the environmental control of CO_2 exchanges in leaves of *Welwitschia mirabilis* [J]. Plant Physiology, 82 (1): 173–178.

Wong S C, Crown I R, Farquhar G D, 1979. Stomatal conductance correlates with photosynthetic capacity [J]. Nature, 282 (5737): 424–426.

Wrochna M, Małecka - Przybysz M, Gawrońska H, 2010. Effect of road de - icing salts with anti corrosion agents on selected plant species [J]. Acta Scientiarum Polonorum - Hortorum Cultus, 9 (4): 171 - 182.

Wu X X, Ding H D, Zhu Z W, et al. , 2012. Effects of 24 - epibrassinolide on photosynthesis of eggplant (*Solanum melongena* L.) seedlings under salt stress [J]. African Journal of Biotechnology, 11 (35): 8665 - 8671.

Xue C, Geng F D, Li J J, et al. , 2021. Divergence in the *Aquilegia ecalcarata* complex is correlated with geography and climate oscillations: evidence from plastid genome data [J]. Molecular Ecology, 30 (12): 5796 - 5813.

Yant L, Collani S, Puzey J, et al. , 2015. Molecular basis for three - dimensional elaboration of the *Aquilegia* petal spur [J]. Proceedings of the Royal Society B: Biological Sciences, 282 (1803): 20142778.

Yoshimitsu H, Nishida M, Nohara T, 2008. Two new cycloartane glycosides from the underground parts of *Aquilegia vulgaris* [J]. Chemical and Pharmaceutical Bulletin, 56 (11): 1625 - 1627.

Zhang L Q, Zhang X Y, Hu Y W, et al. , 2021. Complete chloroplast genome of *Adonis amurensis* (Ranunculaceae), an important cardiac folk medicinal plant in east asia [J]. Mitochondrial DNA Part B, 6 (2): 583 - 585.

Zhang R, Min Y, Holappa L D, et al. , 2020. A role for the Auxin Response Factors *ARF6* and *ARF8* homologs in petal spur elongation and nectary maturation in *Aquilegia* [J]. New Phytologist, 227 (5): 1392 - 1405.

Zhang S H, Xu X F, Sun Y M, et al. , 2018. Influence of drought hardening on the resistance physiology of potato seedlings under drought stress [J]. Journal of Integrative Agriculture, 17 (2): 336 - 347.

Zhang W, Wang H, Dong J, et al. , 2021. Comparative chloroplast genomes and phylogenetic analysis of *Aquilegia* [J]. Applications in Plant Sciences, 9 (3): e11412.

Zhang Y J, Gao H, Li Y H, et al. , 2019. Effect of water stress on photosynthesis, chlorophyll fluorescence parameters and water use efficiency of common reed in the Hexi Corridor [J]. Russian Journal of Plant Physiology, 66 (4): 556 - 563.

Zheng D L, Rademacher J, Chen J Q, et al. , 2004. Estimating aboveground biomass using Landsat data across a manged landscape in northern Wisconsin [J]. Remote Sensing of Environment, 93 (3): 402 - 411.

Zhou A M, Sun H W, Dai S Y, et al. , 2019. Identification of transcription factors involved in the regulation of flowering in *Adonis Amurensis* through combined RNA – seq transcriptomics and iTRAQ proteomics [J]. Genes, 10 (4): 305.

Zhou G Y, Peng C H, Li Y L, et al., 2013. A climate change – induced threat to the ecological resilience of a subtropical monsoon evergreen broad – leaved forest in Southern China [J]. Global Chang Biology, 19 (4): 1197 – 1210.

Zhu J K, 2001. Plant salt tolerance [J]. Trendsin Plant Science, 6 (2): 66 – 71.

Zhu R R, Gao Y K, Xu L J, et al., 2011. Genetic diversity of *Aquilegia* (Ranunculaceae) species and cultivars assessed by AFLPs [J]. Genetics and Molecular Research, 10 (2): 817 – 827.

图版 ● ● ●

T1

T2

T3

图版Ⅰ 3 个大花萱草品系 T1、T2、T3

T1 在 CK 处理下的叶片横切面

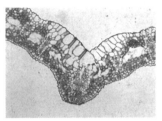

T2 在 CK 处理下的叶片横切面

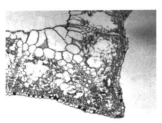

T3 在 CK 处理下的叶片横切面

T1 在 40％处理下的叶片横切面

T2 在 40％处理下的叶片横切面

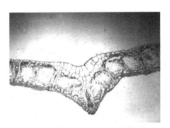

T3 在 40％处理下的叶片横切面

T1 在 15％处理下的叶片横切面

T2 在 15％处理下的叶片横切面

T3 在 15%处理下的叶片横切面

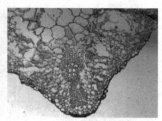
T1 在 5%处理下的叶片横切面

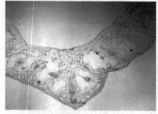
T2 在 5%处理下的叶片横切面

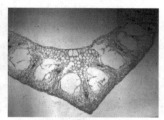
T3 在 5%处理下的叶片横切面

图版Ⅱ　3 个大花萱草品系在不同遮阴处理下的叶片横切面（×400）

正常管理

干旱 0 d

干旱 4 d

干旱 8 d

干旱 12 d   干旱 16 d

图版Ⅲ　不同水分处理下侧金盏花的外观形态变化

处理 0 d   处理 5 d

处理 10 d   处理 15 d

处理 20 d

图版Ⅳ　不同盐分处理下侧金盏花的外观形态变化

（每个图片中从左到右依次为 CK、EC3、EC6、EC9、EC12 处理）

尖萼耧斗菜

小花耧斗菜

耧斗菜

图版 V　尖萼耧斗菜、小花耧斗菜、耧斗菜水分处理 10 d 生长状态

尖萼耧斗菜

小花耧斗菜

耧斗菜

图版Ⅵ 尖萼耧斗菜、小花耧斗菜、耧斗菜复水 10 d 生长状态

尖萼耧斗菜

小花耧斗菜

耧斗菜

图版Ⅶ 尖萼耧斗菜、小花耧斗菜、耧斗菜 8 次盐处理后 5 d 生长状态